稠油集输与处理工艺技术

王玉江 郑 勇 寇 杰 编著

中国石化出版社

内 容 提 要

　　本书主要以胜利油田为例，介绍稠油从开采、集输到处理的全工艺环节，主要内容包括稠油相关的基础理论、开采技术、集输流程、工艺计算、计量方式、稠油处理（降黏、脱水、脱气）、污水处理以及集输系统的腐蚀与防护等，可以对稠油的集输和处理提供技术指导。

　　本书可以作为从事石油工程、稠油集输与处理、自动化控制等系统设计和生产管理技术人员以及油气储运工程和石油工程专业的学生学习和参考用书。

图书在版编目（CIP）数据

　　稠油集输与处理工艺技术/王玉江，郑勇，寇杰编著
. —北京：中国石化出版社，2022.3（2022.7 重印）
　　ISBN 978 - 7 - 5114 - 6620 - 4

　　Ⅰ. ①稠…　Ⅱ. ①王…　②郑…　③寇…　Ⅲ. ①稠油开采—研究　Ⅳ. ①TE345

　　中国版本图书馆 CIP 数据核字（2022）第 046669 号

中国石化出版社出版发行
地址:北京市东城区安定门外大街 58 号
邮编:100011　电话:(010)57512500
发行部电话:(010)57512575
http://www.sinopec-press.com
E-mail:press@ sinopec.com
北京艾普海德印刷有限公司印刷
全国各地新华书店经销
*
787×1092 毫米 16 开本 18 印张 395 千字
2022 年 5 月第 1 版　2022 年 7 月第 2 次印刷
定价:88.00 元

前　言

稠油作为重要的非常规原油资源，在世界能源结构中占有重要地位。随着常规油藏的枯竭和稠油资源的广泛开发，稠油地面处理技术得到了长足发展；稠油具有密度大、黏度高的特点，含有较丰富的胶质沥青质，由于油水密度差小，因此，在以重力沉降为主要处理工艺的流程中，原油脱水、采出水处理都很困难。随着稠油多轮次转周生产，采用多种处理工艺技术，均取得一定成效，但开采和处理的高成本影响了稠油的效益开发，其处理工艺技术面临严重的挑战。本书结合国内外稠油资源的分布及稠油开采技术的应用现状，介绍了稠油开采工艺的发展进程、稠油降黏工艺以及配套的原油脱水、污水处理和防腐蚀工艺，与之配套的常规和非常规稠油处理设备，并对国内某些油田稠油处理工艺的应用情况进行了实例分析，提出了稠油集油工艺、油水分离和电脱水的适应性及未来发展方向。

本书共分为10章，第1章介绍了稠油基本知识及相关基础理论，包括稠油组分物性、稠油种类的划分标准、稠油流变性及影响因素；第2章介绍了稠油开采技术，包括稠油热采、稠油冷采、微生物降黏开采、稠油催化降黏开采等技术，并阐述了每种开采技术的机理、技术优势和局限性；第3章介绍了常见的稠油集输方式，包括单管、双管集油流程，并结合油田开发实例阐述了国内主要稠油集输工艺流程，对国内外稠油集输过程的差异性进行分析；第4章介绍了稠油油气集输相关工艺计算，包括稠油伴热系统效率计算，稠油集输系统的水力、热力计算等；第5章针对稠油发泡导致计量困难等问题，介绍了相关的计量技术及设备，包括稠油油井计量常用的分离式和在线不分离式计量方法，稠油油井产量密闭计量工艺、重质稠油以及发泡稠油的相关计量工艺；第

6 章介绍了物理降黏、化学降黏及微生物降黏新技术，其中物理降黏包括掺稀油、加热、微波降黏等方法，化学降黏包括表面活性剂、油溶性降黏剂、改质降黏等方法，并对所涉及的降黏技术进行了评价和综述；第 7 章针对稠油高含水采出液乳化严重等问题，介绍了稠油相关的脱水方法，包括物理法、化学法、生物法和电化学破乳脱水法等，以及几种方法组合的联合脱水工艺，并评价了各类脱水工艺的适应性；第 8 章介绍了稠油脱气技术及其发展历程，对相关脱气技术的原理及工艺做了详细介绍；第 9 章介绍了油田污水来源及处理工艺，阐述了稠油污水处理常规工艺技术、气浮及多重聚结特殊处理工艺技术，并对胜利油田稠油处理工艺、新技术、新材料的试验应用进行了总结和适应性评价；第 10 章介绍了稠油集输系统的腐蚀与防护技术，分析了蒸汽吞吐、蒸汽驱等热力采油技术对集输管网、设备容器带来的腐蚀损害，并提出了相应防护措施。

本书前言、绪论、第 3 章、第 7 章由王玉江编写，第 1 章、第 8 章、第 10 章由寇杰编写，第 2 章由郑勇、张同哲编写，第 4 章由马东旭编写，第 5 章由杨凤斌编写，第 6 章由郑勇编写，第 9 章由崔昌峰、姜涛编写，全书由王玉江统稿。

在本书编写过程中，中国石油大学（华东）寇杰教授、研究生马东旭，孤东采油厂杨凤斌等人还做了大量的文字校对工作，在此向他们表示感谢。书中参考了许多专家、学者的著作和研究成果，在此表示衷心的感谢。

由于编者水平有限，书中难免有疏漏和不恰当之处，敬请读者批评指正。

目　录

绪　论

随着常规原油资源的日益递减和石油开采技术的不断提高，大量非常规油藏已引起石油界的关注，稠油（包括油砂和沥青）作为最主要的非常规原油资源之一，得到了广泛开发。世界稠油资源极为丰富，据美国能源部统计，全世界稠油（含沥青）的潜在储量是已探明常规原油储量的6倍，约为8.15×10^{11}t，世界上稠油资源主要分布在加拿大、委内瑞拉、美国、俄罗斯、中国、印度尼西亚等国家，其中加拿大、委内瑞拉约占70%，陆上稠油、沥青资源约占石油总资源量的20%以上。我国稠油资源也很丰富，已经在松辽盆地、二连盆地、渤海湾盆地、南阳盆地、四川盆地、准噶尔盆地、塔里木盆地等12个盆地中发现了70多个稠油油田，探明储量超过4×10^9t。

我国原油资源较少，原油进口依赖度超过70%，远超过安全红线，因而对稠油进行高效开采，满足日益增长的能源需求，具有非常重要的战略意义。

我国的稠油油田开发经过五十多年的发展，已取得很大进步，从注汽到油气集输，基本上形成了适应生产发展的配套技术。2020年我国稠油总产量超过2.5×10^7t，其中，热采产量超过1.5×10^7t。目前，我国主要稠油生产基地包括辽河油田、克拉玛依油田、胜利油田、渤海油田、塔河油田、河南油田、吐哈油田和塔里木油田等。

我国稠油开采技术及相关集输工艺的应用和发展，从20世纪70年代初至今，主要经历了3个阶段。

第一阶段始于20世纪70年代初，当时开发的稠油多为黏度为400~1000mPa·s的低稠原油，开采方式为注水开发。以胜利油田的孤岛西区、南区掺活性水降黏流程为代表的集输工艺，成为我国稠油开发的先驱，为刚起步的稠油开发生产提供了技术保障。但在当时的技术条件下，计量、油水乳状液破乳、污水处理、掺水系统腐蚀结垢等问题限制了该技术进一步的应用和发展。

第二阶段始于20世纪70年代末80年代初，随着稠油油田的不断发现，开始引进国外稠油注蒸汽热采技术，并在辽河高升油田实施。辽河高升油田及随后开发的曙光油田、欢喜岭油田，其稠油黏度大多在5×10^5mPa·s以上，属超稠油范畴，掺活性水降黏流程的应用受到限制。在掺活性水降黏流程基础上发展起来的掺稀原油降黏流程，克服了前者的缺点，相继在各稠油田得到应用，但随着开采量不断增加，相应的稀油需求量越来越大，稀油源不足及掺稀后对油品性质的影响逐步显现，特别是有的稠油油田根本无稀油可掺,从几十公里外输送稀油,既增加了基建工程费,又增加了运行管理费,迫使稠油集输工艺进一步发展、完善。

20世纪80年代中期至今,稠油生产进入一个新的时期,其间引进了美国、委内瑞拉等稠油生产大国的先进技术、设备,推动我国稠油集输工艺进入第三发展阶段。第三发展阶段的特点如下。

1)注重将国外先进技术与国内实际情况相结合,创新出具有我国特色的集输流程,如新疆克拉玛依红山嘴油田的掺蒸汽流程,适用于低产油田的河南古城"串糖葫芦"流程等。

2)注重科研试验与生产实践相结合,如20世纪90年代初胜利油田进行的稠油水环输送现场试验,辽河油田进行的稠油裂化改质降黏室内及现场试验等。

3)注重开发各类高效稠油处理设备,如新疆油田的机电脱水器,河南油田的油气水三相分离器,辽河油田的热媒炉、稠油输送设备,胜利油田的电脱水器等。

4)注重发展、改进污水处理、清砂除泥、套管气回收等配套技术。此阶段是我国稠油生产的重要阶段,集输工艺的发展不但满足了日益增长的稠油产能建设要求,也缩短了我国稠油集输技术与世界先进水平的差距,在某些方面甚至达到世界先进水平。

现有的稠油资源,除少量用常规注水方法开采外,大多采用注蒸汽热采。高温高压蒸汽从锅炉经管线输送至配汽间,计量后由井口注入井下,采出的油、气、水混合液经计量站、接转站,至联合站进行油气分离、脱水、脱气、外输。高压锅炉、注汽管网以及为集输稠油而特设的降黏设备和各种掺液管网,使得稠油的采油、集输、输送综合成本较高,在当前情况下,采用可靠而经济的稠油降黏措施降低能耗,具有十分重要的意义。

近年来,以胜利油田为代表的国内稠油油田的地面集输工程面临着巨大挑战:随着稠油的深度开发,稠油品位变差,新区油藏复杂,老区注汽效果下降,开采难度越来越大,且随着开采工艺由蒸汽吞吐向蒸汽驱的转化,地面工程改造量增加,生产成本越来越高;此外,集输工艺所需的稀原油紧缺,部分油田的稠油将无稀油可掺,必须研究新的集输工艺,形成由地下油藏开发到地面集输的系统工程,从生产井到稠油外输的整体优化方案。

第1章　稠油性质和基础理论

稠油的主要特点是密度大、黏度高、凝固点低、流动性差，通常表现为非牛顿流体特性。稠油的这些特点决定了稠油集输与处理工艺的特殊性，相比于普通原油，稠油对开采、集输、脱水等工艺的要求更高。所以，在掌握稠油集输与处理的各项作业之前，必须要对其服务对象——稠油——的基本情况进行了解，即稠油的成因、分类、组分、物性及流变性等基础理论。

1.1　稠油概述

1.1.1　稠油的成因

稠油，又称为重油或沥青，是沥青质和胶质含量较高、黏度较大的原油。与常规原油相比，稠油形成的原因更加复杂。决定原油性质的因素主要分为两大类，即原生因素和次生因素。原生因素是指有机母质的性质和沉积环境，可导致生油母质干酪根类型产生差异。生油母质的成熟度也是重要的原生因素，有机质成熟度越高，生成的稠油密度越小。然而，油气在生成、运移及聚集过程中必然会经历许多物理和化学的次生变化，这些变化将不同程度地改变原油性质，甚至超过原生因素的影响。

因此，原油的次生作用对其性质的改造尤为重要。其中，氧化、生物降解、水洗等次生作用常常是原油稠化的重要因素。稠油的形成主要有两种类型：①原生型，主要是指烃源岩在低演化阶段形成的未熟 – 低熟油；②次生型，是指油藏遭受后期破坏改造，油气发生水洗、生物降解与氧化等多种物理与化学作用后形成的一种重质油或沥青。

1.1.2　稠油分类

稠油是一种高黏度、高密度的原油，国外将稠油统称为重质原油。稠油的分类标准有很多，联合国训练研究所（UNITAR）推荐的分类标准（见表 1 – 1）将稠油分为重质油和沥青；在原始油藏温度下，脱气原油黏度为 $100 \sim 10000 \mathrm{mPa \cdot s}$ 或在 15.6℃（60 ℉）及大气压下密度为 0.934 ~ 1.000g/cm³(°API 为 10 ~ 20)的原油称为重质油；在原始油藏温度下，脱气原油黏度大于 10000mPa · s 或在 15.6℃ (60 ℉) 及大气压下密度大于 1.000g/cm³ (°API < 10)的原油称为沥青或油砂。

表 1 - 1　UNITAR 推荐的分类标准

分类	第一指标	第二指标	
	黏度/(mPa · s)	密度/(g · cm⁻³)(15.6℃)	°API(15.6℃)
重质油	100 ~ 10000	0.934 ~ 1.000	10 ~ 20
沥青	>10000	>1.000	<10

我国稠油胶质含量为 20% ~ 40%，沥青质含量为 5% ~ 10%，相比于国外稠油，胶质含量高，沥青质含量低，因此我国稠油表现出密度低、黏度高的特性。根据我国稠油的特点，在 1979 年 9 月的玉门会议上，把密度大于 0.9g/cm³、黏度大于 100mPa · s 的原油称为稠油。在 1987 年 4 月的全国稠油技术座谈会上，讨论并通过了以黏度作为主要指标、密度作为辅助指标的统一标准，将稠油分为普通稠油、特稠油和超稠油，详细划分见表 1 - 2。

表 1 - 2　中国稠油分类标准

分类	主要指标	辅助指标
	黏度/(mPa · s)	密度/(g · cm⁻³)(20℃)
稠油	Ⅰ类：50 ~ 100	>0.90
	Ⅱ类：100 ~ 10000	>0.92
特稠油	10000 ~ 50000	>0.95
超稠油(天然沥青)	>50000	>0.98

1.1.3　稠油的组分及物性

1.1.3.1　组分特点

稠油主要由 4 部分组成，分别是轻组分饱和烃、芳香烃、重组分胶质和沥青质。其中，轻组分饱和烃和芳香烃含量一般低于稠油总质量的 2/5，具有密度小、相对分子质量低等特点；重组分胶质和沥青质是原油分子中结构复杂、相对分子质量高、密度大的组分，较高的重组分胶质和沥青质含量是造成稠油黏度高的根本原因。

胶质在大多数情况下是棕黄色或黑色的黏稠液体或半固体，它是含有杂环和羧酸的复杂混合物，其分子结构中除含有 C、H 原子外，多数情况下还含有 O、S 和 N 等原子组成的多环，平均相对分子质量在 500 ~ 1000 之间。

沥青在原油中相对分子质量最大，基本结构是以稠合芳香环系为核心，周围连接有若干个环烷环、芳香环和环烷环上带有的正构或异构烷基侧链，分子中有各种含 S、N、O 的基团，有时还络合有 Ni、V、Fe 等金属，其平均相对分子质量在 1000~10000 之间。胶质和沥青质有相似的结构和组成，同时又存在着差别，稠油中沥青质的 O、S 和 N 含量明显高于胶质，而 H、C 含量明显比胶质低很多。

1.1.3.2　稠油的物性

稠油的组分决定了它的物性。胶质和沥青质的摩尔质量大、含量高使得稠油密度高；由于稠油中的含蜡量少，因此其凝点一般较低；轻质馏分含量低导致稠油井的产出物油气比低，产气量较少。概括起来，稠油物性有三高二低的特点。三高：密度高、黏度高、沥青和胶质含量高。二低：凝点低、轻质馏分含量低。

我国发现的稠油油藏分布广、类型多，埋藏深度变化很大，一般在 10~2000m 之间，主要储层为砂岩。我国稠油的特性与世界各国稠油的特性大体相似，主要有以下特点。

1）稠油中轻质馏分含量很低，胶质沥青含量高，而且随着胶质沥青含量增加，原油的相对密度及同温度下的黏度随之增大。常规油（即稀油）中沥青质含量一般不超过5%，但稠油中沥青质含量可达 10%~30%，特超稠油甚至可达50%或更高。

2）稠油的黏度随着其密度的增大而升高，但线性关系较差。众所周知，原油密度的大小与其含金属元素的多少有关，而原油黏度的高低主要取决于其胶质和沥青质含量的多少。我国稠油油藏属于陆相沉积，原油中金属元素含量较少，而沥青、胶质含量变化大，与其他国家相比，沥青质含量较低，一般不超过10%，而胶质含量较高，一般超过20%。因此，原油密度较小，但黏度较高。

3）稠油中烃类组分含量低。稠油与稀油的重要区别是其烃类组分上的差异，我国陆相稀油中，烃类组分（饱和烃、芳香烃）的含量一般大于60%，最高可达95%，而稠油中烃类组分含量很少，随着非烃类组分和沥青含量的增加，其密度呈规律性增大。

4）稠油中硫含量低。在我国已发现的大量稠油油藏中，稠油的含硫量都比较低，一般小于8%。河南油田稠油中的含硫量仅为0.8%~0.38%，远低于国外稠油的含硫量。

5）稠油中含蜡量低。我国的大多数稠油如绥中、南堡、埕北、孤岛、羊三木稠油中含蜡量在4.5%左右。

6）稠油中金属含量较低。我国陆相稠油与国外稠油相比，镍、钒、铁及铜等金属元素含量很低，特别是钒含量仅为国外稠油的1/400~1/200，这是我国稠油黏度较高而密度较低的重要原因之一。

7）稠油凝固点较低。大多数稠油油藏属于次生油藏，由于石蜡的大量脱损，以及强烈的氧化作用，稠油表现出胶质沥青含量高、含蜡量及凝固点低的特点。

1.2 油水乳状液及黏度计算

1.2.1 乳状液

油水乳状液又称乳化液，指油和水所形成的分散物系（混合物）。油（或水）以液珠的形式均匀分散于与之不相溶的水（或油）中，液珠的直径一般大于 $0.1\mu m$。油珠分散在水中称水包油型乳状液，常用 O/W 表示，反之为油包水型乳状液（W/O）。乳状液的形成和稳定有一定的条件。油水混合物从井底采出过程中，随着压力的降低，伴生气不断从油中析出，产生急剧的紊流搅动，以及原油中含有的沥青质、胶质、环烷酸等天然乳化剂的存在，均会使油水形成稳定的乳状液。一般情况下，当含水量小于 50% 时，集输过程中形成的多是油包水型乳状液，随着含水量的增大，其表观黏度愈来愈大。当含水量超过某值（50%～90%）时，出现游离水，部分乳状液反相成为水包油型，表观黏度急剧下降。

1.2.1.1 乳状液的生成机理

形成乳状液必须具备下述条件：①系统中必须存在两种以上互不相溶（或微量相溶）的液体；②有强烈的搅动，使一种液体破碎成微小的液滴分散于另一种液体中；③要有乳化剂存在，使分散的微小液滴能稳定地存在于另一种液体中。

原油和水是两种微量相溶的液体，在油田水驱开采时，油水密切接触、从地下流至地面，继而沿集油管网流至原油处理站。在流动过程中，随压力降低溶解气析出，流动中的搅拌、剪切等使某一液相变成液滴分散于另一液相内，形成乳状液。乳状液形成的一系列过程发生在油－水界面上，应由溶液的表面物理现象入手研究形成稳定乳状液的机理。

（1）界面能和界面张力

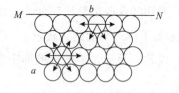

图 1－1　液体与饱和蒸气相接触

图 1－1 表示某纯液体与饱和蒸气相接触，接触表面为 MN。欲使液体内层分子移到表面上来，扩大液体的表面，就必须对系统做功以克服分子所受的指向液体内部的拉力。所做的功储存于表层，成为表层分子的位能，故液体表层分子比内部分子多储存一部分能量，这种能量称为表面自由能或表面能。在恒温、恒压条件下，液体表面积每增大一个单位所增加的表面能称为比表面能，以 σ 表示，其单位为 J/m^2 或 N/m。在数值上，比表面能 σ 等于在液体表面上垂直作用于单位长度线段上的表面紧缩力，即表面张力。

当两种液体相接触时，表面能与表面张力分别称为界面能和界面张力。由于液体分子间距远小于气体分子间距，因此，两种液体分界面上的界面张力总小于这两种液体分别与空气接触时表面张力中的最大值。

根据热力学第二定律，在恒温、恒压下，物系都有自动向自由能减小方向进行的趋势。当油水形成乳状液时，其接触界面和界面能都很大，从热力学观点看，乳状液是一种不稳定物系，分散相液滴必然会自发地合并，缩小界面积使界面能趋向最低。因而，生成稳定乳状液必须有第三种物质存在，即需要有乳化剂存在。

（2）乳化剂

当水中溶有其他物质后，溶质种类和它在水溶液中的浓度对水溶液表面张力的影响可分为 3 种类型，如图 1-2 所示。曲线 1 表明，在水中逐渐加入某溶质时，溶液的表面张力随溶液浓度的增加稍有升高。曲线 2 表明，溶液表面张力随溶液浓度的增加而降低。曲线 3 表明，在水中加入少量某种溶质时，溶液表面张力急剧下降，至某一浓度之后，溶液表面张力几乎不随溶液浓度的增加而变化。凡是能使溶液表面张力升高的物质，称为表面惰性物质；使溶液表面张力降低的物质，从广义来讲皆可称为表面活性物质。但习惯上，只把那些溶入少量就能显著降低溶液表面张力的物质称为表面活性物质或表面活性剂。

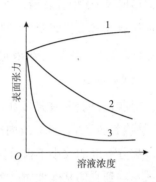

图 1-2 表面张力与溶液浓度的关系

当溶质能降低溶液的表面张力时，溶质会富集于表层内，力求最大限度地降低表面张力，以符合物系吉布斯自由能最低的要求。反之，溶质使表面张力升高时，它在表层中的浓度比在内部的浓度低。这种表层与溶液内浓度不同的现象叫吸附。表层浓度大于溶液内浓度的吸附称为正吸附；反之，称为负吸附。显然，表面活性剂引起的是正吸附，表面惰性物质引起的是负吸附。

表面活性剂吸附在油水界面上形成吸附层，使：①油水界面的界面张力下降，减少了剪切水相变为小水滴所需的能量，也减小了能使水滴聚结、合并的表面能，使乳状液的稳定性增加；②若表面活性剂吸附层具有凝胶状弹性结构，则能在分散相液滴周围形成坚固并带韧性的薄膜，有效地阻止水滴在碰撞中聚结、合并、沉降，使乳状液变得稳定；③若表面活性剂为极性分子，则能排列在水滴界面上形成电荷，使水滴相互排斥，阻止水滴合并沉降，使乳状液稳定。

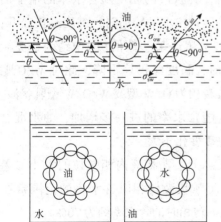

图 1-3 固体粉末乳化

乳化剂不但使乳状液稳定，还影响乳状液类型。如图 1-3 所示，在油、固、水三相物系中若以 θ 表示水对固体的接触角，则有

$$\sigma_{so} - \sigma_{sw} = \sigma_{wo}\cos\theta$$

式中，下标 s、o、w 分别表示固体、油和水。若 $\sigma_{sw} < \sigma_{so}$，则 $\cos\theta$ 为正，$\theta < 90°$，说明水能更好地润湿固体，固体的大部分在水相中，形成 O/W 型乳状液；若 $\sigma_{sw} > \sigma_{so}$，则 $\cos\theta$ 为负，$\theta > 90°$，说明油能更好地润湿固体，固体的大部分存在于油相中，形成 W/O 型乳状液。人们还从实践中得到相同结论：水溶性活性剂倾向于结合更多的水分子，界面的吸附膜必然凸向水相，形成 O/W 型乳状液；相反，油溶性活性剂倾向于结合更多的油分子，从而形成 W/O 型乳状液。除乳化剂影响乳状液类型外，油水相对数量也影响乳状液类型，水油比愈大愈易生成 O/W 型乳状液；反之，则易形成 W/O 型乳状液。

1.2.1.2　原油乳状液的性质

（1）分散度

分散相（内相）在连续相（外相）中的分散程度称为分散度。分散度可用内相颗粒平均直径（或其倒数）表示，或内相颗粒总表面积与总体积的比值，即比表面积表示。

按分散度的大小不仅可区别乳状液、胶体溶液和真溶液，而且乳状液分散度的大小还直接影响到它的其他性质。因而，分散度是乳状液的重要性质之一。

（2）黏度

影响乳状液黏度的因素很多，主要有：①外相黏度；②内相的体积浓度；③温度；④乳状液的分散度；⑤乳化剂及界面膜的性质；⑥内相颗粒表面带电强弱等。此外，内相黏度对乳状液的黏度也有一定影响。

原油黏度愈大，生成 W/O 型乳状液后其黏度也愈大。乳状液黏度与温度的关系同原油类似，随温度的升高而降低。

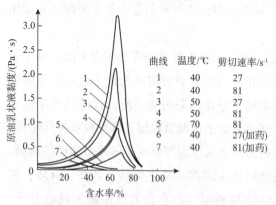

图 1-4　原油乳状液黏度与含水率的关系

如图 1-4 所示，原油乳状液黏度随含水率的变化呈现较为复杂的关系。含水率较低时，乳状液的黏度随含水率的增加而缓慢上升；含水率较高时，黏度迅速上升；当含水率超过某一数值（图中约为 65% ~ 75%）时，黏度又迅速下降，此时 W/O 型乳状液转相为 O/W 型或 W/O/W 型乳状液。此后，随含水率的进一步增加，油水混合物的黏度变化不大。

实际上，乳状液内相颗粒的大小参差不齐，各油田所产原油和水的组成及性质各异，因而乳状液转相时含水率的范围常在 50% ~90% 之间。当油水中不含破乳剂时，多数情况下转相时的含水率约为 70%。

试验表明，在含水率和其他条件等同的情况下，乳状液内相颗粒直径愈小、分散度愈高，乳状液的黏度愈大。这是因为在内相颗粒表面有一定厚度的乳化剂薄膜，该薄膜可看作内相颗粒体积的一部分，内相颗粒愈小，它连同薄膜的总体积愈大，其后果和含水率增加相似，使乳状液黏度增大。此外，乳状液内相颗粒表面都带电，因带电而引起的额外黏度称电滞效应，其大小和电位、颗粒直径有关，直径愈小、电位愈高，引起的额外黏度愈高。由于上述原因，分散度高的乳状液具有较大的黏度。

原油乳状液是一种多相体系，当受到剪切时，其内部结构会遭到破坏。因而，多数情况下，乳状液不遵循牛顿内摩擦定律，属于非牛顿流体。这时的黏度应称为表观黏度。呈现非牛顿流体性质的乳状液具有剪切稀释性，即随剪切速率增加，内部结构遭到破坏，表观黏度下降。表观黏度下降的幅度同乳状液含水率有关，含水率愈大，下降幅度愈大。

1.2.1.3　乳状液的生成和预防

原油含水并含有足够数量的天然乳化剂是生成原油乳状液的内在因素。原油中所含的天然乳化剂主要为沥青质、胶质、环烷酸、脂肪酸、氮和硫的有机物、蜡晶、黏土、砂粒、铁锈、钻井修井液等。它们中的多数具有亲油疏水性质，因而一般生成稳定的 W/O 型原油乳状液。此外，在石油生产中常使用的缓蚀剂、杀菌剂、润湿剂和强化采油的各种化学剂等都是促使生成乳状液的乳化剂。

各种强化采油方法都会促使生成稳定的原油乳状液，如在油层压裂、酸化、修井等过程中使用化学剂常产生特别稳定的乳状液。另外，对于注蒸汽开采的油藏，蒸汽在井底的高速注入，强烈剪切油藏内的油水混合物并使油藏岩石剥落形成固体粉末，以及蒸汽注入增加油藏内水油比，减小水中的盐含量，这些都促使形成稳定乳状液。旨在降低油藏油水界面张力的表面活性剂、CO_2 及聚合物驱油等都会促使产生稳定乳状液。火烧油层使部分原油燃烧、裂解，产生多种可作为乳化剂的高相对分子质量化合物，也促使产生稳定乳状液。

在地层内油水是否已形成乳状液还有不同的学术观点，但普遍认为在井筒内已形成乳状液。井筒和地面集输系统内的压力骤降、伴生气析出、泵对油水增压、清管、油气混输等都会引起油和水的剧烈搅拌，促使乳状液的形成和稳定。从对油水混合物搅拌强度的观点衡量，单螺杆泵搅拌强度最小、离心泵最大。油气多级分离不仅减少原油内轻组分的损失，还因每一级析出的气体量少，减少了气体对油水的搅拌而降低乳状液的稳定性。

原则上，可采取以下措施防止稳定乳状液的生成：①尽量减少对油水混合物的剪切和搅拌；②尽早脱水。

1.2.2　稠油黏度及其影响因素

稠油乳状液一般为 O/W 型和 W/O 型以及其他复杂类型，本书主要介绍 O/W 型和

W/O 型稠油乳状液黏度的影响因素以及相应的计算公式。

1.2.2.1 稠油黏度的影响因素

(1) 主要组分

饱和烃、芳香烃、中性非烃、酸性非烃、胶质和沥青质的质量分数分别与稠油黏度呈指数函数关系。稠油黏度随饱和烃和芳香烃质量分数的增加呈指数关系降低，随中性非烃、酸性非烃、胶质和沥青质的质量分数的增加呈指数关系升高。各类组分对稠油黏度的影响程度排序：胶质和沥青质 > 酸性非烃 > 中性非烃，即胶质和沥青质为最主要因素。根据四组分分析法，在浓度相同条件下，各组分对黏度的影响大小排序为：沥青质 > 胶质 > 芳香分 > 饱和分。

针对以上现象，Corbett 提出有关稠油组分的以下观点加以说明：沥青质分子自缔合形成松散的超分子结构，如图 1-5 所示；超分子结构并不是紧密堆积，而是逐渐形成了分散较高层次的超分子结构；超分子吸附芳香性低的轻质组分，从而形成溶剂化层，增大分散相体积，从而使沥青质胶粒的空间延展度扩大，这些结构因素综合造成了稠油的高黏性。

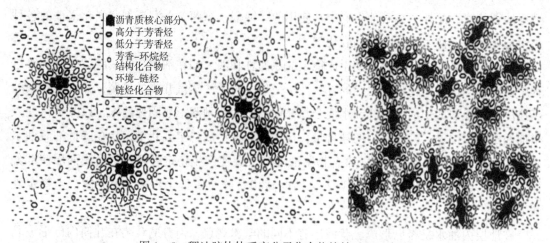

图 1-5 稠油胶体体系高分子化合物缔结过程示意图

(2) 含水率

纯原油为牛顿流体($n=1$)，含水原油为假塑性流体($n<1$)，当含水率增大时，流体的假塑性增强，即剪切稀释性也增强。

在稠油的水热裂解反应(在注入蒸汽开采稠油的过程中，采出稠油的性质发生了一系列变化，从而使稠油的饱和烃、芳香烃含量增加，胶质、沥青质含量降低，使稠油黏度下降。国外研究者将注入蒸汽与地下稠油及有机物之间发生的一系列反应称为"水热裂解反应")中，水作为反应物参加反应，在反应体系中只加入稠油的条件下，加入不同体积的水，在240℃(蒸汽吞吐开采稠油时油层的典型温度)下发生水热裂解反应48h，反应完成后，测定稠油的黏度如图 1-6 所示，该图为加水且升温后水蒸气与稠油发生化学反应后的黏度变化，可以看出稠油的黏度随加水量的增加而明显降低，当加水量过高时黏度的下降逐渐变缓；稠油的黏度随反应温度的增加而降低；反应体系中的过渡金属盐对水热裂解反应具有催化作用，使得稠油的黏度降低，但催化能力的大小存在差别。

（3）温度

含水稠油的表观黏度随温度的升高呈指数关系下降，如图 1-7 所示；温度越低，稠油黏度对温度变化越敏感。

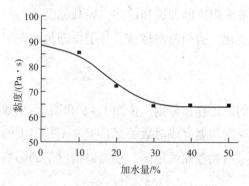

图 1-6　加水量对稠油黏度的影响

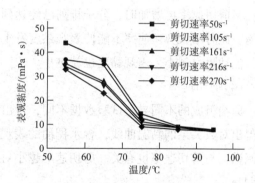

图 1-7　含水率为 70% 的超稠油黏温曲线

随着温度的降低，含水稠油的流变指数减小（见表 1-3），即剪切稀释性越明显。含水率越高，流变指数随温度的变化越明显。

表 1-3　含水率为 20% 和 70% 的稠油在不同温度下的流变指数

含水率/%	$t/℃$			
	60	70	80	90
20	0.9405	0.9547	0.9638	0.9775
70	0.6629	0.7450	0.7923	0.8463

产生这种现象的原因是：温度越低，粒子的布朗运动越缓慢，越有利于杂乱卷曲的分子沿剪切方向排列。

含水原油的黏温曲线为放射段和直线段两部分：在放射段，含水原油的表观黏度随剪切速率的增大而减小；在直线段，表观黏度与剪切速率无关。直线段的表观黏度可用 Richardson 公式计算如下：

$$\mu = \mu_L e^{k\varphi}$$

式中　μ——乳状液的黏度，$mPa \cdot s$；

　　　μ_L——温度条件相同时连续相的黏度，$mPa \cdot s$；

　　　φ——乳状液中分散相的体积分数；

　　k——乳状液黏度的待定常数，由试验确定。

　　在同一含水率下，含水稠油在低温段为非牛顿流体，在高温段为牛顿流体，在直线段，动力黏度随温度变化的计算公式如下：

$$\ln\mu = A - Bt$$

式中　μ——稠油的动力黏度，mPa·s；

　　A，B——实测的常数；

　　　t——温度，℃。

　　产生此现象的原因是：随剪切速率的增加，分子沿剪切方向有序排列，表观黏度下降；当剪切速率再增加时，分子排列已经达到最大限度的伸展和定向，表观黏度也达到了平衡，此时增大剪切速率不能使表观黏度发生变化。剪切速率越高，分子排列越趋向于一致，流动阻力越小，表观黏度也就越小。

　　(4) 剪切速率

　　原油组成的不同导致试验数据不同，得出的结论存在差别。由图1-8和图1-9数据可得出对数关系的黏温曲线，含水稠油的表观黏度与温度成对数关系，但又不是温度的单一函数，与剪切速率也有关。剪切速率越小对应的黏温曲线越陡，在低温情况下的影响更为明显。

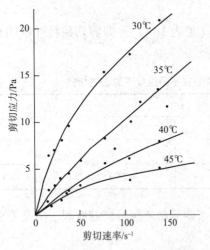

图1-8　含水率为33.5%的原油流变曲线

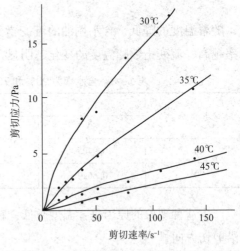

图1-9　含水率为50%的原油流变曲线

　　产生这种现象的原因是：在低温条件下，从稠油中析出的蜡晶增多并聚集，使得含水原油的黏度不仅是温度的函数，还是剪切速率的函数。

1.2.2.2　含水稠油 O/W 型乳状液表观黏度的影响因素

　　O/W 型乳状液表观黏度的影响因素主要有：分散相液滴粒径和尺寸分布、含水率、温度、乳化剂种类及浓度、无机盐等。

（1）分散相液滴粒径和尺寸分布

分散相液滴直径越大，表观黏度越小；分散相液滴尺寸越小，液滴尺寸分布范围越窄，乳状液的表观黏度就越大。

（2）含水率

稠油 O/W 型乳状液的外相是水，所以含水率对乳状液的黏度影响很小。

（3）温度

随着温度的升高，O/W 型乳状液表观黏度逐渐降低，但是温度对它的影响较小，因为决定乳状液表观黏度的主要因素为外相（即水相）。

（4）乳化剂种类和浓度的影响

不同的乳化剂对不同稠油乳状液黏度的影响不同，但是相关的流变曲线相似。在相同的制备条件下，乳化剂浓度增加，乳状液内相颗粒的尺寸减小，颗粒之间的摩擦力增大，乳状液黏度也随之增加。

（5）无机盐

乳状液外相含有无机盐时黏度略有增大。

1.2.2.3　含水稠油 W/O 型乳状液表观黏度的影响因素

1998 年，Pal 得出了最为全面的乳状液黏度影响因素，主要包括剪切速率、平均液滴半径、液滴尺寸分布、连续相黏度、分散相黏度、连续相密度、分散相密度、热能、界面张力及时间。查阅相关文献可以得到 W/O 型乳状液表观黏度的影响因素主要有：聚合物、含水率、剪切速率、搅拌速度等。

（1）聚合物

国内学者基于不同温度下不同聚合物浓度对 W/O 型乳状液表观黏度的影响进行了试验研究并得出相关结论：不同温度下，W/O 型乳状液表观黏度随聚合物浓度增加而逐渐增大至最大值，然后不再随聚合物浓度增加而增大（见图 1-10）。

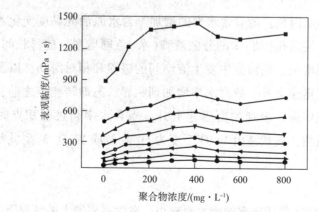

图 1-10　温度和聚合物浓度对 W/O 型乳状液表观黏度的影响

（温度从上到下依次为 40℃、50℃、60℃、65℃、70℃、75℃、80℃、85℃）

产生这种现象的原因是：采出液中聚合物的浓度越大，扩散到油水界面上参与形成界面膜的分子就越多，形成的界面膜结构强度就越大，液滴间的环流受到阻碍，宏观表现为表观黏度的增大；当聚合物的浓度持续增大时，由于水解聚合物的絮凝作用，小水珠聚并成大水珠，乳状液的表观黏度就不再增大。

（2）含水率

对不同含水率的 W/O 型乳状液表观黏度变化进行试验分析（见图 1 – 11），得出结论：当含水率较低时，W/O 型乳状液的表观黏度随含水率的增加而缓慢上升，基本为线性关系；当含水率较高时，表观黏度呈指数形式急剧上升。

图 1 – 12 为 60℃、搅拌转速为 500r/min 条件下，按不同的含水体积分数 φ 制备的 W/O 乳状液表观黏度的比较。

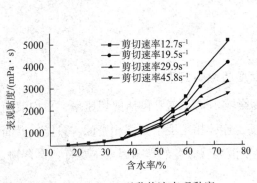

图 1 – 11　W/O 型乳状液表观黏度
与含水率的关系

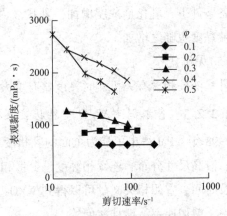

图 1 – 12　不同含水体积分数的 W/O 型
乳状液表观黏度的比较

在含水率增加到转相点（一般将表观黏度开始下降的含水率临界值称为反相点或转相点）之前，含水原油的黏度随含水率的增加急剧上升，在转相点之后黏度随含水率的增加而降低。

产生这种现象的原因是：随着含水率的增加，含水原油的黏度变化不大；当含水率增大到一定程度时，连续相（油）中的分散液滴（水）急剧增多，使得相间表面张力增大。由于液滴的相互作用增强，在液流中发生液滴间的碰撞和相对滑动，以及相间表面能的作用，从而导致黏度迅速上升。故含水率增加到临界状态即转相点之前，液滴变形，使得乳状液的非牛顿性增强，表观黏度迅速上升；当含水率超过转相点时，水成为连续相，而油则成为分散相，乳状液由 W/O 型变为 O/W 型或 W/O/W 型乳状液，黏度开始下降。

（3）剪切速率

原油乳状液的黏度随剪切速率的增大而减小，在含水率增大的情况下，表观黏度随剪切速率的增大而降低的幅度变大，变化规律见表 1 – 4。

表 1－4　北大站原油乳状液不同剪切速率时的黏度　　　　单位：mPa·s

剪切速率/s^{-1}	含水率/% 0.0	11.4	18.1	29.4	38.1
27.0	(39.1)	(56.0)	73.6	135.5	197.0
81.0	39.1	56.0	69.0	117.7	167.0
145.8	39.1	54.5	68.5	110.3	(162.3)
437.4	39.1	51.8	64.6	(89.9)	(146.3)

注：括号内为所测流变曲线的外延数据。

上述规律可由下式的 a 值表示：

$$\mu = \mu_0 (1 - \varphi_W)^{-a} \text{或} \mu_r = (1 - \varphi_W)^{-a}$$

式中　μ——乳状液的黏度；

　　　μ_0——原油(纯油)的黏度；

　　　μ_r——相对黏度，$\mu_r = \dfrac{\mu}{\mu_0}$；

　　　φ_W——含水体积分数；

　　　a——乳状液黏度的待定系数，随原油性质或生产(包括试验)条件的变化而变化，一般取 2.0 ~ 4.5。

产生这种现象的原因是：乳状液表观黏度与外相黏度有关。对于 W/O 型乳状液，其黏度取决于稠油黏度。当温度较低时，乳状液外相有蜡晶析出，并有胶质、沥青质组成的胶状颗粒形成蜡晶和絮凝结构。在剪切过程中，蜡晶及絮凝结构受到破坏，絮凝体的尺寸减小，并释放出一部分包围在絮凝体内的连续相，使得内相浓度减小，表观黏度下降。剪切速率越大，破坏越严重，乳状液黏度也相应降低。在高剪切速率条件下，絮凝体完全破碎成微小颗粒，此时进一步增加剪切速率不会使黏度继续降低，即黏度达到平衡，此时乳状液呈牛顿流体。

1.2.2.4　O/W 型乳状液表观黏度的计算公式

1) Ronningsen 基于 Richardson 公式提出：

$$\ln\mu_r = k_1 + k_2 T + k_3 \varphi_0 + k_4 T\varphi_0$$

式中　k_1，k_2，k_3，k_4——与剪切速率有关的系数；

　　　φ_0——含油体积分数。

2) Richardson 公式(O/W 型乳状液)：

$$\mu = \mu_0 e^{k\varphi_W} \text{或} \ln\frac{\mu}{\mu_0} = k\varphi_W$$

式中　k——与原油温度和性质有关的系数，由试验确定，也称状态指数。

若用实测值反算 k 值，该公式会较为准确。

当水以质量分数 φ'_W 表示时，有

$$\mu = \mu_0 e^{k'\varphi'_W} \text{ 或 } \ln\frac{\mu}{\mu_0} = k'\varphi'_W$$

式中　k'——由试验确定的系数。

水的体积分数 φ_W 与水的质量分数 φ'_W 之间的关系如下所示：

$$\varphi_W = \frac{\varphi'_W}{\left[(1-\varphi'_W)\gamma_{油}/\gamma_{水}\right]+\varphi'_W}$$

式中　$\gamma_{油}$——油的重度；

　　　$\gamma_{水}$——水的重度。

k 与 k' 之间的关系为 $k = k'\dfrac{\varphi'_W}{\varphi_W}$。

对于含水率极高或者注入大量 O/W 型乳状液后，出现多重乳状液(W/O/W)仍然采用 Richardson 公式计算。φ 为内相(W/O 型乳状液)体积比。对于采用清水注水的地区，其值由下式求得：

$$\varphi = 1 - \left(\varphi_W - \frac{0.74\varphi_0}{1-0.74}\right) = \varphi'_0\left(1+\frac{0.74}{1-0.74}\right)$$

式中　φ_0——含油体积分数，有 $\varphi_0 = 1 - \varphi_W$；

　　　φ'_0——含油质量比分数。

对于大面积回注含破乳剂的油田污水，φ 值为：

$$\varphi = \varphi_0\left(1+\frac{\varphi_k}{1-\varphi_k}\right)$$

式中　φ_k——临界含水率，体积比。随着含水率的增加，含水原油的表观黏度开始急剧
　　　　　(转相点)下降时的含水率，由试验求得，其余符号如前所示。

Rose、Simon、Poynter、Camy 等人都对 O/W 型乳状液进行了研究，分析了 k 值的范围以及各种因素对乳状液表观黏度的影响，而 Pilehvari 认为 Richardson 公式不适用于 O/W 型乳状液。

3)Simon & Poynter 提出：

$$\ln\mu_r = \frac{k_1\varphi}{1-k_2\varphi}$$

该式适用于 O/W 型乳状液，当 $\varphi < 0.74$ 时，$k_1 = 7$，$k_2 = 0$。

4)Rose & Marsden 提出：

$$\ln\mu_r = \frac{k_1\varphi}{1-k_2\varphi}$$

该式适用于盐水包原油乳状液，$k_1 = 4.08$，$k_2 = 0$。

5）Pal & Rhodes 提出：

$$\ln\mu_r = \frac{k_1\varphi}{1 - k_2\varphi}$$

该式适用于 O/W 型乳状液，$k_1 = 2.5$，$k_2 = 0$。

6）Gillies & Shook 提出：

$$\ln\mu_r = \frac{k_1\varphi}{1 - k_2\varphi}$$

该式适用于水包重质油乳状液，$k_1 = 1.75$，$k_2 = 1$。

7）Vand 提出：

$$\ln\mu_r = \frac{k_1\varphi}{1 - k_2\varphi}$$

该式适用于 O/W 型乳状液，$k_1 = 2.66$，$k_2 = 1.0$。

1.2.2.5　W/O 型乳状液黏度的计算公式

1）管道输送含水原油表观黏度的简明公式：

李建民提出了管道输送低、中、高含水原油表观黏度的简明计算公式以及相应的经验数据。在管道输送过程中，随原油含水量的上升，油水乳状液表观黏度也发生相应的变化，可大致分为 3 个区间——上升区、下降区、基本稳定区。

①上升区：

$$\ln\mu = \ln\mu_0 + mB^{1\cdot4} \quad (0 < B \leq B_1)$$

②下降区：

$$\ln\mu = \ln\mu_1 - n(B - B_1)^2 \times 10^2 \quad (B_1 < B \leq B_2)$$

③基本稳定区：

$$\mu = \mu_2 - \frac{\mu_2 - \mu_3}{B_3 - B_2} \cdot (B - B_2) \quad (B_2 < B \leq B_3)$$

式中　B_1——表观黏度最大对应的临界含水率，%；

　　　B_2——表观黏度急剧下降到基本稳定时的临界含水率，%；

　　　B_3——表观黏度接近常数时的临界含水率，通常取 90%；

　　　B——原油含水率，%；

　　　μ_0——原油不含水时的黏度，即开发初期的纯油黏度，cP；

　　　μ_1——对应于临界含水率 B_1 的最大表观黏度，cP；

　　　μ_2——对应于临界含水率 B_2 的表观黏度，cP；

　　　μ_3——对应于临界含水率 B_3 的表观黏度，通常近似取为 15~20cP。

另外，μ_0、μ_1、μ_2、μ_3 取值时温度相同，一般为 35℃以上。

$$m = \frac{1}{B} \cdot \ln\frac{\mu_1}{\mu_2}$$

式中 m——含水原油表观黏度增大系数。

$$n = \frac{1}{(B_1 - B_2)^2 \times 10^2} \cdot \ln \frac{\mu_1}{\mu_2}$$

式中 n——含水原油表观黏度减小系数。

表观黏度随含水量变化对比曲线如图1-13所示，有关参数的经验数据见表1-5。

表1-5　有关参数的经验数据

参数/范围		原油黏度/cP	B_1/%	B_2/%	m	n
一般范围			55~65	75~80	4~5	0.8~1.2
推荐范围	≤50		55~60	75~77	5左右	0.8~1.2
	51~200		58~60	77左右	5左右	1.0~1.1
	>200		58~60	77左右	4~4.5	1.1~1.2
	油水乳化严重，不论黏度如何		60~65	80左右	5左右	1左右

注：1cP = 1mPa·s。

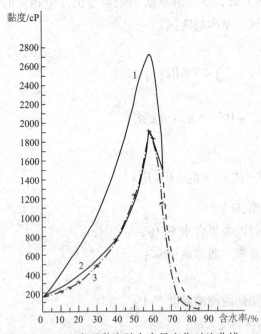

图1-13　表观黏度随含水量变化对比曲线
1—管线试验结果(43℃，不加药，下同)；
2—旋转黏度计测定结果；3—简明公式计算结果

该简明公式适用范围有限。各参数的变化范围随原油组分、油品性质、流态、油水乳化程度及管壁粗糙度等条件的不同而不同。

2) 1980年提出的 Цельковский 修正公式(W/O型乳状液)：

$$\mu = d\exp(A + B\varphi_{\mathrm{W}} - Ct)$$

式中 d——常数；

A，B，C——均为原油的特性指数；

t——温度，℃。

该公式有很好的综合性，但不适用于高凝固点原油。

若0℃纯原油或无水原油的黏度已知，即 $\mu_0 = de^A$，则上式可以简化为：

$$\mu = \mu_0 \exp(B\varphi_{\mathrm{W}} - Ct)$$

另外，B值和C值取决于原油的黏度。

当0℃纯原油或无水原油 $\mu_0 \leq 7\mathrm{Pa \cdot s}$ 时，有

$$B = 0.7910 + 0.3980\mu_0$$

$$C = 0.0120 + 0.00380\mu_0$$

当 $\mu_0 > 7Pa \cdot s$ 时，有

$$B = 3.780 - 0.004750\mu_0$$

$$C = 0.0331 + 0.000259\mu_0$$

若适当合并 Цельковский 修正公式的某些特性系数，可以将公式转化为另一种形式：

$$\mu_t^{\varphi_w} = \exp(A + B\varphi_w + C\Delta t)$$

式中　$\mu_t^{\varphi_w}$——温度为 t，含水率为 φ_w 时原油的黏度；

　　　A——原油的品质指数；

　　　B——乳化状态指数；

　　　C——原油的黏度 – 温度关系指数及石蜡析出量 – 温度关系的叠加指数；

　　　φ_w——原油中内相(乳化水)含量的质量比；

　　　Δt——选定基准温度与计算温度的差。

因此，已知某原油的 A 值(35℃不含水原油黏度的自然对数值)、温度及含水率便可直接得到 W/O 型乳状液的黏度。另外，此处的 A、B、C 与原式含义相同，主要针对求解大庆原油黏度。

3)美国石油协会"钻井与实践"中介绍的乳状液表观黏度计算方法：

已知纯油在某温度下的黏度和油水乳状液的含水(盐)量，根据附图曲线就可以计算得到乳状液的黏度。油水乳状液一般呈 W/O 型，黏度随含水(盐)量的增加而增加，在含水(盐)量达到 70% 以上时，就会转相为 O/W 型，乳状液黏度近似等于水(盐水)的黏度。具体计算过程如下。

①估算油水乳状液的类型。

a. 致密型。水(盐水)粒径小，经常出现在油气比高的井中，引起极大的湍流。

b. 中等型。水(盐水)粒径介于致密型和疏散型之间，常出现在泵输条件差或缓慢的气体搅拌下。

c. 疏散型。水(盐水)粒径大，常出现在机械设备处于良好状态的抽油机井中。

②在相应乳状液的黏度比 – 含水(盐)率曲线(见图 1 – 14)上，根据含水(盐)率查取对应的黏度比。

③乳状液温度下的纯油黏度乘以黏度比就可以得到乳状液的黏度。

4)Einstain 公式：

$$\mu = \mu_0(1 + 2.5\varphi_w)$$

该式应用范围很小，理论上只适用于含水率低于 3% 的乳状液，考虑到工程允许误差，可在含水率小于或等于 15% 时使用。

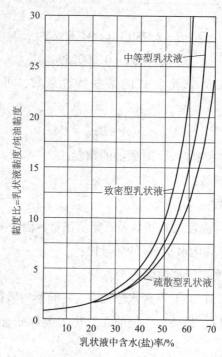

图 1－14　W/O 型乳状液黏度比－含水(盐)率曲线

5)美国石油企业常用的 Guth－Simha 公式:

$$\mu/\mu_0 = 1 + 2.5\varphi_W + 14.1\varphi_W^2$$

6)Vand 公式:

$$\mu = \mu_0(1 + 2.5\varphi_W + 7.349\varphi_W^2 + 16.2\varphi_W^8)$$

5)和6)公式中含水率的应用范围为 0~40%。

7)Roscoe 公式:

$$\mu/\mu_0 = (1 - \varphi_W)^{-2.5}$$

该式可以在含水率小于或等于20%时应用。

8)Richardson 公式:

$$\mu = \mu_0 e^{k\varphi_W}$$

式中　k——乳状液黏度的待定系数,因原油性质而异,对于 W/O 型乳状液, k 一般取
　　　　3~5。

该式应用范围较大,可在含水率10%~60%范围内应用,在不同的剪切速率和温度条件下, k 值略有变化。

9)Taylor 公式:

$$\mu = \mu_0(1 - \varphi_W)^{-a}$$

10) Levinton 等对 Taylor 公式的修正：

$$\mu/\mu_0 = 1 + 2.5\left(\frac{\mu_W + 2\mu_0/5}{\mu_W + \mu_0}\right)\left(\varphi_W + \frac{5\varphi_W^2}{3} + \frac{11\varphi_W^3}{3}\right)$$

式中　μ_W——水的黏度。

11) 由表观黏度的定义及流变方程可得：

$$\mu = k\dot{\gamma}^{n-1}$$

又有 $n = n_0 - 0.1\varphi_W$ 及 $k = k_0(1-\varphi_W)^{-3}$，带入上式，得表观黏度的计算式：

$$\mu = k_0(1-\varphi_W)^{-3}\dot{\gamma}^{n_0 - 0.1\varphi - 1}$$

式中　k——乳状液的稠度系数；

　　　n——乳状液的流变行为指数；

　　　k_0——原油的稠度系数；

　　　n_0——原油的流变行为指数；

　　　$\dot{\gamma}$——剪切速率。

该式表明，原油乳状液的黏度取决于 k_0、n_0、φ_W，并与 $\dot{\gamma}$ 有关。

12) 原油乳状液的黏度公式：

$$\mu = \mu_0(1-\varphi_W)^{-2.5}$$

此式可作为原油乳状液管道流动估算黏度的公式。该式形式简单，适用范围可达 $\varphi_W \approx 0.4$，突破了 Einstain 公式只能适用于低 φ_W 的限制，能满足工程计算的精度要求。

1.2.2.6　乳状液黏度的计算模型

1) Taylor 模型：

$$\mu_r = 1 + \left(\frac{5k+2}{2k+2}\right)\varphi$$

$$\mu_r = \frac{\mu}{\mu_c}$$

式中　k——分散相与连续相的黏度比；

　　　φ——为分散相的体积分数；

　　　μ_c——连续相的黏度。

该模型适用于计算接近球形的非胶质乳状液的相对黏度 μ_r。

Taylor 公式同 Einstain 公式均建立在远距离假设的基础上，即内相液滴的距离较远，对外相液滴的扰动是独立的，也就是说只需要考虑单个液滴的存在。但内相液滴的距离随含水率的增加而迅速减小，当含水率稍大（$\varphi_W \geqslant 0.03$）时，远距离假设便不成立，这两个公式也就不再适用。

2）Vand 模型：

$$\mu_r = \exp\left(\frac{2.5\varphi_W}{1 - 0.609\varphi_W}\right)$$

3）Rønningsen 模型：

$$\ln\mu_r = k_1 + k_2 t + k_3 \varphi_W + k_4 t \varphi_W$$

该式中 $k_1 = -0.006671$，$k_2 = -0.000775$，$k_3 = 0.03484$，$k_4 = 0.00005$。

4）Yaron & Gal - Or 模型：

$$\mu_r = 1 + \frac{5.5\left[(4\varphi^{7/13} + 10 - (84/11)\varphi^{2/3} + (4/K)(1 - \varphi^{7/3})\right]}{10(1 - \varphi^{10/3}) - 25\varphi(1 - \varphi^{4/3}) + (10/K)(1 - \varphi)(1 - \varphi^{7/3})}$$

式中　K——分散相与连续相的黏度比；

　　　φ——分散相的体积分数。

5）Hatschek 模型：

$$\mu_r = \frac{1}{1 - k\varphi^{1/3}}(k = 1)$$

6）Sibree 模型：

$$\mu_r = \frac{1}{(1 - 1.3\varphi)^{1/3}}$$

7）Mooney 模型：

$$\ln\mu_r = \frac{k_1\varphi}{1 - k_2\varphi}$$

该式适用于高浓度悬浮液，$k_1 = 0.75$，$k_2 = 1.43$。

8）Brinkman 模型：

$$\mu_r = (1 - \varphi)^{-2.5}$$

该式适用于高浓度悬浮液及乳状液。

9）Krieger & Dougherty 模型：

$$\mu_r = \left[1 - \left(\frac{\varphi}{\varphi_m}\right)\right]^{-\mu\varphi}$$

式中　φ_m——分散相的最高体积分数。

5）～9）公式中均有 $\mu_r = \dfrac{\mu_d}{\mu_c} - 1$，其中 μ_d 为分散相黏度，μ_c 为连续相黏度，μ_r 为相对黏度。

对于以上黏度计算模型，在孙广宇等的论文中已有详尽说明，附上该论文涉及公式的乳状液黏度的计算模型（见表 1 - 6）。

表 1-6　乳状液黏度的计算模型

研究者	提出时间	方程形式	应用条件
Einstein	1911	$\mu_r = 1 + k_1\varphi + k_2\varphi^2 + k_3\varphi^3$	低分散相浓度；$k_1 = 2.5$，$k_2 = 0$，$k_3 = 0$
Taylor	1932		$k_1 = \dfrac{\mu_d}{\mu_c}$，$k_2 = 0$，$k_3 = 0$
Yaron & Gal-Or	1972		$k_1 = f(\varphi^{1/3})$，$k_2 = 0$，$k_3 = 0$
Choi & Schowater	1975		$k_1 = f(\varphi^{1/3})$，$k_2 = 0$，$k_3 = 0$
Hatschek	1911	$\mu_r = \dfrac{1}{1 - (k\varphi)^{1/3}}$	$k = 1$
Sibree	1931		$k = 1.3$
Broughton & Squires	1937	$\ln\mu_r = k_1\varphi + k_2$	—
Richardson	1950	$\ln\mu_r = \dfrac{k_1\varphi}{1 - k_2\varphi}$	油包苯；$k_1 = 6$，$k_2 = 0$
Mooney	1951		高浓度悬浮液；$k_1 = 0.75$，$k_2 = 1.43$
Simon & Poynter	1968		水包油型乳状液；当 $\varphi < 0.74$ 时，$k_1 = 7$，$k_2 = 0$；当 $\varphi > 0.74$ 时，$k_1 = 8$，$k_2 = 0$
Rose & Marsden	1970		盐水包原油型乳状液：$k_1 = 4.08$，$k_2 = 0$
Barnea & Mizrahi	1973		悬浮液；$k_1 = 2.66$，$k_2 = 1$
Camy 等	1975		水包油型乳状液及油包水型乳状液
Pal & Rhodes	1985		水包油型乳状液；$k_1 = 2.5$，$k_2 = 0$
Gillies & Shook	1992		水包重质油型乳状液；$k_1 = 1.75$，$k_2 = 1$
Nädler	1992		水包油型乳状液：$k_1 = 2.5$，$k_2 = 0$
Mao & Marsden	1997		水包油型乳状液及油包水型乳状液
Brinkman	1952	$\mu_r = (1 - \varphi)^{-2.5}$	高浓度悬浮液或乳状液
Krieger & Dougherty	1959	$\mu_r = \left[1 - \left(\dfrac{\varphi}{\varphi_m}\right)\right]^{[\mu]\varphi_1}$；$[\mu] = \dfrac{\mu_d}{\mu_c} - 1$	高浓度乳状液
Frankel & Acrivos	1967	$\mu_r = \dfrac{\dfrac{9}{8}\left(\dfrac{\varphi}{\varphi_m}\right)^{1/3}}{\left(1 - \dfrac{\varphi}{\varphi_m}\right)}$	—
马祥馆	1981	$\mu = k(1 - \varphi)^{-3}\dot{\gamma}^{(n - 0.1\ \varphi - 1)}$	—
Pal & Rhodes	1985	$\mu_r = [1 - K_0 K_f(\dot{\gamma})\varphi]^{-2.5}$	—
Dou & Gong	2006	$\mu_r = [1 - K_f(\varphi)K_f(\dot{\gamma})\varphi]^{-2.5}$	$K_f(\varphi) = a\varphi^b$
Pal	1989	$\mu_r = 1 + \dfrac{0.8415\varphi/\varphi_{\mu_r = 100}}{1 - 0.8415\varphi/\varphi_{\mu_x = 100}}$	—
Rønningsen	1995	$\ln\mu_r = k_1 + k_2 t + k_3\varphi + k_4 t\varphi$	—
Elgi baly	1997	$\mu = k\dot{\gamma}^q \exp(c\varphi)$	—
Phan-Thien & Pham	1997	$\mu_r^{\frac{2}{5}}\left(\dfrac{2\mu_r + 5k_1}{2 + 5k_1}\right)^{\frac{3}{5}} = \dfrac{1}{1 - k_2\varphi}$	高浓度乳状液：$k_2 = 1$
Pal	2000		高浓度乳状液

1.3　稠油流变性及其影响因素

稠油的流变性主要用于描述黏性流体的流动特征，体现在其运动过程中的黏度变化。一般来说，温度是影响稠油黏度的主要因素，同时剪切速率、压力、溶解气含量也是重要因素。从物质组成上来看，稠油是一种复杂的混合物。不同的组分使得稠油物理化学性质形成差异，而胶质、沥青质和结晶石蜡被认为是原油黏度变化的主要内在因素。

稠油流变性是合理设计管网、优化设计运行参数的一个重要理论依据，所以对稠油流变性及其影响因素的研究对石油工业的发展有着重要的意义。国内油田常见的几种类型稠油的黏度变化因各地油品组分相异而有所不同，但大致如下。

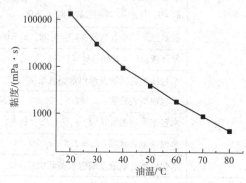

图 1 - 15　胜利油田草桥稠油黏温曲线

1)纯稠油(指未掺入水、稀油及其他热介质等)：如图 1 - 15 所示，黏温敏感性强，在较高温度下呈牛顿流体特性，温度每下降 10℃，黏度大约增加 1 倍。温度较低时，黏度随温度下降急剧增高。继续降温则呈弱触变性。经 70℃ 以上热处理无降黏效果，强磁处理作用不明显。

2)含水稠油：含水率达 70% ~80% 不转相，黏度随含水率增大而急剧升高，含水率每升高 10%，黏度约提高 1.5 倍。

3)掺活性水或脱出水稠油：活性剂的作用使稠油黏度随掺水量和温度增高而大幅度下降。但掺水后稳定性差，油水易分层。

4)掺稀原油的稠油：掺稀原油的降黏效果明显，两种油品相溶性好，对稀油来说有降凝作用。随着掺稀油量的增加，混合油黏度显著下降。

1.3.1　转相点

转相是含水稠油流变性的主要特征。转相就是多相体系中连续相和分散相交替改变的一种现象。转相使得油－水分散体系有别于其他的两相流动，是影响油－水管流压力损失的主要因素。乳状液转相时的含水率习惯称为转相点或临界含水率。当乳状液为 W/O 型时，其黏度或表观黏度较高，需要运移或输送的压降较大；当乳状液转相为 O/W 型时，其黏度或表现黏度大幅度降低，需要运移或输送的压降减小，有利于含水稠油的运移和输送。

稀乳状液通常表现出牛顿流体的特性，但随着内相体积分数 φ 的增加，乳状液由牛顿流体变成非牛顿流体，表观黏度几乎呈指数规律增大（φ 小于临界转相体积分数 φ_{max}）。图 1-16 给出了稠油乳状液相对黏度 μ_r 随分散相体积分数 φ 的变化曲线。可见，内相体积分数对流变性的影响可分为 3 个区：Ⅰ区为低内相体积分数范围，乳状液呈牛顿流体；Ⅱ区为中等体积分数范围，乳状液呈非牛顿流体，随 φ 增大，最初为假塑性流体，在浓度较高时表现出塑性流体性质，当 φ 接近临界转相体积分数 φ_{max} 且受低剪切应力作用时，乳状液表现出黏弹性；Ⅲ区乳状液转相，一般为牛顿流体。

含水率是影响含水稠油乳状液转相的重要因素，实质上是影响含水稠油流变性的重要因素，油水混合物的转相变化过程如图 1-17 所示。研究表明，随含水率的变化，含水稠油的表观黏度呈现出比较复杂的规律。而且，含水稠油的表观黏度还随剪切速率的变化而变化，此时含水稠油为非牛顿流体。事实上，含水稠油的转相可用含水率引起黏度变化来解释。当含水率较小时，作为分散相的水的液滴间隔较大，它们之间的相互作用只有通过连续相（油）速度场的相互作用才能表现出来。此时，随含水率增加，含水稠油的黏度变化不大。当含水率增大到一定程度时，连续相（油）中的分散液滴（水）急剧增多，这时的相接触表面增大。由于液滴的相互作用增强，在液流中发生液滴间的相互碰撞和相对滑动，以及相间表面能的作用，黏度迅速上升。在含水率接近临界值的情况下发生转相，油相无法完全包住水相，这时乳状液内部结构发生突变，液滴发生形变，含水稠油的黏度发生突变，急剧下降。

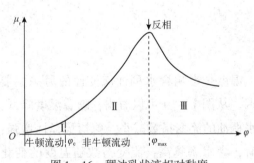

图 1-16　稠油乳状液相对黏度随分散相体积分数中的变化曲线

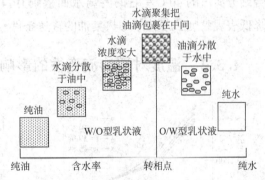

图 1-17　油水混合物的转相变化过程

大量试验证明，稠油的表观黏度与含水率有密切的关系。当稠油含水率较低时，随着含水率的增加，黏度不断升高；当含水率达到某一数值时，黏度急剧下降，此时W/O型乳状液变为O/W型或W/O/W型乳状液；当含水率超过某一数值继续增加时，油水混合物的黏度没有明显变化，并处于较低水平。

从图 1-18 的曲线可看出：当稠油含水率为 20%～60% 时，随含水率增加表观黏度缓慢增大；当稠油含水率为 60%～63% 时，随含水率增加表观黏度急剧增大；当含水率达到

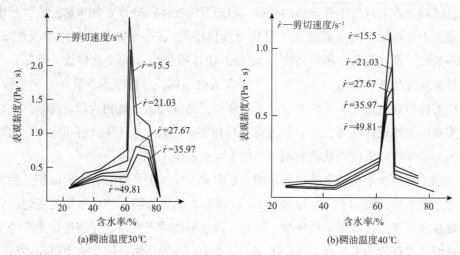

(a)稠油温度30℃   (b)稠油温度40℃

图1-18 含水稠油与含水率关系

63%时，表观黏度最大；当稠油含水率为63%～67%时，随含水率增加表观黏度急剧下降，此时连续相和分散相发生转换，即由W/O型转化为O/W型乳状液；当稠油含水率为67%～80%时，随含水率增加表观黏度下降缓慢；当稠油含水率达到80%时，各剪切速率下的曲线基本重合，即表观黏度不再受剪切速率的影响。

从以上分析可以看出，稠油含水率在转相点附近时其表观黏度最大，流动性能差。因此，稠油输送时应尽量避开此含水率区。掺常温水集油工艺技术就是根据这一原理，把联合站分离出的40℃左右的游离水回掺到井口出油管线中，使稠油含水率为75%～80%，降低表观黏度，改善不加热集油的输送条件。

1.3.2 温度对稠油流变性的影响

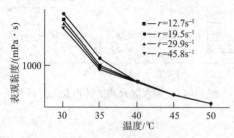

图1-19 含水率为35%的稠油乳状液的
黏温曲线

温度是影响含水稠油流变性的另一主要原因。从图1-19可以看出，随着温度降低，含水稠油的流变指数减小，剪切稀释性增强；同时，含水率越高，流变指数随温度的变化幅度越大。这是因为温度越低，粒子的布朗运动越缓慢，越有利于杂乱卷曲分子沿剪切方向有序排列。进一步将含水稠油表观黏度取自然对数后作黏温曲线，发现在半对数坐标中含水稠油的黏温曲线基本上是直线，只不过剪切速率不同黏温曲线的斜率也不同(剪切速率越小，斜率越大)。这就说明了含水稠油的表观黏度与温度呈对数关系，但又不是温度的单一函数，还与剪切速率有关。

1.3.3　剪切应力对稠油流变性的影响

研究表明，稠油在流动过程中，当剪切应力小于极限屈服应力时，变形速度与施加的剪切应力成正比，这个阶段称为塑性蠕变，此阶段黏度为定值。微观上看，这个过程中沥青质和石蜡组成的分散相在分散介质中形成了结构，在较小的流动速度下，对结构没有不可逆的破坏，因此，该结构具有触变恢复的能力。当剪切应力超过结构极限破坏的临界剪切应力，稠油的黏度降低到最小值，其剪切应力恢复后有效黏度会不可逆地降低，对于该流动过程的描述如图 1-20 所示。

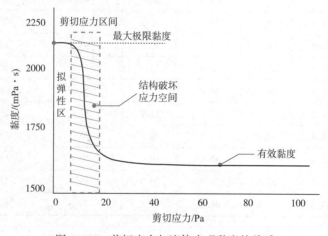

图 1-20　剪切应力与流体表观黏度的关系

稠油结构力学性质所造成的黏度变化异常，通常表现在低于结构极限破坏的临界剪切应力的条件下，它取决于稠油混合物中沥青质、胶质组分含量、溶解气组分等内部因素及流动速度、压力梯度、温度等外部因素。

1.4　胜利油田稠油特点

胜利油田稠油具有"深、稠、薄、敏、水"的特点，被定义为难采稠油。因此，国内学者做了大量关于胜利油田稠油物性的相关试验，总结了胜利油田各个区块稠油的特点。例如，胜利油田滨南区块稠油，脱气脱水原油在 50℃时黏度为 53200mPa·s，属于超稠油。超稠油具有高黏的特性，同时含有多种天然表面活性剂，开采过程中在油泵等机械作用下和水形成 W/O 型乳状液，从而导致开采能耗高、成本高、采收率低。导致其具有高黏度的主要因素有两个：胶质、沥青质的总含量超过 30%；有机杂原子 O、N、S 以及过渡金属 Ni 等形成的配位络合物增加了沥青质分子的内聚力。

盖平原试验选取 13 个胜利油田的稠油样品，包括特超稠油、特稠油、超稠油、普通稠油。组分含量对稠油样品黏度的影响较大，其 SARA 族组分分析与原油黏度见表 1-7。

表 1-7 稠油黏度与 SARA 族组分

稠油来源	质量分数/%					黏度/(mPa·s)	类别
	饱和分	芳香分	胶质	沥青质	(胶质+沥青质)	(80℃)	
GD-15-0	33.9	32.7	28.6	4.9	33.5	221	普通稠油
GD-13-0	35.2	31.9	26.1	6.8	32.9	295	普通稠油
单 5616-10	24.6	29.3	36.6	9.6	46.1	1844	特稠油
单 56-9-11	23.2	29.4	42.3	5.2	47.5	3429	特稠油
单 113-P1	21.2	29.3	39.0	10.5	49.5	5532	特稠油
郑 411-P4	26.3	26.8	36.9	10.0	46.8	8146	超稠油
郑 411-P9	24.3	23.4	42.0	10.3	52.9	8592	特超稠油
郑 411-P35	20.9	24.5	46.2	8.4	54.6	14015	特超稠油
坨 826-P4	21.2	27.2	37.8	13.9	51.7	20283	特超稠油
郑 411-P67	18.4	23.4	47.9	10.3	58.1	30294	特超稠油
郑 411-P8	20.6	23.8	45.6	10.0	55.6	34343	特超稠油
坨 826-P2	22.5	27.9	39.4	10.3	49.7	37267	特超稠油
坨 826-P1	17.6	24.6	46.2	11.6	57.8	46990	特超稠油

可以看出，胜利油田中普通稠油、特稠油、超稠油、特超稠油，黏度相差较大，组分含量也有较大差异。这 4 类稠油中，普通稠油的饱和烃和芳香烃含量较高(分别为 35.2% 和 31.9%)，胶质和沥青质含量最低(分别为 26.1% 和 6.8%)；特超稠油的饱和烃含量较低(最低可达 17.6%)，沥青质含量最高(大于 10%，最高可达 13.9%)。由此可见，沥青质含量对稠油黏度有重要影响，黏度与沥青质含量增大顺序一致。此外，胶质含量对原油黏度也有重要影响，如郑 411-P4、郑 411-P9、郑 411-P35、郑 411-P67 这 4 种样品的沥青质含量差别不大，胶质含量依次增大。进一步对比不同样品的胶质与沥青质含量之和发现，随着胶质和沥青质含量总和的上升，原油体系黏度增大。

总结发现，相比于国内其他油田稠油，胜利油田稠油主要表现为黏度更高。以陈南区块为代表的特超稠油所占比例很大、流动性很差、开采难度较大，对胜利油田稠油的集输与处理工艺有很高的要求。

第2章　稠油开采技术

稠油由于黏度高，因此流动性差，开采难度较大。稠油降黏一直是稠油开采的关键所在，其开采方式也与常规原油不同。本章主要介绍稠油开采的相关技术，包括稠油热采、稠油冷采以及微生物降黏开采等技术，阐述每种开采技术的机理及其优势和局限性。

2.1　稠油热采技术

稠油热采技术主要是通过一些工艺手段加热油层，通过温度的升高降低稠油黏度，使稠油易于流动，从而将稠油采出。热采技术是目前稠油开采技术中效率最高、应用规模最大、也是最为成熟的强化采油技术。目前，世界稠油热采产量主要集中在美国、加拿大、中国、委内瑞拉和印度尼西亚。

2.1.1　蒸汽吞吐技术

蒸汽吞吐又称蒸汽激励或循环注蒸汽。该技术是向油层中注入一定量的热蒸汽，经过焖井一定天数，等待蒸汽的热量向油层散发，使油层的温度升高，降低稠油的黏度，之后开井生产，提高稠油井的产量。通过多次的循环蒸汽吞吐，达到预期的开采效率。蒸汽吞吐一般分为3个步骤，即注蒸汽加热、关井待热量向油层深部扩散和回采。蒸汽吞吐开采是稠油开采中最常用的方法，也是工业化最好的稠油热采技术。

蒸汽吞吐工艺成熟简单、见效快，适合单井作业，不需要提前做试验研究，可以边生产边试验，适用于各种不同地质条件的稠油油藏。蒸汽吞吐在稠油油层中注入高温蒸汽，由于稠油的热敏性，稠油黏度随着温度的升高而降低，大幅度降低流动阻力、降低界面张力、减小气阻和液阻，能驱动高压油层的弹性能量充分释放，增加稠油的流动性。蒸汽对油层边缘的冲刷可以降低稠油开采带来的污染，也能使岩石发生热膨胀作用（岩石受热，其微粒间距增大，内部凝结水压力骤降闪蒸为蒸汽，蒸汽受热膨胀），稠油产出量随着孔隙体积的减小而增大，开采后油层中的余热可以为下周期的蒸汽吞吐做准备。

　　蒸汽吞吐的主要缺点在于吞吐周期一般不超过8次，随着蒸汽吞吐开采进入后期，开采效率大幅度降低，蒸汽吞吐的产量大幅减少，会出现油层压力下降、油气比降低、开采成本升高、经济效益变差的问题，严重时还会造成油井出砂、砂石堵塞和设备损坏，最终导致停产。所以，蒸汽吞吐过程中随蒸汽注入助溶剂，改善原油性质，增加开采周期是未来重要的研究方向。提高蒸汽吞吐的持续性和采收率是今后蒸汽吞吐工艺急需解决的问题。

　　通过在蒸汽吞吐过程中加入辅助气体可以补充地层压力改善蒸汽吞吐的效果。在氮气的辅助下，可以大幅度降低井筒的热损失；能把蒸汽带入更深层的原油中，增大蒸汽与原油的接触面积，同时，降低了界面张力、提高驱油率，在温度压力降低的情况下，蒸汽转化为水，而氮气继续以气体的形式存在，随着压力的不断降低，体积不断增大，为驱油提供了充足的动力，大幅度延长了蒸汽吞吐的周期，提高产油率。根据油藏环境的不同，如油层厚度、地下的温度压力等多种情况，选择在最合适的条件下注入氮气辅助，能最大程度加大开采效率。在蒸汽吞吐过程中，稠油油藏的非均质性和气液黏度的巨大差异导致极易发生蒸汽超覆或窜流，从而降低了蒸汽的利用率。氮气在多孔介质中与起泡剂形成氮气泡沫能降低气相渗透率，抑制蒸汽的窜流，一边注蒸汽一边注起泡剂可以很大程度上防止汽窜的发生。此外，注入泡沫可以将水锥压回到原始油水界面，调整产液剖面。

2.1.2　蒸汽驱技术

　　蒸汽驱目前应用较广泛，是在蒸汽吞吐的基础上，进一步提高采收率的稠油热采技术。蒸汽吞吐技术只能开采油井附近油层中的稠油，各个油井之间还留有大量的稠油未加热。蒸汽驱是通过向油层中连续不断注入蒸汽，油层被蒸汽加热，稠油受热黏度降低、流动性增加，蒸汽驱赶稠油流向生产井，进而开采稠油的工艺技术，其加热半径要远大于蒸汽吞吐。蒸汽驱在国外应用广泛，占稠油热采产量的80%。蒸汽驱开采工艺主要针对的是黏度高、相对密度较低的浅层稠油油藏，主要适用于深度小于1600m、黏度小于50000mPa·s的稠油油藏。

　　蒸汽驱相比于蒸汽吞吐虽然采收率有很大的提高，一般介于50%～60%之间，但是蒸汽驱需要持续注入蒸汽，热能耗较大、成本高。未来，多井联合蒸汽驱、间歇式蒸汽驱和水平压裂辅助蒸汽驱等技术，能很好地解决这个问题。

2.1.3　火烧油层技术

2.1.3.1　火烧油层开采原理及特点

　　火烧油层是一种专门针对高黏度稠油的热采工艺，是指利用地层稠油作为燃料，向地层中注入助燃剂(氧气或空气)，通过加大地层压力使稠油自燃或人工将其点燃，并持续注入助燃剂带动燃烧从注入井向生产井扩散，油和水吸热汽化，随着燃烧的进行，蒸汽不断向外蔓延，当边缘蒸汽遇到低温稠油时部分冷凝，这样不断汽化、扩散和冷凝循环往复向外扩展，提高稠油流动性，进而从生产井采出稠油的一项稠油开采技术。火烧油层降黏开采是目前提高稠油采收率最显著的一种热采技术，但该技术操作过程较难控制，风险较高，导致长期以来未能成为稠油开采的首选方案。

火烧油层工艺相比于其他热采工艺有其独特的特点：①火烧油层的热源随火焰驱动而移动，开采条件不像蒸汽吞吐、蒸汽驱和化学驱那样受到地层环境的严格限制；②助燃剂是易得到的空气，相比于蒸汽吞吐和蒸汽驱极大地降低了成本和能源消耗；③火烧油层相比于蒸汽吞吐采收率更高，现场试验资料证实，火烧油层采收率为 50% ~80%。

火烧油层缺点也很明显：①相比于蒸汽吞吐，火烧油层的投资费用高，在相同油藏环境条件下，火烧油层的投资费用大约是蒸汽吞吐的 1.5 ~2 倍；②火烧油层工艺机理复杂且难以控制，当燃烧失控时，井温会迅速升高，对设备造成高温腐蚀，严重时会造成火灾或爆炸事故，所以该技术目前没有大范围推广。助燃物多样化、工艺的改进和多种工艺复合使用是火烧油层工艺的重要发展方向。

2.1.3.2　火烧油层技术现状

近几十年来，国内外学者开展了大量的火烧油层研究工作，在研究方法、现场试验、工艺技术及工业化应用等方面均取得了一定的经验和成果，涵盖了火烧油层油藏工程设计（物理模拟、数值模拟、油藏工程方法等）、钻井工艺技术设计及采油工艺技术设计，目前已经形成了从室内物理模拟、数值模拟到现场点火、监测、后期调整等一系列配套技术。这些研究成果可归纳为室内研究、油藏工程、工艺技术、地面建设及环境保护等方面。

火烧油层技术按注入空气方向和燃烧前缘的移动方向可以分为正向燃烧和反向燃烧，前者注入空气方向与燃烧前缘的移动方向相同，故称为正向燃烧；后者注入空气方向和燃烧前缘的移动方向恰好相反，故称为逆向燃烧或反向燃烧。其中，正向燃烧按注入空气中掺水与否又分为干式正向燃烧和湿式正向燃烧。在直井网火烧油层的基础上，将重力泄油理论与传统的火烧油层技术结合，开发出利用水平井进行火烧油层的技术（Combustion Over – Ride Split – production Horizontal Well，COSH）和垂直井或者水平注入井与水平生产井结合的"脚尖到脚跟"的火烧油层技术（Toe – To – Heel Air Injection，THAI）。将水平井技术应用于火烧油层采油，扩大了火烧油层技术的应用范围，既没有原油黏度的限制，又可以有效减缓火烧油层气窜速度，降低了操控难度和风险。

下面介绍几种典型火烧油层工艺。

（1）干式正向燃烧

干式正向燃烧前缘移动方向与注入空气方向相同。燃烧从注气井开始，燃烧前缘由注入井向生产井方向移动，从注入井至生产井，可划分为已燃区，燃烧带，结焦带，蒸发（裂解、蒸馏）区，轻质油带，富油带和未受影响区等几个区带。这些区带会沿空气流动的方向运动，如图2-1所示。

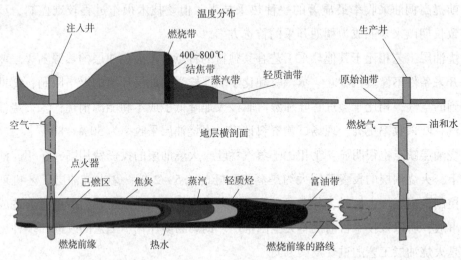

图2-1　火烧油层机理

（2）湿式正向燃烧

湿式正向燃烧就是在正向燃烧的基础上，在注气过程中添加一定量的水，以扩大驱油效率和降低空气油比。湿式燃烧可分为常规湿烧和超湿烧，当注入水均以蒸汽状态通过燃烧带时称为常规湿烧，对于给定的原油，常规湿烧的峰值温度通常略高于干烧，两种燃烧模式生成气的组成相似。当注入水的速度高到有液态水通过燃烧带时称为超湿烧。湿式燃烧比干式燃烧的驱油效果好，主要原因是：①蒸汽带驱油是火烧油层过程中的一个重要机理；②随着湿式燃烧水气比的增加，发生氧化反应的区域范围扩大，蒸汽带的温度下降，对流前缘速度增加，加速了热对流的传导，驱油效率增大；③在湿式燃烧过程中，随着氧气利用率的降低，燃烧 $1m^3$ 油砂所需空气量降低，燃烧前缘速度减慢，驱油效率几乎不变。

（3）THAI技术

THAI技术是近年来发展起来的新技术，该方法将火烧油层技术与重力泄油理论结合起来，可获得非常高的稠油采收率，有两种井型组合形式，分别为直井-水平井组合和水平井-水平井组合。直井-水平井组合中，水平生产井部署在位于油层下部的位置，垂直注气井（或者水平注气井）部署在靠近水平井末端（脚尖）处，从垂直井内注入空气或者氧气，燃烧带由脚尖沿水平井向脚跟处推进，燃烧前缘加热的原油依靠重力作用泄到下面的水平生产井中产出。该方法充分利用上倾遮挡、原油改质及重力作用，使注入气沿着指定的通道燃烧，黏度降低的原油直接流入水平生产井井段被采出，如图2-2所示。此外，在水平井完井时，可以在水平段加入裂解催化物质，强化就地改质过程，进一步改善采出油的油品性质。

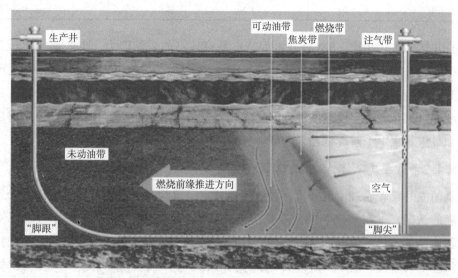

图 2-2　直井-水平井组合 THAI 火烧油层示意图

2.1.4　蒸汽辅助重力泄油技术

2.1.4.1　开发机理及其特点

蒸汽辅助重力泄油(Steam Assisted Gravity Drainage，SAGD)技术是稠油开采技术中的一项前沿工艺(见图 2-3)，由 Butler 等人在1978 年提出，并将其称为蒸汽驱的特殊形式。其原理是在水油界面以上开凿一口水平井，在其上方注汽井持续不断注入蒸汽，在水平井上方形成蒸汽腔，蒸汽不断向垂直和侧面方向扩散，被加热的稠油黏度大幅下降，然后在油气重力差的驱动下从下方水平井采出，SAGD 技术完美地将水平井和注蒸汽开采结合

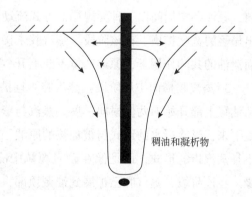

图 2-3　SAGD 技术示意

起来，以重力为驱动力，通过水平井可实现高速采油，稠油的采收率为 50%～70%，辽河油田杜 84 块利用 SAGD 技术采收率达到 66.3%。

在大量国内外试验基础上，重点对稠油黏度、油层厚度、含油饱和度、埋藏深度和油层渗透率进行了分析研究，结合国内外现场应用情况，得出 SAGD 技术适用条件(见表 2-1)。

表 2 - 1　SAGD 技术适用条件

稠油黏度/(mPa·s)	油层厚度/m	初始含油饱和度/%	油层渗透率/μm²	油藏埋深/m
$<5 \times 10^6$	>20	>50	>0.5	<1000

与直井热采方法相比，SAGD 技术的特点是有较高的采油能力、生产油气比较高、最终采收率高、井间干扰小、出砂量低。但 SAGD 技术仍然暴露出一些问题：一是随前期转入井组开采程度的持续提高，开采效率明显降低，油气比不断降低、含水率升高；二是受油藏厚度、隔层长度和阻层温度等多因素影响，开采效果不能达到预期目标，采出量逐年降低。如果想从根本上解决稠油、超稠油开采的问题，还须进一步研究调整。

2.1.4.2　开发工艺

大量国内外学者通过模型分析、数值模拟、室内试验等手段逐步对 SAGD 的开发过程有了清晰的认识。根据蒸汽腔的主要扩展方式，可将 SAGD 的开发过程分为以下 4 个阶段：注蒸汽循环预热阶段(即 SAGD 启动阶段)、蒸汽腔纵向扩展阶段、蒸汽腔横向扩展阶段、蒸汽腔下降阶段。后 3 个阶段又可统称为 SAGD 生产阶段。

1)注蒸汽循环预热阶段：在 SAGD 井对投入生产前，必须通过注汽井和生产井间的蒸汽循环充分加热地层。注蒸汽循环预热的目的是加热邻近水平井井筒的区域，在两井间建立连通的流动通道。

2)蒸汽腔纵向扩展阶段：随着 SAGD 井投入生产，蒸汽腔以一种相对不规律的方式快速向上扩展，一直上升到油藏顶部。向上移动的蒸汽界面趋向于数个蒸汽腔所扩散的方向，原油在它们间以一种无规律的方式流动，在主要的上升阶段蒸汽腔的侧向并没有显示出显著的宽度扩展。在该阶段，蒸汽腔未接触到油藏顶部，热损失较小，在顶部泄油和斜面泄油的共同作用下，原油产量不断上升。

3)蒸汽腔横向扩展阶段：蒸汽腔一旦扩展到油藏顶部，由于蒸汽超覆的作用，蒸汽腔从油藏上部开始向两侧横向扩展。蒸汽与蒸汽腔外的原油发生热交换，在蒸汽腔边缘处冷凝下来，以冷凝水的形式与被加热的原油一同流向生产井。在蒸汽腔边缘冷凝水驱替原油不是蒸汽指的形式，而是像在砂岩颗粒中冷凝水水膜的流动一样，呈现出一个统一的前缘。在该阶段，蒸汽腔已扩展到油藏顶部，热损失增大，原油产量较为平稳，斜面泄油为唯一的泄油方式。

4)蒸汽腔下降阶段：当蒸汽腔在水平方向上延伸到一定程度后，蒸汽腔底部明显开始向下扩展，最终与相邻井对的蒸汽腔聚并、融合。在该阶段，产量不断下降，油汽比不断降低。

2.1.5　水平压裂辅助蒸汽驱技术

水平压裂辅助蒸汽驱(Fracture - Assisted Steamflood Technology，FAST)技术是以蒸汽驱

为基础发展的一项稠油开采工艺，打破了蒸汽超覆为不利因素的常规概念，在油层下部压出水平裂缝，开辟一条热通道，蒸汽和冷凝水沿着热通道前进，在重力作用下蒸汽渐渐开始超覆，稠油通过热传导和蒸汽超覆的共同作用，温度迅速升高。稠油被加热后黏度降低、流动性增加，在重力差的作用下沿着热通道流向采油井。

该工艺颠覆了蒸汽超覆为不利因素的传统观念，与蒸汽驱相比，打破了蒸汽驱界限，可以在浅层稠油油藏开采原油，而且生产时间短、投资回报快，可重复利用生产井产出的污水，注入油层，利用其余热，解决了污水处理问题。

2.2　稠油冷采技术

2.2.1　稠油出砂冷采技术

2.2.1.1　稠油出砂冷采机理

稠油出砂冷采（Cold Heavy Oil Production with Limited Sand Influx，CHOPS）是20世纪80年代末由加拿大开发的一项开采工艺。该工艺的主要特点是在稠油开采过程中既不需要注蒸汽，也无防砂措施，射孔后直接用螺杆泵开采稠油。稠油出砂冷采工艺简单，产量约是蒸汽吞吐的4~10倍，而生产成本仅为蒸汽吞吐的60%左右。稠油出砂冷采的采油机理是：①出砂导致的蚯蚓洞网络（见图2-4）极大地提升了油藏的孔隙度

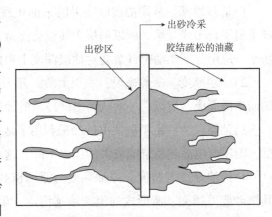

图2-4　蚯蚓洞—出砂冷采机理剖面示意图

和渗透率，进一步提高了油层的渗流能力；②天然气以气泡形式存在于稠油中，形成稳定的泡沫油，降低稠油密度，提高稠油流动性，进而驱动稠油在油层中流动；③在上覆地层的作用下，油层所产生的砂粒被压实，降低了油层自身强度，提升了孔隙压力，增加了驱动力；④远距离边底水也可以提供一定的驱动能力。

这种开采方式有几个最突出的优点：开采成本低、具有一定产能、风险小，适用于胶结疏松的稠油油藏。国外矿场经验表明，稠油出砂冷采日产量可达$10~40m^3$，单位原油开采成本约4.5美元/桶。它不利的一面是：采收率低，为8%~15%，一般为10%；另外，生产的油砂处理费较高。

2.2.1.2 稠油出砂冷采适用条件

稠油出砂冷采较适用于胶结疏松的稠油油藏。根据稠油出砂冷采的室内机理试验和国内外应用的现场经验，对油藏参数进行定性的评论，形成了油藏筛选标准(见表2-2)。

表2-2 稠油出砂冷采适用油藏条件

参数	值
储层岩性	胶结疏松的砂岩，黏土胶结物含量少
埋藏深度/m	≥300
油层厚度/m	≥3
油层压力/MPa	≥2.5
孔隙度/%	≥25
渗透率/μm^2	≥0.5
含油饱和度/%	≥60
油藏温度下脱气原油黏度/(mPa·s)	1000~50000
原油密度/(g·cm^{-3})	0.92~0.98
溶解气油比	≥5

1)油藏埋深。从稠油出砂冷采的采油机理看，油藏埋深应大于300m，因为稠油出砂冷采属于衰竭式开采，所以油层太浅就会能量不足；而上限的标准主要取决于举升技术的水平，应用井下驱动螺杆泵会对油层深度上限的要求放宽。

2)油层厚度。一般来说，油层太薄，开采经济效益差；此外，油层太薄也不利于蚯蚓洞网络的形成。所以，一般认为出砂冷采的油层厚度应大于3m。

3)油层压力。由于稠油出砂冷采利用了地层能量，所以一般认为初始油层压力不应太低，但压力越高越易造成较大的压力下降，这对出砂以及泡沫油的形成都有利。

4)原油黏度与密度。原油黏度与原油携砂能力以及泡沫油的稳定性有关，黏度越高其携砂能力越强，所形成的泡沫油越稳定，但黏度过高又会失去流动性，其含气量一般也少；同时，原油密度越高，油气间的界面张力越高，从而导致临界气饱和度较高，泡沫油更加稳定。目前，国内外应用稠油出砂冷采的油藏脱气原油黏度大致在1000~50000mPa·s，脱气原油密度为0.92~0.98g/cm³。

5)原始溶解气油比。一般认为采用稠油出砂冷采技术的油藏应含有一定的溶解气量，因为溶解气能使地层中形成稳定的泡沫油，使原油膨胀，这不但可提供驱动能量，而且可提高其采收率。

6)黏土胶结物含量。黏土胶结物含量越少，油层胶结越疏松，更容易造成出砂。

7)初期含水量与底水。初期含水最好小于40%，含水量越高，携砂采油的能力越低。底水的存在有两种影响，一方面它为原油提供内部驱动能量；另一方面，如果底水一旦进入井筒，稠油出砂冷采就无法进行。

8)稠油出砂冷采所适用的开发阶段。一般认为稠油出砂冷采最好应用于未开发过的新区，或是老区新层系，但国外也有在老区应用并获得成功的例子。我国河南油田进行过蒸汽吞吐转出砂冷采的现场试验，但由于蒸汽吞吐轮次较高，油层压力大幅度降低，造成出砂冷采试验效果并不理想。因此，选用蒸汽吞吐后转出砂冷采时要注意油藏的衰竭程度。

2.2.1.3　稠油出砂冷采工艺技术

稠油出砂冷采技术适用于大部分稠油油藏，但是该技术实施成功与否，与所采用的工艺密切相关。

（1）完井

考虑到稠油出砂冷采后的接替开采技术，以及高密度射孔的要求，稠油出砂冷采井一般应采用 7in(1in = 25.4mm) 套管完井，环空注水泥固井，水泥上返至地面，油井不采取任何防砂措施。

（2）射孔

稠油出砂冷采井采取大孔径、深穿透、高密度射孔，目的是激励出砂，从而提高产量。孔径一般为 25mm，以防止射孔孔道末端砂堵而形成砂桥，有利于蚯蚓洞的形成；采用高能量大炮弹造成深穿透是为了提高孔道末端的压力梯度，激励出砂，穿透深度应在600mm 以上；根据地质力学分析结果，蚯蚓洞主要沿射孔孔道方向延伸，于是蚯蚓洞的数量与射孔密度有关，为了使油层出砂形成更多的蚯蚓洞，稠油出砂冷采井射孔密度一般为25～40 孔/m。射孔井段的选择应注意避免射开相邻的水层或气层，防止蚯蚓洞延伸至水层或气层，具体做法是避射底部或顶部几米的距离。

（3）地面驱动系统

螺杆泵的地面驱动系统包括马达、减速器和驱动头。其中，马达可以是电动马达或内燃机或液压马达；减速器可以是固定转速的或可变转速的，种类有齿轮、皮带轮、变频、液压变速减速器等；驱动头也有多种传动方式，它是地面驱动的核心部分。

（4）螺杆泵

稠油出砂冷采普遍采用螺杆泵进行生产。螺杆泵主要由转子和定子组成，转子由高强度钢制成，表层镀铬，具有很好的耐磨性，它是一个横截面为圆形的长螺旋体，上部与抽油杆相连；定子由合成橡胶制成，是内嵌式双螺旋体，上端与油管连接。由于橡胶材料对砂子有很好的适应性，因此具有泵送高含砂流体的能力，并有较长的使用寿命。另外，由于螺杆泵的压力范围是连续稳定的，而非脉冲式的，因此发生砂堵的可能性很小，可在短时间内将含砂量为 40%～50% 的流体抽出来。螺杆泵的级数反映其所能承受的最大压差，级数越多承受的压差越大。一般来说，稠油出砂冷采的螺杆泵应选排量为 20～40m³/h 的大泵，其地面驱动设备也要配套，以适应扭矩增加的需要。

随着砂子不断地产出，砂子对螺杆泵中的元件也会造成较严重的磨损，因此螺杆泵连续使用时间一般为半年到一年。稠油出砂冷采的大量出砂主要集中在生产初期到中期，随着原油产量达到高峰并趋于稳定，产出液中的含砂量会降低到很小，对螺杆泵的损耗也随之减小。对于稠油出砂冷采井，泵要下到油层底部以防砂埋油层。

（5）抽油杆和油管

螺杆泵一般采用大直径（$\phi25.4mm$）的抽油杆或空心抽油杆，直径为 $\phi89mm$ 的油管。

（6）降黏措施

超（特）稠油的出砂冷采，可通过注入降黏剂或掺稀油来改善井筒流动条件。启动前，在螺杆泵上注入大量轻质油。当产砂量过多或砂子在井筒内发生沉降而影响生产时，采取的措施是向环形空间注入原油以悬浮砂子并将其携带出来，以稳定油井生产。而普通稠油的出砂冷采则无需加降黏剂或稀油，因为黏度过低会减小甚至失去携砂能力，不利于出砂冷采。

2.2.2　稠油注 CO_2 采油

CO_2 在原油中有很大的溶解度，在原油中受热体积膨胀，不仅起到稀释原油的目的，而且随着体积的增大压力也不断增大，为原油流动提供了驱动力。因此，油田用 CO_2 吞吐采油可以降低原油黏度，同时又可增加近井地带原油驱动能力，已经大量应用在工业生产之中。察兴辰以新疆油田 510 井区沙湾组浅层稠油油藏为研究对象，通过多组对比试验得出结论，CO_2 吞吐在不超过地层破裂压力的情况下，稠油黏度降低 53%，原油体积增大 1.18 倍，油水界面张力最大可以降低 40%。

CO_2 吞吐提高稠油产量的机理很多，但目前还没有学者从地质环境方面对增油机理的影响做深层次研究，不能准确地针对不同条件的稠油油藏采取不同的 CO_2 吞吐方式。利用 CO_2 吞吐不仅在稠油降黏方面有帮助，在环境保护方面也有重大意义。

2.2.3　稠油掺稀降黏技术

掺稀降黏目前广泛应用于稠油开采和稠油管道输送中，其主要依据相似相容原理，稠油黏度高可归因于可溶沥青粒子的相互缔合缠绕，掺入稀油可以降低沥青质的质量分数，有效降低稠油的黏度。

其降黏规律为：①掺稀降黏工艺对胶质和沥青质含量高，含蜡量和凝固点低的高黏度稠油，效果不佳；②降黏效果随着掺入溶剂的相对密度减小和掺入量的增加而显著提高；③稠油与掺入溶剂混合后温度越低，降黏效果越好，但如果等于或者低于其凝固点，降黏效果反而变差，所以应该保持混合后温度应该高于其凝固点 3%~5%；④随着掺入溶剂的加入，稠油流动模型从屈服假塑性流体或塑性流体转换为牛顿流体。

2.2.4　稠油振动采油

振动技术应用于稠油开采，其增产机理在于解堵、造缝、改变岩石及流体结构特性等，不仅可以改善地层尤其是近井地带渗流能力、提高采油效果，而且是很有发展前景的、无伤害的绿色采油方法。振动采油的主要机制是：①液 – 液界面振动产生的剪切力，使油水乳化、降低原油黏度、剩余油水重新聚集和分布；②液 – 固界面的振动剪切力，使岩石表面润湿性质发生改变、油膜脱落进而聚集运移；③岩石颗粒的振动，使岩石喉道周期性伸缩，解除了油相贾敏效应，加大渗透率；④流 – 固耦合作用通过挤压流体，形成变动压力场和渗流场。振动采油也有许多不足之处：振动传播距离有限，当超过 1000m 时，振动能量大幅度减少；有效振动有限，降黏效果不明显。如何高效地传播振动能量是今后重要的研究方向。

2.3　稠油微生物降黏技术

2.3.1　微生物作用机制

储层的部分微生物(如铜绿假单胞菌)在与石油作用或在注入营养剂后繁殖生长会产生生物表面活性剂(如脂肽、糖脂等)，可改变储层润湿性，使岩层由亲油性转变为亲水性，降低油水界面张力，乳化原油，从而提高流动性，达到驱油的目的。除生物表面活性剂外，微生物还可以产生气体以及酸(如 CO_2、丙酸等)，从而增加溶气量，进而降低黏度。此外，饥饿状态下的微生物进入储层或接触到营养剂，会繁殖膨胀形成聚合物或胶团。聚合物以及胶团可以有效封堵高渗透条带，增大波及范围，起到较好的调剖作用，如图 2 – 5 所示。

图 2 – 5　油藏微生物驱油示意图

无论在有氧条件还是无氧条件下，微生物都可以将原油中的多环芳烃(PAHs)进行降解。在有氧条件下，利用双氧加酶可以将双氧加到芳香核上，形成二氢二醇，之后脱氢生成稠环芳烃，进一步环氧化裂解，形成邻苯二甲酸，最终氧化成水与 CO_2；在无氧条件下，PAHs 在还原菌(硫酸盐、硝酸盐、金属等)作用下产生脂肪酸、乳酸以及气体，之后厌氧菌会将产物进一步分解成为气体。

2.3.2 微生物开采应用

我国针对不同温度、不同黏度的稠油油田开展了诸多大规模的室内及现场研究，表2-3为几个主要稠油油田实施微生物驱后的增产降黏效果。目前，对于降解优势菌种、复合菌种的使用有了一定的了解，也一定程度地提高了采收率，但离微生物驱稠油更大范围的、工业化的应用还有一定距离。

表2-3 稠油油田实施微生物驱效果

油田	区域	增产效果	降黏率/%	其他
辽河油田	锦采	三轮措施后共计增产1414.6t	—	对高渗带封堵率达54%
	茨榆坨	6.5t/d	21.3	
胜利油田	桩西	915.01t(166d)	50.1	投入产出比1.00:9.07
大港油田	孔店	17866t(4a)	6.2	试验见效井少
渤海湾油田	绥中		24.9	作用效果不如对外源原油
	南堡	增幅8.46%	—	
新疆克拉玛依	风城	模拟试验增产24.8%	73.6	高碳类组分明显减少

辽河油田是我国重要的稠油油田，稠油产量约为$9 \times 10^6 t$，占辽河油田原油总产量的65%。主要的稠油资源分布在曙光、欢喜岭、高升等地区。辽河油田也是国内较早开展微生物驱稠油研究的油田，在茨榆坨油田、锦25块都进行了稠油微生物驱的室内试验以及现场试验，并取得了较好的效果。张淑颖(2013)在锦25块油水样品中分离出表面活性物的菌株12株以及原油降解菌5株，通过对这些菌株进行室内培养以及性质研究，发现60℃下所筛选出的菌株可产生糖脂类表面活性剂，可有效乳化原油，并且降解菌对原油的降解率达40.1%。王鹏飞等(2015)在茨榆坨油田茨13断块也进行了微生物驱油试验，地层温度为61.1℃；将在试验室培养驯化的菌种与营养剂一同注入地下，试验的两口油井(A井、B井)日产量均有所上升，A井日产量由3.6t增至6.1t，B井日产量则由3.4t增至7.4t，同时原油降黏率达21.3%，产出液流动性明显得到改善。

微生物降黏技术投资低，工艺简单，对环境伤害低，属于绿色技术。但微生物降黏技术也有所不足：稠油地下环境复杂，同一油藏，同一油层，不同位置，环境都不相同，如何培养所需的微生物较为困难，稠油开采出后，如何将微生物分离出来也是今后需要解决的问题。

2.4 稠油催化降黏开采技术

稠油催化降黏以化学降黏为基础并结合热采降黏和物理降黏，在稠油的开采过程中加入适合油层性质的催化剂以达到降黏的效果。稠油重组分分子中，沥青质以颗粒形式悬浮于胶质中，胶质充当分散剂的角色，起着稳定沥青质的作用。稠油降黏关键在于重组分的轻质化，催化降黏可以使稠油中沥青质和胶质不可逆地转化为饱和烃和芳香烃。

目前，主要的稠油催化降黏技术包括：井下原位催化改质技术、光催化降黏技术和水热裂解降黏技术。

2.4.1　稠油井下原位催化改质开采技术

稠油井下原位催化改质开采技术的作用机理：在热作用的条件下，向井下注入供氢体（H_2 或者可以产生 H_2 的物质），H_2 可以进入稠油分子的微小孔径中，当油层压力降低时，存于油层中的气体使原油体积膨胀，产出更多的原油，进而降低稠油黏度。

2.4.2　稠油光催化降黏开采技术

光催化为催化技术的一个新兴分支，与传统意义的催化过程既有相似之处也有不同之处，相似的是都发生在吸附相上，不同的是光催化的激活能量来源于光能，而传统催化的激活能量来源于热能，开发持续的发光激发源是制备光催化体系的核心。荧光粉晶体具有使用寿命长、效率高、响应速度快和能耗低等优点，引起了人们的广泛关注，在过去的几年里，人们致力于发现新的荧光粉材料和探索它们的光致发光特性。

近年来，光催化领域是一个非常热门的研究领域，半导体作为光催化体系中的主要光催化剂，有着重要的地位。相比于金属，半导体的能带结构通常由高能导带和低能价带组成，导带与价带之间存在不连续的禁带。当辐射到半导体上光子的能量高于半导体带隙的能量时，光子能量被半导体吸收，产生电子 - 空穴对，电子 - 空穴对使半导体表面电荷转移，空穴吸收电子，反应物被氧化，电子受体被还原。

2.4.3　稠油水热裂解降黏开采技术

稠油水热裂解降黏反应为稠油开采提供了新思路，它在注入蒸汽的同时用催化剂及其他助剂，使稠油中的大分子在水热条件下实现分子链的断开，从而使稠油中的沥青质和胶质转化成轻组分。水热裂解降黏的概念最早由加拿大科学家 Clark 等提出，他们通过研究发现油砂中的稠油在高温水蒸气的作用下，发生有水参与的水煤气转换反应是稠油水热裂解降黏过程中一个最基本的基元反应，并把这脱硫、脱氮、加氢缩合和开环的反应称为稠油水热裂解降黏反应，其反应方程式可以表示为：

$$RCH_2CH_2SCH_3 + 2H_2O \Longrightarrow RCH_3 + CO_2 + H_2 + H_2S + CH_4$$

金属离子及其化合物可以攻击稠油分子中键能最低的 C—S 键（键能 272kJ/mol），并且可以与稠油分子中的 S 发生络合反应，削弱 C—S 键的键能，使其断裂。总而言之，稠油水热催化裂解降黏就是在高温、高压、油层水和催化剂的条件下使稠油中的大分子化学键断裂转化成小分子，从而使重组分沥青质和胶质转化为轻组分饱和烃和芳香烃，从而达到降低稠油黏度的目的，增强其流动性，有助于稠油开采。

2.5 国内商业化开采技术应用现状

在国内目前投入开发的陆上稠油油田中，特稠油和超稠油占有较大的比例。由于在原始地层条件下，原油流动能力较差，因此，注蒸汽热采仍然是目前稠油的主要开采方式。稠油热采技术中最大的费用是蒸汽成本，占总作业成本的一半以上，其难点是如何生产廉价蒸汽，并估算地层所需最小的蒸汽量，然后合理分配至目的层。按照目前的生产规模排序，蒸汽吞吐在热采产量中仍然占主导地位(大于70%)，其次为蒸汽辅助重力泄油和蒸汽驱。近年来，火烧油层技术在辽河油田的中深层稠油油藏和克拉玛依油田的浅层稠油油藏中获得试验成功，正进行商业化推广。对于油藏条件下黏度较低的原油，降压冷采、水驱和化学驱等技术也得到了充分的应用。目前我国主要稠油油田开采方式和油藏特点见表2-4。

表2-4 我国主要稠油油田开采方式和油藏特点

油田	开采方式	日产油量/$(10^4 t \cdot a^{-1})$	油藏类型	黏度/$(mPa \cdot s)$	深度/m
辽河油田	蒸汽吞吐	330	边底水、顶水砂岩油藏	500~300000	550~2000
	SAGD	105	边底水、顶水砂砾岩油藏	>50000	550~1000
	蒸汽驱	79	层状、厚层块状	<60000	650~1400
	火烧油层	31	薄互层、厚层块状	<10000	<1600
	其他	58		<250	
克拉玛依油田	蒸汽吞吐	265	砂岩、砂砾岩油藏	<1000000(20℃)	200~800
	SAGD	110	砂岩油藏	>1000000(20℃)	180~500
	蒸汽驱	54	砂岩油藏	3100~5446(20℃)	185~242
	火烧油层	8	砂岩油藏	7400~26000(20℃)	400~600
胜利油田	蒸汽吞吐(占95%以上)	439	边底水砂岩油藏	100~300000(50℃)	1100~1400
塔河油田	冷采(包括水驱、注气驱等)	320	边底水裂缝/溶洞性油藏	50000~1000000(50℃)	5000~7000
渤海油田	冷采(包括水驱、化学驱等)	>500	砂岩油藏	50~2000	1200~1500
	蒸汽吞吐	25	砂岩油藏	350~10000	1200~1500

2.6 稠油开采面临的挑战

基于对稠油开发现状的分析，总结出稠油开发中面临的技术挑战主要有以下4方面。

2.6.1 蒸汽吞吐开发接替技术

虽然 SAGD、蒸汽驱和火烧油层技术在个别蒸汽吞吐后的油藏中得到了商业化应用，但目前的应用规模较小，大部分早期投入蒸汽吞吐的油藏已经进入开采后期，单井产量低，油汽比接近经济界限或已经停产，急需转换开发方式来提高采收率。在目前技术和经济条件下，蒸汽吞吐适用于这3项接替技术筛选标准的油藏范围有限，急需研发新技术和新工艺。

2.6.2 深层稠油热力开采技术

注蒸汽热采仍然是提高稠油采收率的主要方式，地面注蒸汽对于埋深小于1000m的浅层和中深层稠油油藏效率较高，但对于埋深大于1500m的深层油藏，地面注蒸汽开采的热效率较低，特别是对于埋深大于3000m的超深层油藏，地面注蒸汽技术基本不适用。为寻求深井稠油高效开采技术，需要在下面几个研究领域取得技术突破。

1)井下蒸汽发生装置，将空气与燃料混合后送入井下燃烧装置产生蒸汽的技术早在20世纪80年代就开展了现场试验，但井下燃烧器易腐蚀、使用寿命短等问题难以解决，使之未能在现场推广。后来一段时间内很少见到相关的技术研究报道，但近几年有关井下蒸汽发生技术现场试验的报道又开始逐渐增多。国内学者也在积极攻关，研制井下燃烧式蒸汽发生器。依靠井下电加热产生蒸汽的技术也在积极研究中。井下电加热产生蒸汽的技术优势在于安全可靠，但受电功率的影响，井下产生蒸汽的速率一般较低（小于50t/d）。

图2-6为井下电加热产生蒸汽装置实现单井 SAGD 操作的示意图。该装置可用于 SAGD 水平井的预热投产，也可用于水平段的增产措施以及深井井下二次加热提高蒸汽干度。井下超临界水燃烧产生蒸汽的技术也在研究中，其原理包括：将氧气、燃料（如甲醇的水溶液）和水注入井下的超临界水燃烧器中，燃烧室压力保持在水的临界压力（22.11MPa）以上，得益于超临界水独特的溶剂特性和传热传质特性，可以实现燃料的高效洁净燃烧，火焰温度达到600℃以上；采用富氧燃烧，产生的热流体中没有氮气，非凝结气体比例可控；燃烧产物水和二氧化碳等全部可以注入油藏中，不向环境排放烟气，不产生氧化硫和氧化氮等大气污染物。

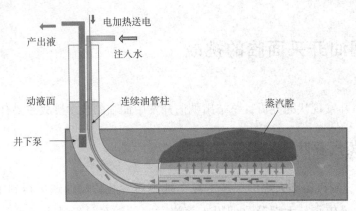

图 2 – 6　井下电加热产生蒸汽装置实现单井 SAGD 操作的示意图

2) 电磁波加热技术可以直接在井底向油层加热, 加热效率高, 不受井深条件的限制。电磁波加热技术不但可以降低油层原油的黏度, 还具有原油就地改质的潜力。加强该项技术的研究可为深井稠油的开采提供储备技术。

2.6.3　复杂稠油油藏提高采收率技术

我国东部的大部分稠油油藏不仅埋藏深, 而且边底水活跃、压力高。蒸汽吞吐阶段, 由于油藏降压导致稠油油藏水淹严重, 降低了注蒸汽热效率, 采出程度低。例如, 胜利油田的单家寺油田实施蒸汽吞吐后, 由于油层中油水界面和含水饱和度分布的复杂性, 增加了接替开采方式的应用难度。常规蒸汽驱和 SAGD 技术在埋深大及地层压力高的油藏中难以取得经济效益, 因此需要开发新工艺和新技术来提高蒸汽的热效率和最终采收率。

稠油油藏油水黏度相差较大, 底水通常沿很小的通道指进上升, 未动用油层中水淹区的含水饱和度较低, 储量挖潜潜力较大。建议开展以下技术研究: ①加密井; ②选择性高温暂堵剂堵塞水窜通道; ③蒸汽 + 非凝结气体和溶剂; ④火烧油层 + 原油就地气化/改质等技术。

在塔里木油田超深层(5000 ~ 7000m)的裂缝/溶洞性碳酸岩油藏中, 蕴藏有丰富的超稠油资源, 50℃地面脱气原油黏度超过 800000mPa·s, 原油在地层温度(120 ~ 160℃)具有一定的流动能力, 目前主要依靠降压、注气和注水开采。由于油藏多孔介质结构和油水关系的复杂性, 采出程度低于20%。研发适合此类超深和复杂孔隙介质的超稠油油藏提高采收率的技术难度极大。目前研究的重点主要集中在复杂孔隙介质中多相流体流动规律、驱替和重力泄油的联动采油机理、改善驱替效率和波及体积的井网组合以及驱替介质优化、井下原油改质技术等方面。

2.6.4　提高蒸汽利用效率和降低 CO_2 排放技术

在辽河和新疆的 SAGD 现场开展了蒸汽 + 非凝结气体和溶剂等先导试验, 旨在降低蒸汽用量，改善油汽比，从而达到增效减排的目的。为充分发挥非凝结气体/溶剂等在油藏中的作用机理，提高试验效果和应用潜力，目前的室内研究主要集中在优化设计方面，如溶剂类型、注入浓度、注入时机以及井下操作控制参数优化等。

SAGD、蒸汽驱和蒸汽吞吐开采后，油藏中仍然留下相当比例的残余油和未动用区域，利用地下余热，通过注入空气或氧气开展地下原油气化，产生高燃烧值气体或氢气，不但可以提高现有开发油田的经济价值，还具有拓展低品位稠油油藏的开采潜力。

2.7　胜利油田稠油特点及相关开发技术

胜利油田已探明稠油地质储量 6.6×10^8 t，其中东部探明稠油地质储量 5.78×10^8 t，控制稠油地质储量 7.403×10^7 t，已动用稠油地质储量 4.86×10^8 t，主要分布在孤岛、孤东、单家寺、王庄等 10 个油田；西部发现春风、春晖、阿拉德油田，探明储量 8.209×10^7 t。

胜利油田稠油具有埋藏深、储层厚度薄、普遍具有边底水、开发难度大等特点。"十五"以来，针对胜利油田不同稠油油藏开发难点，我国学者攻关研究形成的热采开发技术，实现了年产 5.28×10^6 t 的新高峰。截至 2020 年年底，胜利油田广大科技人员通过不断创新技术体系，使得稠油热采产量累计突破 1×10^8 t，并实现绿色低碳开发，为胜利油田的长期稳产做出了重要贡献。

近年来，胜利油田稠油开采技术的发展突飞猛进，基本保持一年创新应用一项热采新技术，形成了较为完善的稠油热采开发技术系列，现将面临的主要矛盾和相关开采技术及现场应用情况做逐一介绍。

2.7.1　胜利油田稠油开发面临的主要问题

2.7.1.1　已开发稠油油藏面临的问题

（1）开发方式单一

从早期的单家寺油田、乐安油田到目前的单 56 的超稠油藏，桩 139 的深层稠油油藏，郑 36、郑 41 敏感性稠油油藏等，胜利油田稠油油藏主要以蒸汽吞吐开发方式为主。蒸汽吞吐开采油汽比高、采油速度快，是稠油油藏一种高速开发方式，但采收率低，理论分析研究表明蒸汽吞吐最高的采收率只能达到 30%，由于油藏条件的复杂多样性，胜利油田稠油油藏的平均采收率只有 17%。根据稠油热采规律，蒸汽吞吐到一定阶段后需要转换开发方式才能提高开采效果，其中蒸汽驱是最有效的接替开采方式，但胜利油田由于井深、边底水活跃，其中大部分油藏不适合蒸汽驱开发（如单家寺油田）。因此，除了草 20、孤东九区等部分井组进行过蒸汽驱以外，胜利油田稠油热采主要以蒸汽吞吐的方式生产，很难进一步提高采收率。目前,胜利油田稠油油藏已进入多轮次蒸汽吞吐开发的后期,单家寺周期数最高已达 20,2001 年投入开发的单 56 也已经平均吞吐了 6 个周期以上,随着吞吐周期的增加,油汽比、周期产油量、日产油量逐渐下降,生产效果越来越差。自第六周期开始,胜利油田蒸汽吞吐平均油汽比低于 0.5,蒸汽吞吐如何进一步提高采收率是胜利油田已开发稠油油藏面临的主要问题。

(2)油藏水淹严重

胜利油田稠油油藏大都存在边水或底水,油藏高轮次吞吐后,地层亏空大,压力降低,边底水水侵加剧,油藏水淹日益严重。边水或底水入侵后,将侵占油流通道,降低油相渗透率,同时降低蒸汽加热效率,影响注蒸汽(蒸汽吞吐及蒸汽驱)开发效果。目前,单家寺稠油井均见地层水,投产较早的稠油老区因高含水关井数占投产井数的 35% 以上,含水量大于 90% 的油井占全区开井数的 50% 以上。例如,单 2 块边底水问题较为严重,现在已处于高含水阶段,综合含水量已达到 88.0%。在治理边底水的过程中,单 2 块先后采用了油层避射、颗粒堵剂和化学调剖、注氮压水锥等试验,虽取得了一定的效果,但仍不能有效抑制边水推进和底水推进。乐安南区边水也十分活跃,边水体积是油藏体积的 5 倍以上,目前由于水淹,南区已停产。

(3)套损井日益增多,动态井网不完善

由于热采井套管受热应力大,同时油层压力下降后套管所承受的地层应力也增大,因此热采井套管容易损坏,如单家寺油田因套损关井 178 口,占投产井数的 33%。套损井增多造成井网极不完善,从而影响了单家寺稠油油藏的开发效果。

2.7.1.2 未动用稠油油藏开发问题

随着吞吐周期的增加,稠油产量逐渐下降是开发规律,为了稳定稠油产量,需要有新的产能进行接替。到 2004 年年底,胜利油田探明需热采的未动用稠油储量 1.23×10^8 t,主要分布于单家寺油田、王庄宁海油田、乐安油田及陈家庄油田等。另外,控制的未动用稠油储量有 1.685×10^7 t,预测的未动用稠油储量有 5.184×10^7 t。

在胜利油田的未动用储量中,稠油油藏约占 1/4,由于油稠、敏感性强、层薄、出砂严重等原因,未动用稠油油藏都是难动用储量。稠油黏度高、油层及井筒流动阻力大是制约稠油油藏开发效果的根本原因,但胜利油田未动用稠油油藏与已开发的乐安、单家寺等稠油油藏相比,具有油更稠、层更薄、出砂及储层敏感性更严重等特点,这些是未动用稠油油藏的主要开发问题。

(1)油稠

在未动用稠油油藏中,油稠是影响部分单元动用的因素之一,这类单元主要包括单 113 块、广饶潜山奥陶系、草古 1 块 Ng 组、郑 411 沙三段等,其中超稠油储量 4.513×10^7 t,占未动用稠油储量的 35%,而在超稠油储量中,有 3.181×10^7 t 为黏度大于

100000mPa·s 的特超稠油油藏，该类油藏注汽困难，蒸汽吞吐开采效果差，达不到工业化开采的经济要求。

（2）储层薄

在未动用稠油油藏中，油层厚度小于 10m 的单元覆盖地质储量 7.190×10^7t，占稠油未动用储量的 58.6%。薄层稠油油藏常规开采产能低，注汽热损失大，热采有效期短，开采效果差，根据我国稠油蒸汽吞吐筛选标准，这类油藏不适合蒸汽吞吐开发。

（3）储层敏感性强

在未动用稠油储量中，王庄油田各区块、陈家庄油田陈 371 块等都具有中等以上的水敏性，地质储量 7.026×10^7t，占未动用储量的 57.3%。特别是王庄油田沙一段，具有极强的水敏性，由于储层敏感性强，上述区块注汽压力高、质量差，油层能量补充困难，油井产量低、开发效果差。

2.7.2　胜利稠油开采技术

2.7.2.1　普通稠油低效水驱转热采技术

油区地层原油黏度大于 100mPa·s 的普通稠油油藏的水驱采收率一般低于 18%。胜利油田地下原油黏度大于 80mPa·s（化学驱适应性差）的水驱普通稠油 3.08×10^8t，水驱采收率一般低于 25%。此外，由于稠油埋藏深，地层压力高，因此不利于传统的蒸汽驱。针对以上问题，利用数值模拟技术，建立水驱后转蒸汽驱油藏的筛选界限，形成井网优化转换技术，可避开水驱流场。

该技术在胜利油田孤岛中二中 Ng5 进行了试验，区块埋藏深度为 1300m，含油面积为 $0.44km^2$，地质储量为 1.15×10^6t，地层原油黏度为 $200 \sim 500$mPa·s，转蒸汽驱压力为 7MPa，实施过程中避开原水驱流线采用反九点井网。截至目前，试验区块累计增油 1.79×10^5t，油汽比达到 0.46，提高采出程度 15.6%，取得了较好的开发效果。

2.7.2.2　超深层特超稠油 HDCS 开发技术

胜利油田埋藏深度超过 1600m 的深层稠油储量有 7.666×10^7t，由于其埋藏深，油层压力、温度高，因此注汽压力高，井筒热损失大，井底蒸汽干度低，原有技术无法实现有效开发。HDCS（水平井、降黏剂与 CO_2 辅助蒸汽开采，Horizontal Well + Dissolver + Carbon Dioxide + Steam）开发技术是一种采用高效油溶性复合降黏剂和 CO_2 辅助水平井蒸汽吞吐的超稠油开采技术，可有效地提高蒸汽利用，降低注汽压力，提高油汽比，增加产量和生产周期。

胜利油田埕南埕 91 块属超稠油油藏，埋深较大（$1750 \sim 1850$m），原油黏度大（1.8×10^5mPa·s）。该块自 1987 年被发现以来，产能一直未突破，储量未升级。采用 HDCS 开发后，部署水平井 39 口，实现了动用储量 2.57×10^6t，年产油 8.4×10^4t 的"跨越式"发展。

2.7.2.3 浅薄层超稠油 HDNS 开发技术

胜利油田的浅薄层超稠油指的是西部春风油田的稠油，储量达到 8.209×10^7 t。由于其储层薄（$2 \sim 8m$）、埋藏浅（$420 \sim 610m$）、原油黏度高（$5 \times 10^4 \sim 9 \times 10^4$ mPa·s），因此开发过程中地层热损失大、地层能量不足、原油流动性差、油汽比低、经济效益差。研究表明，在薄层稠油中，水平井累计热损失率可减少 $20\% \sim 30\%$，学者结合蒸汽和降黏剂的降黏作用，协同氮气的增油、降黏、增能、助排作用，形成了一套适用于浅薄层超稠油的HDNS（水平井、降黏剂与氮气辅助蒸汽开采，Horizontal Well + Dissolver + Nitrogen + Steam）开发技术，并建立了 HDNS 开发技术界限。

春风油田自 2010 年起开始利用 HDNS 技术开发，已动用地质储量 4.139×10^7 t，建产能 1.03×10^6 t。截至目前，已累计产油 1.15×10^6 t，年产油 5.91×10^5 t，累计油汽比 0.48。

2.7.2.4 深层稠油热化学蒸汽驱开发技术

胜利油田埋藏深、油层压力高，常规蒸汽吞吐采收率低，由于储层非均质性，吞吐动用不均衡，极易发生汽窜。学者通过多年的深化研究和技术攻关，揭示了"蒸汽驱为基，泡沫剂辅调，驱油剂助驱，热剂协同增效"的化学蒸汽驱机理，提出了高干度蒸汽 + 高温驱油剂 + 高温泡沫的化学蒸汽驱技术。

孤岛油田中二北 Ng5 自 2010 年以来，先后进行了蒸汽驱和化学蒸汽驱先导试验。该试验区地质储量 1.84×10^6 t，有效厚度 10.2m，渗透率 $2.5\mu m^2$，原油黏度 8000mPa·s。转驱后累计产油 1.55×10^5 t，累计增油 1.22×10^5 t，阶段油汽比 0.17，目前采收率已达到 50%。

2.7.2.5 低渗敏感稠油热采开发技术

低渗敏感性稠油在胜利油田的探明储量 2.032×10^7 t，生产过程中具有渗透率低、敏感性强、出砂严重、油稠等开发难点。曾先后采用过常规冷采、注水、CO_2 吞吐、蒸汽吞吐、蒸汽驱和火烧等方式，开发效果均不理想。胜利油田通过物理模拟试验研究，揭示制约油藏开发的敏感性机理。针对储层渗透率低的问题，采用压裂防砂，扩大蒸汽和油层接触面积，降低注汽压力；通过"近热、远防"（近井地带通过高温注汽使黏土转型，降低水敏程度；远井地带采用深部防膨技术抑制储层水敏伤害）降低储层敏感性伤害。

该技术成功应用于金家油田沙一段，该块共部新直井 95 口，水平井 7 口，利用老井12 口，共动用储量 5.586×10^6 t。累计产油 5.413×10^5 t，新建产能 9.66×10^4 t。

第3章　稠油集输流程

我国稠油具有密度高、黏度大、沥青和胶质含量高等特点，物理化学性质较差，对温度具有较强的敏感性。因此，造成稠油集输困难的原因主要表现在稠油高黏特性和含水引起黏度增加等问题，故稠油输送主要应解决降黏减阻问题。

3.1　常用稠油集输方式

目前，我国地面集输工艺流程主要受稠油油田所处的自然环境、社会环境以及油藏性质等因素影响，可以根据其加热方式、管网形态、管线根数、布站级数的不同进行分类。根据加热方式划分，可分为不加热集油流程、井场加热集油流程、掺热水集油流程等；根据管网形态划分，可分为环形集油流程和树状集油流程；根据管线根数划分，可分为单管集油流程、双管集油流程、三管伴热集油流程。我国目前集输工艺常用的流程主要有以下几种。

（1）不加热集油流程

在不加热集油流程中，各油井通过独立的集油管线与计量站相连，各油井产物送至计量站轮流计量，通过计量站汇合后流至集中处理站。该流程特点是依靠井口剩余能量进行集油，整个集油过程不设加热装置，井口温度及管线输送终点温度高于原油凝点温度，节能降耗效果好。这种流程称为常规不加热集油流程，适用于黏度和凝固点低、流动性好的原油，以及含水率高、油井产量大或者油井井口剩余能量(压力、温度)较高的场合。

（2）加热集油流程

加热集油流程井场设有加热装置，油品在井口升温后沿集油管线输送到计量站，需要计量的油井产物分离为气、液两相并在计量后重新汇合，与不计量的油井产物在计量站管汇处混合后输送至集中处理站。这种流程适用于气油比较低，黏度和凝固点较高的石蜡基原油。

（3）伴热集油流程

伴热集油流程根据伴热管线的不同，可以分为热水伴热集油流程和蒸汽伴热集油流程。在接转站将分离出的污水增压加热后输至阀组间分配，通过保温的热水管线送至各井口。回水管线与集油管线通常同沟敷设并共同保温，在沿途对集油管线进行加热。达到安全集油的目的。蒸汽伴热流程是指将低压蒸汽经伴热管线送至井口，蒸汽管线与集油管线同沟敷设、共同保温为集油管线提供热量，实现加热集油管的目的。由于伴热集油流程的热水、热蒸汽管线与油品管线不进行掺混，因此不会影响到油品性质，同时井口处不掺入热水，对油井产物计量比较准确，适用于对油井计量要求较为精确、原油脱水较为困难的油田区块。伴热集油流程的缺点是投资大、钢材耗费较多，其传递的热量损失大，供热效率差。

(4)掺输集油流程

掺输集油流程主要分为树状掺输集油流程和环状掺输集油流程。其中，树状掺输集油流程所掺热水、热油经单独的管线送至各井井口与井口产物进行掺混，提升产出液温度。从井口到计量站、接转站都是两条管线，一条是掺输管道，一条是集油管道。掺输管道是将接转站加热后的热介质循环输送到井口，热介质在井口与油井产物混合，然后经集油管道输送到接转站。该流程适用于单井产量较小或产量波动较大，井口产出液温度较低，原油黏度较高的油田。环状掺输集油流程将接转站来的热介质通过阀组间掺入集油环中，热介质与各油井产出物一起返回站内分离缓冲。这种流程适用于气油比低、原油黏度和凝固点较高的油田，其中所掺热介质可以是热油或热水。掺输后使原油的黏度降低，同时还降低表观屈服应力，从而使集输压力下降。掺油或掺水一般根据油田生产情况决定。当油田处于不含水或低含水生产期，一般采用掺油的方法，减少原油脱水工作量，当油田进入中高含水期，一般采用掺污水的方法。

上述各种稠油集输方式都有较大的适用范围，而且每种方式一般不独立采用，往往是几种方式共同采用。因此，应根据油区实际情况，在综合考虑热采、集输、处理等因素的基础上，经多方案经验论证，选择合理的稠油集输方式。常用稠油集输流程有以下几个。

3.1.1 单管集油流程

3.1.1.1 单管不加热(井口加药或不加药)集油流程

单管不加热集油流程从井口经计量站、接转站到集中处理站均为单管。油井产物以星状管网收集到分井计量站，计量出油气水量后，再混输到集中处理站进行处理。如果油井所具有的能量不能直接进集中处理站时，应在计量站后增设接转站。单管不加热集油流程如图 3-1 所示，适用条件如下。

1)原油物性好，气油比较高（$d_4^{20} \leq 0.86$，$\mu_{50} \leq 20\text{mPa} \cdot \text{s}$，凝固点小于或等于 35℃，气油比大于或等于 20m³/t）。

2)油中含水率较高（≥75%，原油含水率已达到反相点），单井产液量不小于 50t/d。

3)单井产液量高（≥40t/d），井口油温较高（进入计量站的油温大于或等于原油凝

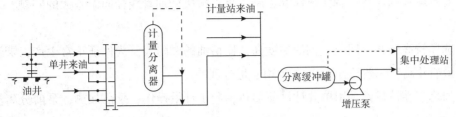

图 3 - 1　单管不加热集油流程

固点)。

4)油田所在地区常年气温较高,最低气温与原油凝固点接近或略低于凝固点 3~5℃。

该流程充分利用稠油在井筒中举升时的剩余热量进行地面集输,其中一种技术是在稠油井里安装空心抽油杆交流电加热装置。

采用空心抽油杆交流电加热装置,可降低井筒原油黏度,这种方式不仅取代了常规的油井清蜡或井下热洗,提高稠油产量,而且能够使井口出油温度提高15℃以上,免去井口加热设备,实现单管热输至计量站。

3.1.1.2　单管加热集油流程

如图 3 - 2 所示,油井采出液经过单根输油管线输送至计量站,各井采出液在计量站内轮流计量,计量站内的分离器将井流分成气液两相并分别计量后,再次与其他油井采出液混合后流至接转站。该流程在井口处设有加热装置,在井场设电加热器或加热炉,油井井流温度升高后,沿出油管线流入计量站。这种流程适用于凝点和黏度较高的石蜡基原油,有较高的单井油气产量,井口出油温度或管线输送温度低于原油凝点。

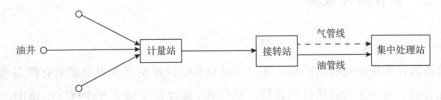

图 3 - 2　树状单管井口加热集油流程

单管加热集油流程的技术要点如下。

1)适当放大管径,采用低速输送。管线输油压力损失与管径的四次方成反比,适当放大管径能有效减少压力损失,相当于降低黏度。稠油的低温流动性受流态影响较小,低速流动时,对油气水分离和原油凝点影响较小,因而能降低管线回压,也更加安全。按生产经验,稠油管内流速一般小于 0.5m/s,此时,集输干线每千米压降约在 0.1~0.2MPa。稠油水力计算公式的准确性低,因为稠油集输过程中油气水组成的不稳定性和不均匀性,增加了稠油集输水力计算的难度。在实际工程中,纯稠油管线的选取,采用按表观黏度计算后再适当放大的方法。

2）要有可靠的加热或者伴热保温措施。重点解决稠油管线径向温差大的问题，这是技术的核心。

3）选择较高的井口回压。稠油黏度高，比稀油的摩阻大，为保证正常生产，稠油井回压可比稀油井高，一般选择 1.0 ~ 1.5MPa 是合理的。

4）加热。在计量站采用单井计量前加热，利于计量操作；泵前加热、泵前分离流程利于泵输。

5）多次分离选择适用于起泡原油的稠油分离器，并配以消泡剂或机械消泡措施。因稠油黏度高、油气分离后气中携带有油，而油中夹带气泡较多，难以从稠油中逸出，所以稠油宜采用多次分离方法。

3.1.1.3　环状单管掺热水集油流程

如图 3 - 3 所示，热水由接转站供给，通过单独的管道输送至集油阀组间，在集油阀组间通过阀组分配后，从环状管网起点掺热水，依次与各油井产出液汇合，以改善井流的流动性。热水和井流一起返回集油阀组间，这种流程通常应用于低渗透、低产油田。

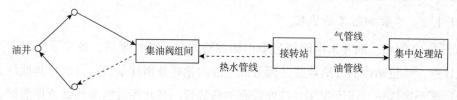

图 3 - 3　环状单管掺热水集油流程

3.1.2　双管集油流程

3.1.2.1　双管掺活性水集油流程

双管掺活性水集油流程指的是从井口至计量站，计量站至集中处理站有两条管线：一条为出油管线；另一条为掺活性水管线。活性水（温度等于或大于 70℃）由集中处理站供给。油田在低含水期掺入活性水达到降黏保温输送的目的，还可以定期向油井内注入高压热水洗井清蜡；在高含水期可掺入常温水，或利用掺水和出油管线双管集油。双管掺活性水集油流程如图 3 - 4 所示。

双管掺活性水集油流程适用条件如下：

1）原油相对密度较大，黏度较高，井口出油温度较低（$d_4^{20} \geqslant 0.86$，$\mu_{50} \geqslant 20\text{mPa} \cdot \text{s}$），油井数量较多（大于 20 口）。

2）单井产液量不大于 30t/d，含水率小于 45% 的油井。

3.1.2.2　双管掺稀油集输流程

掺稀油降黏集输流程是 20 世纪 70 年代末在辽河油田试验成功的，经过多年的生产实

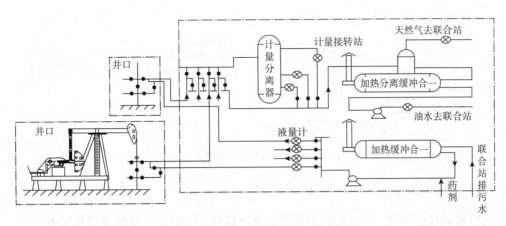

图 3-4　双管掺活性水集油流程

践,现已形成稠油掺稀油双管密闭集输、多级分离、大罐热化学沉降脱水、掺稀油定量分配,较为完备的稠油集输新工艺。该流程对于低产、高稠、井深、周边有稀油资源这类油田非常适用。

该流程与双管掺活性水集油流程相似,只是将掺水管改为掺稀油管,即从井口到计量站有两条管线:一条为出油管线;另一条为掺稀油管线。稀油由集中处理站供给。

双管掺稀油集输流程适用于稠油的开采与集输,凡是具有提供稀油油源条件的油田,都可以选用稠油掺稀油集输流程。

该流程与掺活性水集油流程相比,具有以下优点:

1)掺稀油比(0.5:1~0.7:1)远小于掺水比(平均1.8:1),显著降低了输送量。

2)掺稀油降黏效果稳定,压降明显降低。

3)对于不能正常生产的稠油井,井下掺稀油后,油井可恢复正常生产,是提高稠油产量的有效措施,增产量可达40%左右。

4)有利于原油脱水,缓建脱水设施,降低脱水负荷。

3.1.2.3　水力活塞泵采油双管集输流程

水力活塞泵采油双管集输流程主要应用在高凝油的油气集输系统中,从井口到计量站再到集中处理站,有两条管线:一条为油管线;另一条为高压动力液管线(系统压力为16~20MPa)。动力液是该油田经过净化处理(脱水、除砂等)后的稀油,经增压、加热、分配注入井下,推动井下水力活塞泵工作,把井底产出液及其动力液一同举升到地面,进入油气集输系统。动力液量一般为产液量的3.5~4倍。水力活塞泵采油双管集输流程如图3-5所示。

水力活塞泵采油双管集输流程适用条件:陆地或滩海整装区块的稀油油田;地处寒冷区域、油层较深、使用常规抽油机采油较困难的断块油田;滩海采油平台或人工岛上油井相对集中的丛式井组采油生产。

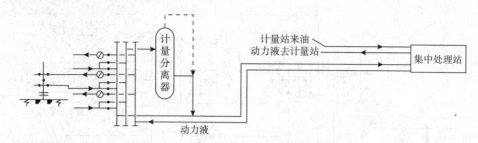

图3－5 水力活塞泵采油双管集输流程

3.1.2.4 气举采油双管集输流程

气举采油双管集输流程主要应用在原油物性较好、气油比较高的油气集输系统中。从井口到计量站有两条管线：一条为出油管线；另一条为高压(10～12MPa)气举气管线。气举气为该油田产伴生气，经压缩机增压后输至各计量站的配气阀组间，经分配计量后从油套环形空间注入井下，并把井底产出液一同举升到地面，进入油气集输系统。气举采油双管集输流程如图3－6所示。

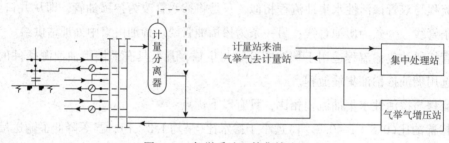

图3－6 气举采油双管集输流程

气举采油双管集输流程适用条件：原油物性好、气油比较高、初始自然产量比较高、油层厚度较大、油井相对集中的油田。

3.1.2.5 单管注气、掺汽双管集输流程

单管注气、掺汽双管集输流程主要用于稠油热采(即注蒸汽热力开采)的蒸汽吞吐阶段。在该阶段，每口油井都要经过注汽→焖井→自喷→抽油的生产过程。根据新疆油田生产经验，在上述生产过程中，每轮注汽需要7～15d，焖井3～5d，自喷15d左右，转抽5～6个月，累计半年左右完成一个生产周期。为了延长生产周期，从计量站至井口之间增设一条 $\phi27mm \times 3mm$ 的伴热蒸汽管线，在井口油温低时，从计量站通入高压蒸汽伴热。蒸汽到井口后，既可通过空心抽油杆掺到井下，也可掺到井口管线中，成功解决稠油的集输问题。

3.1.2.6 多井串联集油流程

如图3－7所示，油井产物在井场加热、计量后进入共用的一字形出油管线，并经过

进油管线中部送至集中处理站。为提高井流的流动性，并补充输送过程中的热能损失，出油和集油管线上设分气包为加热炉提供燃料，对油井产物加热。这种流程的钢材耗量少，建设速度和投资见效快，但计量点、加热点多而分散，不便于操作管理和自动化的实施，而且多口油井串联于共用的变径集油管线上，随油井水含量的增加，端点井回压上升，井流甚至难以进入进油管线，即各井的生产相互干扰，流程适应能力差，不便于调整和改造。此外，该流程也不适合地质条件复杂、断层多、各油井压力或产量相差较大的油田。

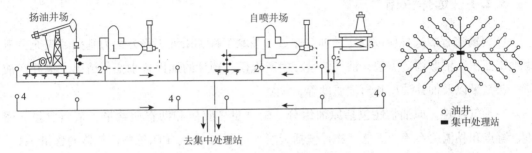

图 3-7　多井串联集油流程

1—计量分离器和水套加热炉联合装置；2—分气包；3—加热炉；4—油井

3.1.3　三管热水伴热集油流程

如图 3-8 所示，三管热水伴热集油流程与掺水流程类似，循环水泵自水罐吸水，水增压、加热后，经阀组分配、经保温的热水管线送至各井口。回水管线与油井出油管线用保温层包扎在一起，通过热交换加热油井井流，达到安全集油的目的。图中部分热水还进入缓冲罐的加热盘管用于加热罐内含水原油。由图 3-8 还可知，缓冲罐为常压储罐，因而流程为开式流程，若改为耐压的卧式缓冲罐并提高自控水平，则为闭式流程。

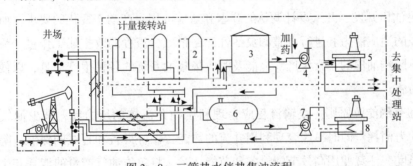

图 3-8　三管热水伴热集油流程

1—计量、生产分离器；2—除油分离器；3—缓冲罐；4—输油泵；
5、8—加热炉；6—缓冲水罐；7—循环水泵

三管伴热集油流程的优点是通过管道换热，间接地为出油管线提供热能，安全性较好；热水不掺入出油管线内，油井计量较准确。其缺点是投资大、钢材消耗多、热效率低。该流程适用于掺热水(油)可能影响油品性质、原油脱水困难、油井计量要求比较准

确、出油管线需加热的油田。

3.2 集输流程的选择依据和原则

3.2.1 选择依据

1)集输流程的选择应以确定的油气储量、油藏工程和采油工程方案为基础。应充分考虑油田面积、油藏构造类型、油气储量、生产规模、预计的油田含水变化情况、单井产液量、产气量以及油井油压和出油温度等。

2)油气物性。原油物性包括原油组分、蜡含量、胶质和沥青质含量、杂质含量、密度、凝点和黏温关系等。天然气物性包括天然气组分和 H_2S、CO_2 等酸性气体的含量。

3)油田的布井方式、驱油方式和采油方式以及开采过程中预期的井网调整及驱油方式和采油工艺的变化等。

4)油田所处的地理位置、气象、水文、工程地质、地震烈度等自然条件以及油田所在地的工农业发展情况、交通运输、电力通信、居民点和配套设施分布等社会条件。

5)已开发类似油田的成功经验和失败教训。

3.2.2 选择原则

1)满足油田开发和开采的要求。油气集输流程应根据油藏工程和采油工程的要求,保证油田开发生产安全可靠、采输协调,按质按量地生产出合格的油气产品。

2)满足油田开发、开采设计调整的要求和适应油田生产动态变化的要求。所选集油流程应有较强的适应能力和进行调整的灵活性,尽量减少流程的改扩建工作量,流程局部调整时尽量不影响油田的正常生产。应能及时收集集油系统的各种生产信息,以便工作人员采取相应措施。

3)贯彻节约能源原则。集输流程应合理利用油井流体的压力能,减少油气的中途接转,降低动力消耗。同时,应合理利用井流的热能,做好设备和管线的保温,降低油气处理和输送温度。注意使用高效节能设备和节能技术,将单位油气产量的能耗和生产费用降到最低。

4)充分利用油气资源。提高井口到矿场油库或用户的密闭程度,使集输过程中的油气损耗降到最低。

5)贯彻"少投入,多产出"的提高经济效益的原则。油田油气集输工程设计的原则应与油藏工程、钻井工程、采油工程紧密结合,统筹考虑,根据油田分阶段开发的具体要

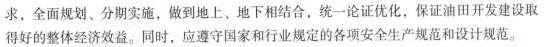

求，全面规划、分期实施，做到地上、地下相结合，统一论证优化，保证油田开发建设取得好的整体经济效益。同时，应遵守国家和行业规定的各项安全生产规范和设计规范。

6）注意保护生态环境。在确定油气集输流程方案时，要考虑消除污染、保护环境的工程措施，在重大项目可行性研究阶段，要提出项目对环境影响的评价报告，报国家有关部门审批。

3.2.3　稠油油田集油流程选择

对于井身较浅、$\mu_{50} < 500\text{mPa} \cdot \text{s}$ 的稠油，可采用单管加热集油流程。对于不能顺利流入井底、埋深较浅的中高黏度稠油，常采用注蒸汽热力开采，由地面向井底附近的地层注入蒸汽使稠油温度升高、黏度降低并与冷凝水一起流入井底。中高黏度稠油宜采用掺稀释剂降黏集油流程，常用稀释剂有：轻质原油（即含蜡原油）、轻质馏分油、活性水等。当稠油油田附近有轻质原油来源时，可考虑采用掺油流程。在稠油流动性得到相同程度改善的条件下，轻质原油的掺入量少于活性水的掺入量，使油井出油管负荷降低、阻力损失减小。但由于轻质原油含蜡量多，与含大量胶质、沥青质的稠油混掺后会破坏两种原油的性质，使轻质原油售价降低，同时使混入大量石蜡的稠油不能生产出高等级沥青，因而应优先考虑掺活性水降黏流程。

无论是掺轻质原油还是掺活性水降低稠油的流动阻力，其流程也不是一成不变的。例如，在油田开发中后期，原油含水率上升至一定程度后，可以少掺或停掺活性水；也可以在油田开发初期掺轻质原油，原油含水率到达一定程度后改掺油田采出水。在井口还可向油井出油管内掺蒸汽改善稠油在地面管线内的流动性，如克拉玛依红浅山油田。

选择注蒸汽热力开采油田时，油田地面须设注汽站，它有集中和分散两种布局形式。集中布局有利于热能的综合利用，但注汽管线较长，沿途热损失稍有增加。例如，新疆克拉玛依红浅山油田以集中布局为主，与集中处理站联合建站；胜利油田采用分散布局，注汽站与计量接转站联合建站。

当向井底注蒸汽时，力求使注入各井的蒸汽干度相同，使各井有相同或相近的注汽效果，这与注汽管网的连接方式有关。注汽管网的连接方式有"星状""T 状"和"树枝状"3 种。"星状"管网以注汽站或注汽分配间为中心呈放射状布置，由蒸汽球形分配器（见图 3-9）使各蒸汽支线的干度均衡。"T 状"水平对称连接方式使两蒸汽支管的干度较为均匀。当采用"树枝状"连接时，各支管的蒸汽干度最不均匀。

选择热力开采稠油油田时，由于地面须设高压锅炉及高压注汽管网，基建投资高、能耗大，原油生产成本高，因此更需使油藏开发、采油工艺和地面工程有机结合、整体优化，以降低生产成本。

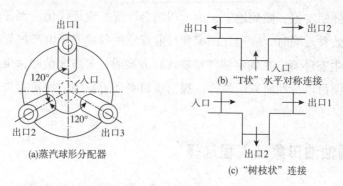

图 3-9　球形分配器与注汽管网

3.3　胜利油田集输工艺

3.3.1　滨南稠油集输系统现状

集输工艺为三级布站方式：井口→计量站→接转站→联合站。稠油采出液处理的主阵地为滨南稠油首站以及利津联合站，主要涉及单家寺油田、王庄油田稠油采出液的脱水处理工作。滨南稠油首站原油外输至稠油末站，外输含水率为 1.2%，20℃ 原油密度为 0.9969g/cm³，50℃ 动力黏度为 31193mPa·s。利津联合站原油外输至稠油首站，外输含水率为 1.7%，20℃ 原油密度为 0.9514g/cm³，50℃ 动力黏度为 1014mPa·s。

稠油计量方式主要是油气量油分离器(玻璃管量油)、翻斗称重式计量、无源多相流计量、双容积计量(低伴生气计量站量油)、油水井全无线自动计量技术(港西模式)。各计量方式特点如下。

1)油气量油分离器(玻璃管量油)结构简单、操作方便、投资少而且直观，在各油田广泛使用；适用于含水率低、含水率波动小、产量波动小的油井计量；缺点是受人为因素影响较大，计量误差大，需要伴生气压液面。

2)翻斗量油分离器是由两相计量分离器、计量翻斗、液面控制机构及电信号计数器4部分组成，优点是设备简单，操作方便，可实现自动连续计量。但存在投资较高、计量不够准确的缺点，主要原因：一是翻转过程中有漏失量；二是当油井产液含气量高时，由于分离不彻底，常有气体带进分离器下部，产生气冲现象，使翻斗乱翻，造成假数据。翻斗计量不宜用于产液量大及产气量高的油井计量。

3)无源多相流计量通过管式旋流分离器对气液两相进行高效分离后，由气体流量计、质量流量计等单相仪表实现液、油、气、水的准确计量。计算机对计量参数进行自动采集处理，实现液、油、气、水的瞬时值、累计值等参数显示，自动生成瞬时曲线、日度生产曲线，时累计、日累计生产报表等，并能通过网络查询实时数据及远程管理。该装置适用范围广，计量精度高（≤3%）；可适用于各种工况及工艺条件下的油、气、水、液多相计量；自动化程度高，可在无人值守条件下实现自动计量、远程实时查询数据及控制。

4）双容积计量（低伴生气计量站量油）是在原有分离器工艺基础上增加一台分离器，通过将两台分离器的量油流程进行并行连接、气平衡流程串接，构成双分离器循环量油，可一次完成单井液量计量、压液面操作。通过将日常缓慢分离获得的伴生气（或注入天然气）储存起来重复利用，能很好地解决低（无）伴生气井不能正常量油的难题。

5）油水全无线自动计量技术（港西模式）：鉴于玻璃管量油系统存在的非连续性和地面流程的复杂性等问题，为解决油井工况数据的自动录取、实现管理的自动化、网络化，同时基于简化地面流程节约投资的目的，大港油田率先推出实施了油井远程计量装置系统，实现了原来"计量站—转油站—联合站"三级布站向二级、一级布站新模式的转变，开创了老油田地面流程简化优化的"港西模式"，该模式确定了抽油机井、电泵井、螺杆泵井三类油井的计量技术，建立了以通信技术、计算机技术和采油工程相结合的油井远程自动计量系统，实现了油井自动监测和控制、实时示功图、压力等数据的采集，具有油井工况诊断、产液量计量等功能。

滨南稠油首站流程如图 3—10 所示，采出液处理是本站稠油与滨一站稀油混合后，进入高效分水器进行油气水预分离。初步分离出的原油含水率为 60% 左右，进入来油加热炉提温至 72℃ 左右进入一次沉降罐，后溢流至二次沉降罐，进入脱水加热炉提温至 90℃ 进入电脱水器脱水后外输。

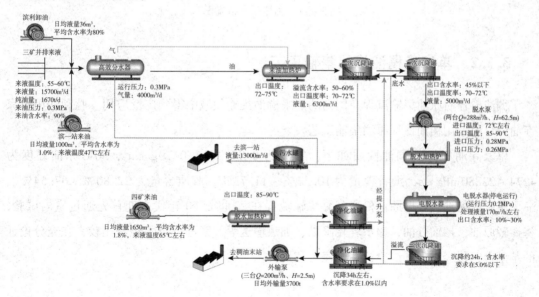

图 3—10 滨南稠油首站流程

利津联合站流程如图 3-11 所示，郑王接转站来液 12500m³/d，含水率为 86% 左右，进站温度为 40~45℃，进三相高效分水器进行油气水分离(分出水量为 1500m³/d)，分离后油中含水率一般为 84%。高效分水器后的油进一次沉降罐，沉降后进入缓冲罐(液量为 2500m³/d)，经沉降后油中含水率降至 30%，再进加热炉后加热至 78~82℃，然后进稳定塔，经塔低泵提升进二次沉降罐(液量 1800m³/d，出口含水率小于 3%，温度为 72~76℃)，最后溢油到好油罐(液量为 1750m³/d，出口含水率为 2%，温度为 72℃)，最后经加热炉升温至 75~80℃，达到外输标准。

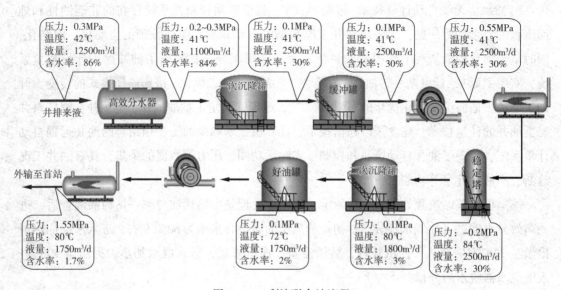

图 3-11　利津联合站流程

3.3.2　单家寺稠油掺稀集输工艺

稠油掺轻质原油集输流程在国内的热采稠油集输领域中得到广泛应用。胜利油田单家寺油田目前采用稠油掺稀原油集输工艺。

单家寺油田生产稠油性质如下：密度为 0.9742~1.0170g/cm³，50℃原油黏度为 4274~22880mPa·s，沥青含量为 10.33%~11.73%，胶质含量为 22.80%~67.54%。

单家寺稠油掺轻质原油稀释降黏集输流程在 20 世纪 80 年代中期首先通过室内试验，将掺轻原油、掺馏分油、掺水乳化降黏、加热输送等方案进行技术经济比较，在充分论证的基础上，再经过现场试验，逐渐完善和提高。

单家寺油田单 2、单 10 区块脱水稠油物性见表 3 - 1。

表 3 - 1　单家寺脱水稠油物性

区块	黏度/(10⁻⁶m²·s⁻¹)					沥青含量/%	蜡含量/%	胶质含量/%	凝固点/℃	相对密度
	50℃	60℃	70℃	80℃	90℃					
单 10	10376	4084	1893	888	500		3.27	47.34	7	0.9510
单 2	10792	4502	2045	965	438	5.32	4.7	46.10	9	0.9531

单家寺稠油掺入的滨一站、利津站稀原油物性见表 3 - 2。

表 3 - 2　单家寺稀原油物性

油样	黏度/(10⁻⁶m²·s⁻¹)					蜡含量/%	胶质含量/%	凝固点/℃	相对密度
	40℃	50℃	60℃	70℃	80℃				
滨一	33.82	22.16	14.03	9.80	7.75	21.48	21.59	31	0.8763
利津	85.29	39.75	27.54	17.71	14.10	18.5	21.02	34	0.8823

脱水稠油掺入不同比例稀原油后的降黏效果见表 3 - 3，稠油掺入不同比例的稀原油的黏温曲线如图 3 - 12 所示。从表 3 - 3 和图 3 - 12 看出，脱水稠油在掺入不同比例的稀原油后，随掺入稀原油量的增加，相对密度减小，降黏效果也增加，低温时的降黏效果好于高温时的降黏效果。

表 3 - 3　脱水稠油掺入不同比例稀原油后的降黏效果

油样	黏度/(10⁻⁶m²·s⁻¹)							相对密度
	40℃	50℃	60℃	70℃	80℃	90℃	100℃	
稠油	9593.1	3668.8	1521.4	789.7	390.4	228.8	141.8	0.9884
稀原油	33.05	17.16	12.21	9.2	7.0	5.85	5.12	0.8763
稠:稀=1:1	284.5	120.5	77.07	45.2	31.52	23.0	17.72	0.9324
稠:稀=2:1	619.8	294.4	167.4	102.6	62.67	42.04	29.85	0.9510
稠:稀=3:1	1087.7	506.8	287.3	162.5	91.97	61.44	42.93	0.9603
稠:稀=4:1	2535.8	1067.3	532.4	287.8	154.6	100.0	66.00	0.9633

室内试验还对含水稠油在掺入不同比例稀原油后的降黏效果进行了试验测定，和脱水稠油稀释试验一样，低温时的降黏效果要好于高温降黏效果。

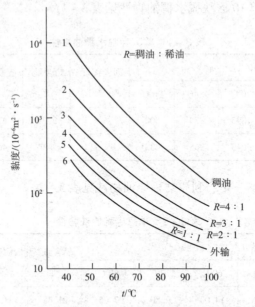

图 3 – 12　稠油掺入不同比例稀原油黏温曲线

　　胜利油田稠油掺稀原油稀释集输工艺流程最大的特点是首创了以稀原油作为载体，在其中加入了稠油破乳剂，将带有稠油破乳剂的稀原油加入井筒中，实现了稀释降黏、管道破乳、降阻、联合站脱水一剂多用的效果。该"一条龙"新工艺不仅降低了井口回压，改善了油气分离效果，解决了联合站原油脱水、外输等一系列技术问题，还延长了油井的吞吐周期，对稠油开采和提高稠油产量起到了保障作用。

　　根据稠油的物性、单井产量和出油温度等生产的情况不同，掺油方式和掺油比也有所不同。稠油物性较好，出油温度较高的油井，一般采取井口直接加入；对于稠油物性较差，出油温度较低(单家寺稠油一般在 45℃)的油井可采用井下掺入，井下掺入不但稀释深井泵下稠油使其黏度降低，改善深井泵的吸入条件，提高深井泵的效率，减少抽油机负荷，还可以降低井口回压。在吞吐的初期生产油井的产量和油温较高，也可以暂时不掺稀原油。总之，掺油量应根据生产过程的实际需要、经济效益和稀原油供给等因素来确定。整个集输工艺过程可以分别在井口、计量站、接转站和集油站按需要分段加入。掺油量既要满足稠油集输、油气分离的要求，又要满足原油脱水和外输的需要。一般稠油：稀油的掺油比为 1 : 0.3 ~ 1 : 1，原则上井下掺入时，稀原油掺入量与油井产液量之和不应大于深井泵的最大排量。

　　稠油掺稀原油工艺流程节约建设投资，方便生产管理，同时解决采、集、处理加工、输送等问题。但是，必要的前提条件是在稠油油田附近必须有足够的稀原油资源。稠油掺稀降黏技术工艺流程如图 3 – 13 所示。

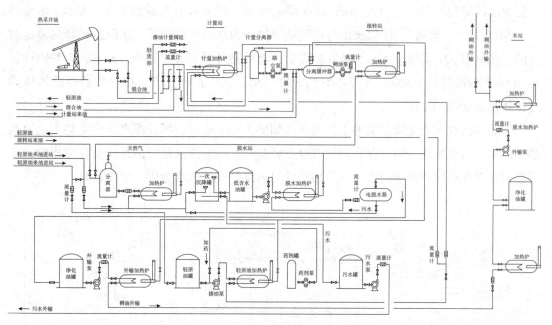

图 3-13　稠油掺稀降黏技术工艺流程

3.3.3　垦东稠油掺活性水乳化降黏集输工艺

稠油掺活性水乳化降黏集输工艺是一项应用较早、应用范围较广的实用技术。另外，要筛选合适的活性剂、掺水温度和掺水比，对于单井产量较低、黏度较高的稠油也适用。也可与采油工艺相结合，将活性水掺入井下，掺活性水既要考虑乳化降黏集输的要求，同时也要考虑后续油气分离、原油脱水的要求。近几年由于轻原油资源减少，稠油含水量的上升，在稠油油田普遍采用污水回掺降黏集输工艺，这不仅解决了轻原油紧张的矛盾，还充分利用了油田采出水的热能，为污水的利用找到一条出路。一般掺水比为 $1.8:1 \sim 2:1$，掺水温度为 $60 \sim 70℃$，加药浓度为 $0.02\% \sim 0.03\%$，可将稠油黏度降低 $10 \sim 20$ 倍以上。

胜利垦东 521 油田稠油集输采用掺污水、加药降黏流程，含油面积为 $2.2km^2$，地质储量为 $3.66 \times 10^6 t$，设计井数 31 口，年产油 $(3.5 \sim 4.4) \times 10^4 t$，单井日产能力 $8 \sim 10t$。稠油密度为 $0.970 \sim 0.990g/cm^3$，黏度为 $4200mPa \cdot s$，凝固点为 $-3℃$。

垦东 521 油田由于稠油黏度高、单井产量低、集油管线长，因此集油管线压降大。根据生产实践每千米压降为 $1.0 \sim 3.0MPa$。为维持正常生产、降低井口回压、充分利用垦东 6 的污水热能，学者设计采用了掺污水加药降黏流程。考虑降黏集输和脱水相结合的"一条龙"工艺，经过筛选，药剂使用 WD-2 破乳剂。为了方便生产，实现井口掺水加药的集中管理，所掺污水计量、加药、加压均在掺水接转站内完成。单井日掺污水量小于 $24m^3$，井口掺水温度为 $60℃$，加药量为 $20 \sim 40mg/L$，通过掺污水加药，有效地降低了稠油黏度。

一方面可以抑制加药井产出液形成 W/O 型乳状液，尽早破乳生成游离水，形成"水套油心""悬浮油""水漂油"，使原来油与管壁的摩擦变为水与管壁摩擦，从而达到降黏输送的目的。在垦东 521 实施掺污水加药降黏以后，有效地降低了井口回压。KD52-37 井距计量站 315m，距接转站 1565m，不掺水时油井经常堵，无法正常生产。掺水加药以后回压始终保持在 1.0MPa 以下。

稠油掺活性水乳化降黏集输工艺流程图如图 3 - 14 所示。稠油掺水乳化降黏工艺流程虽然简单、便于实施，但是存在的缺点也不容忽视：一是掺水量对油井计量存在影响；二是掺污水存在腐蚀和结垢问题；三是掺水后对后续的稠油脱水造成一定的影响。

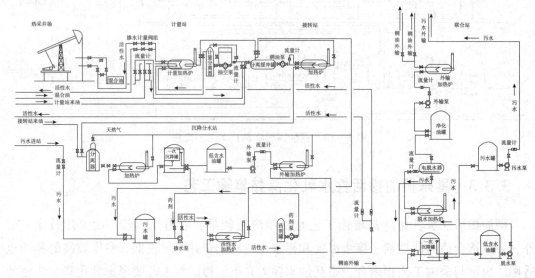

图 3 - 14　稠油掺活性水乳化降黏集输工艺流程

3.3.4　陈南稠油集输系统现状

3.3.4.1　陈南联合站简介

陈家庄油田管辖罗 801 块、陈家庄注水区(包括陈 25、陈 40 及陈 15 - 37 这 3 个区块)、陈 15 - 37 热采区块、陈 371 热采区块、陈 373 热采区块及陈 311 热采区块等，地面系统建有集中处理站 2 座(陈家庄联合站、陈南联合站)，注水站 1 座(陈家庄注水站)，接转站 2 座(16#站、陈北接转站)。

陈南联合站于 2009 年投产，设计原油处理规模为 60×10^4 t/a，其中稠油为 24×10^4 t/a，掺稀油 36×10^4 t/a，稠稀比 1∶1.5，设计参数见表 3 - 4。分水器设计处理能力为 1000m^3/d，未建设污水处理系统，仅有 1 座 1000m^3 原油储罐作为掺水及污水外输缓冲罐使用，目前进站液量为 8700m^3/d，油量为 420t/d。处理好的净化原油外输插入河东原油外输线；目前进站污水量为 8300m^3/d，分水器分水及一级沉降罐出水进入 1 座 1000m^3 污水罐，其中 2000m³/d 用于井口回掺用水，剩余 6300m³/d 经污水提升泵外输至陈庄注水站进行回注。

表 3 – 4 陈南联合站主要设计参数表

项目名称	单位	数据
掺稀油量	t/d	987
进站稠油量	t/d	658
稠油含水量	%	80
外输油量	t/d	1644，含水率≤1.0%
稠油进站压力	MPa	0.45
稠油进站温度	℃	50 ~ 55
稠油外输压力	MPa	1.5
稠油外输温度	℃	80 ~ 85
稀油进站压力	MPa	0.29
稀油进站温度	℃	42 ~ 45
掺水量	m³/d	321 ~ 1355
大罐沉降温度	℃	92
加药量	mg/L	150 ~ 200

3.3.4.2 集输处理工艺流程

目前，站内采用掺稀油降黏、三相分离器预分水 + 热化学重力沉降工艺流程，如图 3 –15 和图 3 –16 所示。

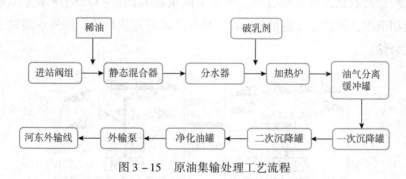

图 3 – 15 原油集输处理工艺流程

（1）原油集输处理工艺流程

从图 3 –15 中可以看出，原油经过进站阀组后即掺入稀油进行降黏处理，通过静态混合器进行稠稀油的充分混合，经过后面的分水器进行初步分水，之后加入破乳剂，经过加热炉加热升温（有利于油水分离），再经过油气分离缓冲罐分出气体，最后经过一次沉降罐、二次沉降罐深度脱水，使掺稀原油可以达到外输标准，再通过外输泵输送至河东外输管线。

（2）稀油集输处理工艺流程

图 3 – 16　稀油集输处理工艺流程

3.3.5　胜利油田西部稠油集输系统

春风油田属浅薄层稠油油藏，需采用注蒸汽开采方式，但因油层薄、油藏分散、埋深浅、易汽窜、采出油含水上升快、采收率低，油藏规模开发收益低。西部稠油集输及高效脱水配套技术是一种适用于稠油油气田地面集输和高效脱水处理的综合技术。它通过推广并应用稠油示功图计量串接集输技术、大罐浮动出油技术 + 大罐静态沉降技术和全程应用具有自主知识产权的蒸汽原油混掺技术，建立油井和站场地面集输系统水力、热力数学模型，联合站油气处理水力、热力模型，优化集输布站方式、管网以及联合站油气处理工艺，广泛适用于有蒸汽乏汽的油田地面产能建设和用蒸汽驱开发的中重质油田以及稠油油田的地面产能建设工程。

3.3.5.1　稠油示功图计量串接集输技术

稠油示功图计量串接集输技术是以稠油油井示功图计量技术为核心而形成的串接集输技术。该技术实现了单井集输方式由枝状集输改为串接集输，集输工艺示意图如图 3 – 17 所示。单井枝状集输如图 3 – 17(a) 所示，单井产液首先需油气水混输至计量站，完成单井计量后，经接转或直接进入联合站。单井串接集输如图 3 – 17(b) 所示，单井产液示功图计量的成功应用，取代了计量站，因此，单井产液可直接串接，油气水混输至接转站或直接进入联合站。

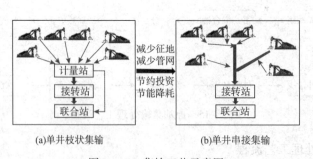

(a)单井枝状集输　　　　　(b)单井串接集输

图 3 – 17　集输工艺示意图

稠油示功图计量串接集输技术在春风油田 403 口稠油油井推广应用，首次实现了稠油示功图计量串接集输技术的规模化应用，在节能降耗及数字化方面取得了明显的应用效果。

3.3.5.2　混掺直接加热集输技术

混掺直接加热集输技术是利用冷、热两种流体在直接接触、混合的过程中完成能量不断传递和转化的一种技术，所使用的设备通常为混合式加热器，在工业生产和人们的日常生活中应用较为普遍，如利用锅炉的蒸汽来加热水，供工业及浴室洗澡等。然而，目前使用的混合式加热器普遍存在热能转化利用率低、噪声大的缺点。

混合式换热器是一种无固体壁参与传热的冷热介质直接进行传热传质的加热器，属于凝结式换热器。对于凝结换热，通常有膜状、均匀状、柱状、混合状和不溶工质之间的凝结 5 种，如图 3-18 所示。通过建立数学模型，模拟采出液及含水油管道在不满管流状态下，蒸汽掺入时不同结构、流速条件下的传热传质情况，得到适合集输及联合站用的混掺装置。

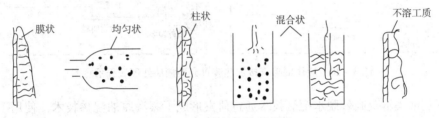

图 3-18　凝结换热示意图

混掺直接加热技术在新春油田的稠油集输及处理全流程得到了普遍应用，一是因新春油田产能建设采用先吞吐后汽驱的开采方式，蒸汽锅炉为必备设备，且蒸汽热源充足；二是因国内外稠油集输目前主要还是以加热法和掺热水或活性水法为主。但加热法以加热炉加热为主，但加热炉需设置在各井场，设置点多、面广，单点燃料需求小，烟气治理及管理难度大。

(1)掺蒸汽直接加热集输工艺

春风油田稠油集输利用混掺加热技术，采用井口掺蒸汽的方式，工艺流程如图 3-19 所示。稠油井口混掺蒸汽来自高压注汽管线，经减压后直接在井口掺入井口出油管线，可根据管网布局，结合实际生产过程中水力热力条件取舍或增减掺入量。通常仅需在远端或低液量、低温端适量加入减压蒸汽即可。蒸汽掺入的量目前为手动控制，也可采用集油干线温度反馈点的温度控制。

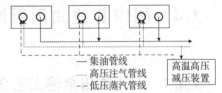

—— 集油管线
······ 高压注气管线
-- 低压蒸汽管线

高温高压减压装置

图 3-19　稠油井口混掺加热工艺流程

春风油田采用掺蒸汽直接加热集输工艺，一方面减少了掺水系统运行时间短带来的投资浪费，另一方面解决了不同阶段用热需求的灵活度。通过比较得出，采用掺蒸汽降黏井口集输工艺的管网投资比掺水集输工艺降低 12%，运行费用降低 34.5%。

（2）站内掺蒸汽直接加热工艺

站内掺蒸汽直接加热工艺的实现依托混掺直接加热装置，该装置将高温热蒸汽直接掺入需热介质中，用蒸汽量控制需热介质的温度。稠油处理工艺中，利用混掺直接加热装置代替常规加热炉，在春风油田春风联和春风2#联的设计中应用，流程中减少一座缓冲罐和一级泵，是迄今为止稠油处理最短流程，如图3-20所示。春风联实施后，一次投资减少512万元，节约电费22.5万元/a。

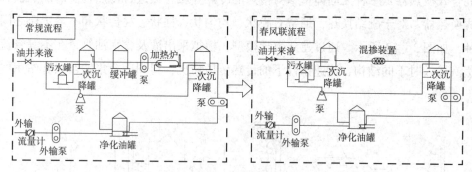

图3-20　应用混掺直接加热装置典型稠油处理流程示意图

西部稠油集输及高效脱水配套技术通过研发形成了蒸汽原油混掺技术，使用了稠油功图计量和浮式出油装置，在春风油田地面工程建设中推广并应用，实现了以下目标：①稠油集输和处理均采用蒸汽原油混掺技术，在保障稠油集输和处理用热的同时，减少工艺管控点和污染治理点；②首次规模化成功应用了稠油功图计量串接集输工艺，取消了计量站，简化了管网；③站内稠油处理应用了蒸汽原油混掺和浮式出油装置，取消了有明火的加热炉，减少了一座缓冲罐和一级提升泵，实现了最短稠油高效脱水流程。该技术成功应用于春风油田，减少投资1.2亿元，减少征地68亩，节约运行成本2.5亿元/a，节约自用燃油2.6×10^5t/a，为国内稠油油田集输及高效脱水处理提供了新思路。

3.4　国内其他油田稠油集输工艺

3.4.1　河南油田集输工艺介绍

3.4.1.1　河南油田稠油特点

自1985年以来，河南油田相继在泌阳凹陷西斜坡和北斜坡带上发现了井楼、古城、新庄、杨楼、付湾等5个稠油油田。河南油田稠油油藏主要分布在盆地边缘地带，距物源近、沉积类型多、断层发育、构造复杂，主要为断鼻油藏和岩性油藏，主要含油层系为古近系核桃园组二、三段，储层胶结疏松，油层孔隙度平均为28%～34%，渗透率为1～

$5\mu m^2$，含油饱和度为 $60\% \sim 80\%$。主要油藏地质特点如下。

（1）油藏埋深浅：埋深为 $90 \sim 1100m$，小于 $600m$ 的占 80% 以上，特、超稠油埋深一般小于 $400m$，储层胶结疏松。

（2）油层厚度薄：油层单层厚度为 $1 \sim 4m$，层系组合厚度为 $3 \sim 15m$。

（3）稠油黏度高：油层温度下脱气稠油黏度为 $90 \sim 400000mPa \cdot s$，特超稠油占稠油总储量的 60%，其总产量占稠油热采总产量的 80%。井楼、古城油田的稠油物性见表 $3 - 5$。

表 3 – 5　井楼、古城油田的稠油物性

项目	井楼	古城
稠油相对密度/$(g \cdot cm^{-3})$（20℃）	$0.9376 \sim 0.9960$	$0.9170 \sim 0.9870$
脱气稠油黏度/$(mPa \cdot s)$（50℃）	$10000 \sim 92000$	$50 \sim 12000$
沥青质胶质含量/%	$21.8 \sim 42.7$	$12 \sim 44.4$
含砂量/%		3.08

（4）油层分散：开发层系纯总厚度比为 0.5 左右，油砂体面积小。例如，古城油田共有 7 个油组，纵向上划分为 43 个含油小层，零散分布在 9 个断块 181 个油砂体上，其中油砂体面积小于 $0.2km^2$ 的占 77%。

3.4.1.2　河南油田稠油集输流程

河南油田老区单井集输主要采用"二级"布站方式，油井至计量站采用两管掺水流程，掺入水与油井产出液在油井井口混合后，经出油管线输送到计量站，最后输送到联合站，完成油井产出液的集输。

河南油田边远小区块集输主要以单井拉油生产方式为主，生产运行费用高。近年来油田开发向非主力薄差层以及边远零散区块转移，开采层位薄、储量小、产能规模小、单井产油量较低，并且边远区单井距离联合站较远、集输流程长、建集中处理系统难，目前基本都是采取"高架油罐 + 单井罐车拉油"式生产。例如，梨树凹区块是下二门油田南偏西方向的新建产能区块，区块中心距离下二门联合站直线距离约为 $5.3km$，并且该距离以内没有已建成的计量站。区块所在地区属丁丘陵地带，河流水系发达，村庄人口密集，地面条件复杂。该区有 8 口油井采用"单井进高架罐 + 大罐电加热保温 + 罐车拉油"方式生产，总产液量 $80.8t/d$、产油量 $45t/d$，综合含水率为 44.3%，年拉油运行费用高达 260 万元。

3.4.2　辽河油田稠油集输工艺

3.4.2.1　辽河油田稠油开采现状

辽河油田的稠油开发建设始于 1977 年，经历了技术准备、发展和提高 3 个阶段。2004 年，辽河油田稠油产量为 $8.6 \times 10^6 t$，是当时全国最大的稠油生产基地。2010 年起，辽河油田开展超稠油蒸汽驱先导试验，历经十余年攻关，实现了 3 个突破：机理认识上，

科研人员实现了从单层驱替到超稠油驱替剥蚀复合机理认识上的突破；转驱界限认识上，科研人员认识到温场是转蒸汽驱的关键条件，通过集中预热加速温场建立，使地下原油黏度达到转驱条件；动态调控技术上，形成了气腔调控、提高蒸汽波及体积、注入井防窜、采油井堵窜、注采温差控制调控等系列关键技术。如今，蒸汽驱、SAGD、火烧油层、化学驱、气驱 5 项核心技术年产稠油近 $2.7 \times 10^6 t$，并呈现出逐年上升趋势。2021 年 7 月，辽河油田《中深层稠油大幅度提高采收率关键技术与工业化推广应用》项目获得中国石油天然气集团有限公司科学技术一等奖。这项技术使稠油采收率由 20% ~ 35% 提高到 55% ~ 70%，成为辽河油田千万吨稳产的有力支撑。

辽河油田油藏一般埋深为 1000 ~ 1800m，分布在不同的区块和层位，注汽开采，稠油黏度差异很大。根据稠油黏度的不同，辽河油田的稠油可分为一般稠油（50℃时黏度为 400 ~ 10000mPa·s）、特稠油（50℃时黏度为 10000 ~ 50000mPa·s）和超稠油（50℃时黏度大于 50000mPa·s）。辽河油田主要稠油区块稠油物性见表 3 – 6。

表 3 –6 辽河油田主要稠油区块稠油物性

油田名称	区块名称	密度/(g·cm⁻³)(20℃)	黏度/(mPa·s)(50℃)	沥青质胶质含量/%	含蜡量/%	凝固点/℃	备注
曙光	杜32	1.0160	115893	47.50	3.32	31	超稠油
	杜84	1.0030	187000	60.76	8.50	45	超稠油
冷家	冷七区	1.0180	119770	47.2	3.78	33	超稠油
锦州	锦7	0.9584	4452	41.52	3.78	−19 ~ 12	
	锦45	0.9930	7969	38.11	2.89	5 ~ 26	
高升	高二区	0.9436	794	43.94	1.74	2	
	高三区	0.9534	2591	44.56	2.30	2	
欢喜岭	齐40	0.9724	2325	36.28	5.27	−14 ~ 11	
兴隆台	洼38	0.9600	5300	38.00	9.40	3 ~ 14	

可以看出，不同区块稠油物性差异较大。其中，稠油黏度是原油集输工艺中最主要的影响因素，因此，不同区块稠油应采取不同的集输工艺。

3.4.2.2 集输系统总体布局

（1）油井

油井布置与油田开发及地面集输工艺密切相关，需结合油品物性、地质构造、地下及地面情况等统筹考虑。辽河油田稠油油井大多采用丛式井和水平井集中布置，在 1 个平台上一般布井 4 ~ 12 口，目前最多布井 18 口。油井集中布置对地面集输工艺具有很多优越性，可结合实际情况在平台上直接布置计量站和接转站，实现井站合一，这样既节省了大量集输管线，也解决了集输工艺中因井口回压和出井油温低导致输送困难的问题。

（2）小站

小站主要包括计量站、转油站和计量接转站等。根据集输稠油物性、井口运行参数、集油管径及集中处理站位置的不同，可将辽河油田稠油集输系统的布站类型分为以下几种。

1）小二级布站。对于黏度较小的稠油一般采用小二级布站（计量站 – 集中处理站）方式，通过适当放大管径、扩大集输半径和提高井口回压等措施满足生产要求。小二级布站简化了集输流程，节能效果显著，是一种先进的布站方式。

2）大二级布站。对于黏度较大的稠油一般采用大二级布站（计量接转站 – 集中处理站）方式。由于受井口回压的限制，这种布站方式井 – 站的集输半径不大于 1km。大二级布站方式流程灵活，适应性强，生产调整比较方便。

3）三级布站（计量站 – 接转站 – 集中处理站）。这种布站方式主要应用在井站距离较远，且与集中处理站距离较大的区块，利用中间接转增压、升温满足集输生产要求。

（3）集中处理站

集中处理站一般建在油田适中部位，选择在地势平坦、交通方便的地方。站内根据需要设置油气分离、脱水、污水处理等多种功能区域，且各功能区域划分明确，减少占地，方便生产管理。

（4）小站建筑结构形式

辽河油田的小站数量多且布置分散，多分布在野外，给施工和生产管理带来很多困难。为便于施工和管理，小站均采用轻型橇装结构，并形成了标准化、系列化和通用化设计，施工预制化程度可达 90% 以上。

对于河套内和泄洪区地带的小站，由于易受洪水影响，因此采用了高架橇装站，站的高度高于洪水位 500mm 以上。该类型站的布置，经受了数次特大洪水的考验，对洪水退后迅速恢复生产起到重要作用。

3.4.2.3　集输工艺流程

选择何种稠油集输方式，需根据油藏特性、开发方案、采油工艺、油品黏度和其他物性以及地理环境等确定，而原油黏度是首要决定因素。因此，集输方式的选择必须经过技术、经济论证后方能确定。辽河油田目前稠油集输工艺流程主要有单管热输、连续伴热输送和掺液集输等。

（1）单管热输

所谓单管是指利用井口产出液和井口回压进行管线输送，井口产出液中不掺入其他介质。为保证输油温度和压力，在井口或平台等靠近输油起点的地方设置加热设施（汽驱油田井口产出液的温度较高不需升温），降低稠油黏度，集油管线适当放大管径、低流速集输。单管加热集输工艺流程如图 3-21 所示。

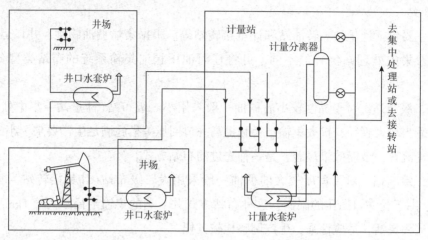

图 3-21 单管加热集输工艺流程

单管加热集输工艺流程的特点如下。

1)适用于单井产液量较高(30t/d)、井口出油温度较高(40℃)、50℃黏度在 5000mPa·s 以下的稠油。

2)工艺流程简单,加热设备布置在单个井场,方便生产工况调节。

3)输油温度较高,降低原油黏度,并适当放大管径,使流速一般不大于 0.5m/s,有效地减少井站间油管线的压力损失。

4)需要适当提高井口回压(一般在 1.0~1.5MPa),以保证井-站集油管线正常输油。

5)井口加热炉必须保证连续供热,才能保证安全、可靠、稳定运行,否则需停井维修。

6)井口回压相对较高,易对原油产量产生一定的影响。

(2)连续伴热集输

连续伴热集输方式是集油管线从井口油嘴至小站全程伴热,常用的伴热方式可分为以下两种。

1)热水伴热:有三条管线,一条来水管线、一条回水管线和一条出油管线,俗称三管伴热集输。三管伴热流程适用于 50℃时黏度在 3000mPa·s 以下的稠油集输,其工艺流程如图 3-22 所示。

三管伴热集输工艺流程的特点如下。

①可适用于所有需伴热的稠油,特别对一些低产井、间歇出油的油井更适合。

②伴热效果好,方便调节,但伴热管线比其他集输流程多,钢材消耗量较大。

③管线地上铺设,出现问题可及时发现,方便维修。

2)井下空心抽油杆交流电加热、井站管线热媒伴热、站间管线集肤效应伴热的全程伴热集输。这种方式主要用于高黏度稠油集输。

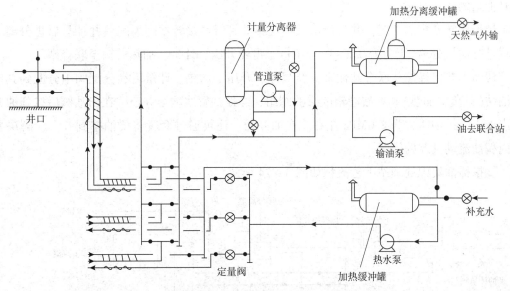

图 3-22　三管伴热集输工艺流程

（3）掺液集输

常用的掺液介质有稀油、活性水和脱出污水，其作用是使稠油降黏和提高稠油输送温度，满足集输过程中的热力条件。

1）稠油掺稀油输送。

稠油掺稀油是利用两种黏度、物性差别较大但相互溶解的原油组分，将其按一定比例互溶在一起，使其具有新的黏度和物性，达到稠油降黏的目的。其工艺流程分以下两种。

①掺稀油计量接转站及掺稀油片站工艺流程如图 3-23 所示。

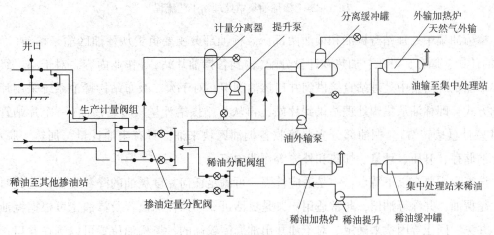

图 3-23　掺稀油计量接转站及掺稀油片站工艺流程

该流程不但具有计量接转站功能，同时还接收集中处理站来的稀油，除向本站管辖油井掺油外，还向其他站供稀油，其他站只设加热炉，不设掺油泵，一般一座片站负责3~4座其他站的稀油供应。

计量接转站集油工艺：井口产出液通过集油管线经接转站阀组间单井计量后进分离缓冲罐进行油气分离(压力为0.2~0.4MPa)，再经升压、计量、加热后输至联合站。

掺油工艺：稀油从联合站输来，经缓冲、升压、加热、计量后经分配阀组分配到其他掺油站(只负责加热)和本站管辖的掺油阀组，经掺油管线输至井口，在出油阀后掺到油井产出液中，掺油压力为2.0MPa左右。在油井处，还可通过套管将稀油掺到井下，解决井筒内稠油流动性差的问题。

②掺稀油集中处理站工艺流程如图3-24所示。

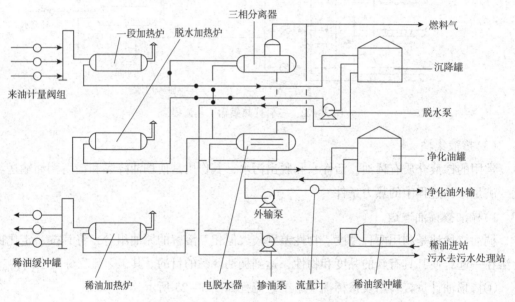

图3-24 掺稀油集中处理站工艺流程

掺稀油集中处理站有稠油和稀油两部分。稀油部分主要负责从稀油区输来稀油(净化油)的计量、储存、升压、加热和计量分配(输到各掺油片站)等作业内容。对于小二级布站掺稀油系统由集中处理站直接供到井口掺油阀组；对于大二级布站掺稀油系统采用片站供油方式，即稀油从集中处理站供到片站，再从片站供给计量接转站掺油(一个片站管辖3~4座计量接转站)。稠油部分主要接收各稠油区块来油，具有来油计量、加热、脱水、净化油储存、升压、计量、加热和外输等作业内容。

该流程主要有以下特点：一是适应性强。可满足任何黏度稠油的降黏集输，尤其对低产、超稠油、井深等油田，非常适用；二是灵活可靠。掺稀油位置及掺油比可根据稠油物性、井深、回压等因素来确定。对于油井出油温度较高的，掺稀油位置可以选在井口；对于稠油物性较差、井口出油温度低、井口回压高的，可采用井下掺的方式；对于吞吐后高温生产期内可暂不掺。井下掺稀油可使稠油油井恢复正常生产，并提高稠油产量；三是降黏效果稳定。根据辽河油田的生产经验,稠油黏度愈高、稀油黏度愈低,其降黏效果愈好;四是掺液量小。掺油比(稠∶稀)一般为1∶0.5~1∶0.7,与掺活性水(掺水比为水∶油=1.8∶1~2∶1)相比,集输液量可减少大约40%,从而减少集输过程中的动力消耗和能量消耗。

2)掺活性水输送。

所谓活性水,就是在水中加有一定比例化学药剂的水溶液。回掺水主要利用集中处理站原油脱出的污水。掺水降黏机理主要是在稠油中掺入一定比例含有活性剂的水溶液,改变液体的润湿界面,使液体的表观黏度大大降低,改善稠油的流动特性。掺活性水集输工艺流程在辽河油田得到普遍应用,工艺流程如图3-25所示。

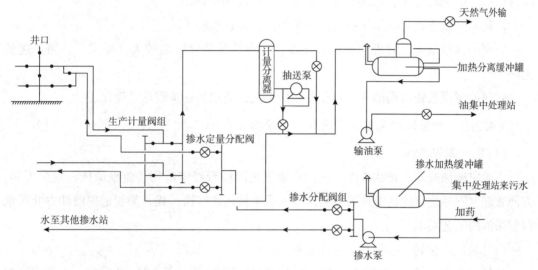

图3-25　掺活性水集输工艺流程

该流程主要有以下特点。

①对于50℃时黏度不大于10000mPa·s和单井产量较低的稠油,掺活性水后黏度均可降到400mPa·s左右。

②回掺水利用集中处理站原油脱出的污水,充分利用水资源。

③建立掺水片站,即联合站来水进片站一次升压,而后由片站分配到其他站及本站管辖井进行掺水,从而减少建站数量。

④辽河油田的一些老稠油区块,黏度在5000mPa·s以下的稠油,回掺水中可不加入化学药剂。

⑤掺水流程掺液量较大,增加集输负荷和动力消耗以及集中处理站液量处理规模。

⑥油水混合有时不均匀,在输送过程中,当流速较低时,易出现油水分层现象,管线易结垢。

3.4.3 新疆油田稠油集输工艺

3.4.3.1 新疆油田稠油开发特点

克拉玛依油田稠油油田开发特点及相关集输系统的要求如下。

1)油藏埋深浅,一般为 280 ~ 350m,最深不超过 500m;井距小,一般为 70 ~ 100m;因井浅不能打丛式井,所以常用直井开发,造成井多且分散;单井产量低,一般为 1 ~ 3t/d。

2)稠油集输要求单独集输、单独炼制,以提高总体效益。

3)稠油黏度和密度变化大,20℃时黏度范围为 1300mPa·s ~ 120000mPa·s;密度范围为 0.92 ~ 0.968g/cm³,低黏度为中质油,高黏度为特稠油。

4)稠油开发方式为前期注蒸汽吞吐采油,后期转汽驱采油。

5)稠油含砂量大,对集输系统、处理设备和油泵特性影响较大,要求井口回压越低越好。

6)地面建设投资占稠油开发总投资的比例大,要求集输流程尽量简化。

3.4.3.2 新疆油田集输流程现状及配套技术

(1)集输流程现状

为适应稠油开发及物性特点,地面集输工艺围绕着经济适用、流程简捷、安全可靠、方便管理、不断优化的技术路线展开,形成了 3 种稠油集输流程,都能适应前期吞吐后期汽驱采油的工艺要求。

1)计量配汽接转站—处理站两级布站工艺流程。

计量配汽站一般为 16 井式,站至井口注汽和采油共用一条 ϕ76×7 管线,工艺安装可满足吞吐和气驱两阶段的热采需要,配汽间蒸汽由多台锅炉的注汽站提供。站区设 2 座 60m³ 储油罐(1 用 1 备),设 2 台单螺杆转油泵(1 用 1 备),平时用转油泵转油,也可用抽油机动力密闭转输至处理站。分井计量用 ϕ800mm 计量分离器,玻璃管液位计计量。该工艺流程的优点是管辖井数适中,井口回压低,抽油泵泵效高,一管多用,节省投资;缺点是不能连续转油,全油区罐多、泵数过多造成处理站进液不均,影响脱水效率,处理罐罐容增大。16 井式计量接转站工艺流程如图 3-26 所示。

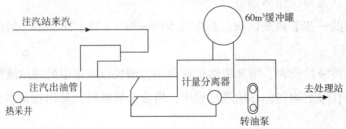

图 3-26 16 井式计量接转站工艺流程

2）计量配汽站 – 接转站 – 处理站三级布站工艺流程。

该流程计量配汽工艺部分与二级布站基本相同，不同点是将 4～5 座站的储罐和转油泵及值班室等生活设施集中组成接转站，值班人员在此值守，其他计量配汽站无人值守，采取巡井制管理。该流程减少储罐和转油泵的数量，可实现连续转油。井口回压不高，适应巡井制管理模式，是对二级布站的优化。三级布站工艺流程如图 3 – 27 所示。

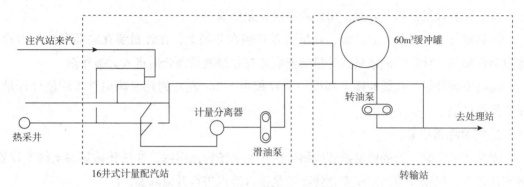

图 3 – 27　三级布站工艺流程

3）集油配汽管汇点 – 中心计量接转站 – 处理站两级半布站工艺流程。

该工艺流程是每座中心站辖 4～5 个集油配汽管汇点，每一集油配汽管汇点辖 9 口井（1 个井组），分井计量，储油缓冲罐及转油功能在中心接转站完成，并设有工人值班室等辅助设施。集油管汇用保温盒保温，配汽管汇采用保温材料保温，采用两套计量装置，计量装置一般安装在储油缓冲罐上。为减少热损失、提高蒸汽干度，在中心站配备 1 台 23t/h 注汽锅炉，2 个中心站的注汽锅炉由管线连通，互为备用。该工艺流程较三级布站工艺流程大大减少高压管线的长度，计量装置减少 30%，装置及安装更加简化，建筑面积减少 60%，更适合巡井制管理。注汽锅炉与中心站合建注汽半径由 2km 以内缩短至 500m 以内，提高了注入蒸汽干度，从而提高了热采效率，是最佳的采油区集输工艺流程。二级半布站工艺流程如图 3 – 28 所示。

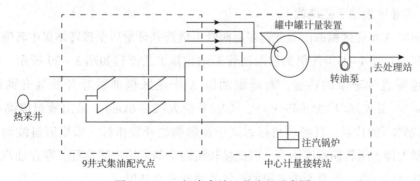

图 3 – 28　二级半布站工艺流程示意图

（2）工艺配套技术

1）分井计量技术。

由于单井产量低，需要计量装置多，为节约建设投资，同时也能满足单井计量要求，稠油计量采用以下方法计量。

①ϕ800mm 计量分离器计量。排油用接转站转油泵或用小排量单螺杆泵转油。

②双容积计量分离器计量。用分离器液位差排油。

③称重计量装置与大罐分装，计量装置安装在井场上，在计量装置底部有加热盘管，通过蒸汽加热，计量后的液量在计量装置底部与井组液量混合后进入大罐外输。

④罐中罐计量。在缓冲罐上部设一个容积为 $1.2m^3$ 左右的计量罐用浮漂液位计计量，手工操作排油。

2）稠油降黏技术。

①掺蒸汽降黏。为确保采油管线回压在转油泵扬程范围内，在接转站集油支线上设置掺蒸汽接头，根据计量站回压变化情况适量掺入蒸汽进行升温降黏。

②对 50℃时黏度大于 10000mPa·s 的高黏稠油，井口注汽和出油共用管线增设一条 DN20~25 的伴热管线；特稠油在进口通过套管掺入井内加热，使抽油杆能自动上下运动；中黏稠油掺入出油管线提高油温度降黏。

3）管线敷设方式。

计量配汽站至井口出油注汽共用管线开发初期为地面低支墩保温敷设，因冬季管线易发生冻堵和影响作业车辆通行后改为埋地保温敷设。集油管线为埋地保温敷设。

4）井场管线热补偿。

热采井口装置会因套管热膨胀发生上升现象，为此，井场管线必须进行热补偿以确保生产安全，克拉玛依油田曾运用过球形补偿器、琴形补偿器及 L 形补偿器等多种补偿方法。实践证明，L 形补偿法最简易，投资最省，可满足热采井口的热补偿要求。

3.4.3.3 新疆油田超稠油密闭集输工艺

（1）A 作业区集输工艺现状

新疆油田 A 作业区稠油由单井到多通阀管汇橇选井计量后至接转站集中转输至原油处理站，接转站管辖 4~5 个计量集油配汽管汇站，其工艺流程如图 3-29 所示。接转站具有越站及越罐直接进泵的功能，而新疆油田 A 作业区稠油吞吐开发具有稠油密度大（0.97g/cm³）、黏度高（12000mPa·s）、集输半径大（2~6km）、采出液温度高（110℃）、携汽量大（25%）的特点，其各项指标远高于普通稠油开发指标。采出液量波动大、温度高、携汽量大使密闭转输难度增大，因此接转站内全部采用进罐流程，存在油汽蒸发损耗大、污染环境的问题，严重影响油田的经济效益和安全环保。

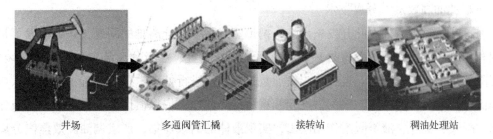

井场　　　　　　多通阀管汇橇　　　　　　接转站　　　　　　稠油处理站

图 3 - 29　新疆油田 A 作业区稠油集输工艺流程

（2）稠油吞吐密闭集输工艺技术

新疆油田 A 作业区通过将接转站开式流程实施密闭改造，实现了"采油井场 - 多通阀集油计量配汽管汇站 - 中型密闭接转站 - 稠油处理站"三级布站密闭集输，单座中型密闭接转站管辖 5 ~ 10 座接转站，已建接转站采用越站流程。密闭接转站采用超稠油蒸汽处理装置、蒸汽喷淋塔、循环泵、油水分离器、空冷器的设备组合，形成了高温采出液密闭转输工艺技术，其中 3 个关键处理单元分别为原油接转单元、蒸汽冷凝单元、伴生气处理单元（见图 3 - 30），并形成了超稠油高效蒸汽分离技术、蒸汽喷淋循环冷却技术、接转工艺过程自动联锁控制技术、LO - CAT 脱硫技术。该组合工艺技术在超稠油采出液集输温度高、携汽量波动大、硫化氢含量高的工况下已运行 15 个月，实现了密闭接转站在线冲排砂，安全平稳运行，自动调节控制及无人值守功能，最大程度回收了蒸汽冷凝水、稀油和伴生气（非甲烷总烃、硫化氢）。

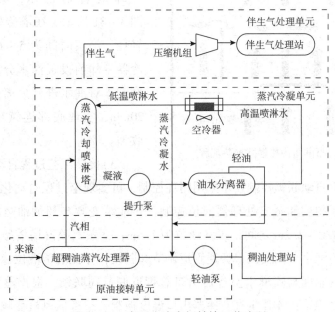

图 3 - 30　高温出液密闭转输工艺流程

1)超稠油高效蒸汽分离技术。

为了有效解决稠油吞吐开发采出液中携带蒸汽量多且分离难的问题，学者研发了带有破泡和分离功能的超稠油蒸汽处理装置，通过入口装置、一级分离装置、二级分离装置、出气除液装置、第一破泡装置和第二破泡装置对流体进行处理，极大改善了采出液入口流速和流向，并利用油、水、气的密度差和重力沉降原理，依靠惯性使气体中挟带的液珠经碰撞、凝聚、沉降、液雾吸附作用脱出，实现液体的高效捕集，形成稠油高效蒸汽分离工艺，防止了涡流和二次雾化的产生。

采出液在超稠油高效油汽分离装置中的分离运行时间在 30min 以内，运行温度控制在 98～107℃。通过超稠油高效蒸汽分离技术，一方面将分离出的液相经转油泵提升增压后经已建集输干线管输至稠油联合站；另一方面将分离出的饱和蒸汽送去蒸汽喷淋塔冷却，从而实现密闭环境下的高效油汽分离和充足时间的液相缓冲，确保硫化氢和高温蒸汽从采出液中分离后再集中到蒸汽冷凝单元统一处理。

2)蒸汽喷淋循环冷却技术。

新疆油田 A 作业区前期对分离出的蒸汽(伴生气)直接采用管壳式换热器或空冷器进行冷却，运行一段时间后，部分凝液附着管束，导致换热效率下降。学者通过研究，研发出直接接触换热方式的蒸汽冷却喷淋塔，并通过循环泵、油水分离器、空冷器设备的组合形成了蒸汽喷淋循环冷却工艺，其中关键设备为冷却喷淋塔和油水分离器。蒸汽(伴生气)与冷却水在蒸汽喷淋塔内逆流接触换热冷却成含油污水，其换热流程如图 3－31 所示。在塔釜处进行集中回收轻烃，停留时间为 5～6min；在进入空冷器冷却前设置油水分离器，利用油水密度差对油水进行分离，分离时间小于 20min，实现底部连续出水，顶部间歇收油。

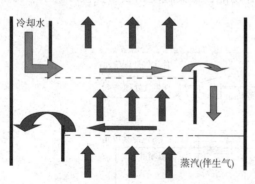

图 3－31 喷淋塔内接触式换热流程

3)接转工艺过程自动联锁控制技术。

接转工艺过程自动联锁控制技术采用闭环控制，可实现全过程自动化生产。主流程控制回路有 4 路：①超稠油蒸汽处理器液位控制。转油泵变频与超稠油蒸汽处理器液位联锁，保证液位在 1.0～2.2m 之间，正常液位为 1.6m；②蒸汽喷淋塔塔釜液位控制。蒸汽喷淋塔塔釜液位与油水分离器出口旁通管道调节阀联锁，保证塔釜液位稳定；③喷淋塔塔釜温度控制。塔釜温度与喷淋水空冷器出口总管道调节阀联锁，根据蒸汽量调节喷淋水量，维持塔釜温度稳定；④伴生气空冷器出口温度控制。空冷器风机变频联锁，自动控制出口温度。事故保障流程控制有 3 路(分离器高液位切断、冷却负荷超量泄放、压缩机超温保护)。

3.5　国外油田稠油集输流程现状

3.5.1　国外稠油集输流程现状

目前，国外常用的稠油集输流程有：加热集输；乳化降黏集输；掺稀释剂（稀油、轻烃、凝析油、柴油、汽油）降黏集输；稠油改质降黏集输；采、集、输、改质、发电一体化集输。平面布局一般有井口→计量站→集中处理站、井口→计量站→集油站→集中处理站两种形式。

3.5.2　国内外稠油集输流程对比

（1）国外稠油集输流程多采用高温（平均温度 140℃）单管集输，自动化管理水平比较高，由于集输温度高，稠油黏度小，可按稀油的方式解决稠油集输问题。国内主要以低温（平均温度 75℃）掺稀油集输为主，流程比较复杂，管理主要以手工操作为主。由于集输温度低，稠油黏度大，因此必须采用各种降黏措施。

（2）国外原油处理过程中稀油一般回收循环利用，而国内一般不对稀油进行回收。

（3）稠油改质降黏、采、集、输一体化集输工艺在国外已是工业化生产成熟的技术之一，而国内尚处于起步阶段。

第4章　油气集输系统工艺计算

目前，我国能源供给形势紧张，而且能源利用率偏低。油田作为产能大户，伴随着开采难度的增加，原油开采、集输的能源消耗逐年上升。因此，面对国际、国内市场的竞争，降低生产成本、提高经济效益是油田企业生存的关键。对稠油集输系统而言，目前面临的主要困难为能耗过高。我国大多数油田为便于稠油处理及防止出现结蜡、凝管等系列问题，大都采用掺水加热方式，为此而增加的附加能耗很多。同时，油田综合含水率的增加还使油田面临着水、电、气等能源紧张的局面，严重地影响着油田的开发生产。

因此，在国家积极开展"碳达峰"和"碳中和"工作的背景下，开展油气集输系统效率的准确计算，对油田节能降耗具有重要意义，可促进油田向清洁型油田过渡转型。

4.1　稠油伴热集输系统效率计算方法

为表征集输系统能量的利用情况，本节提出能量平衡分析模型，用来直观地分析能量去向，并且针对稠油集输的特殊性，阐述相关术语及计算公式，对能量利用效率做初步介绍。

4.1.1　基本原理

稠油伴热集输系统的能量平衡关系遵守热力学第一定律，即能量守恒原理：输入系统的能量 = 有效利用能量 + 各项损失能量，即

$$\sum E_\lambda = \sum E_{有效} + \sum E_{损失} \tag{4-1}$$

式中　$\sum E_\lambda$——外界供给系统的能量之和；

$\sum E_{有效}$——系统有效利用的能量之和；

$\sum E_{损失}$——系统的各项损失能量之和。

此外，系统中物料在传输与转换过程中还应遵守物料平衡方程，即

输入物料 = 输出物料 + 中间损失物料

上述能量平衡方程是建立能量平衡分析模型、能耗分析与效率计算的理论依据。

4.1.2　能量平衡分析模型

稠油伴热集输系统本身可以看作是一个巨大的能量耗散系统，但由于这个系统的构成十分复杂，不便于直接对其进行能量分析与研究，因此可将其分解为若干个子系统，如联合站子系统、转油站子系统、集输管网子系统等，然后分别对各个子系统进行能量分析，最后分析整个稠油伴热集输系统。

对于各子系统的能量分析，可根据各子系统的特点，分别选用黑箱模型、灰箱模型和白箱模型进行计算。

4.1.2.1　联合站子系统能量平衡分析模型

稠油伴热集输流程与掺热水流程相似，热水从供热站通过单独的管道增压后送到计量站，再经阀组分配输送到井口。从井口返回时，热水并不掺入集油管线中，回水管道与集油管线保温在一起，一直伴随到计量站进而到转油站，利用两管之间的换热，达到安全集油的目的。联合站子系统黑箱分析模型如图 4-1 所示。

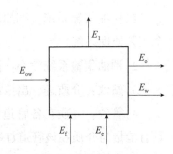

图 4-1　联合站子系统黑箱分析模型

图中：E_{ow} 为来液带入能，E_o 为外输原油带出能，E_w 为污水带出能。以上各项均包括热能和压能，即 $E_i = E_{hi} + E_{pi}$，E_{hi} 为各项的热能，E_{pi} 为各项的压能。E_f 为联合站供给燃料能，E_e 为联合站供给电能，E_1 为联合站总能耗。

由上述黑箱模型得：

供给能量：$E_{sup} = E_f + E_e$

有效能量：$E_{ef} = E_o + E_w - E_{ow}$

系统能损：$E_1 = E_{sup} - E_{ef}$

联合站能量利用率：$\eta_e = E_{ef}/E_{sup} = (E_o + E_w - E_{ow})/(E_f + E_e)$

联合站能损系数：$K_e = E_1/E_{sup}$

4.1.2.2　转油站子系统能量平衡分析模型

转油站子系统黑箱分析模型如图 4-2 所示。

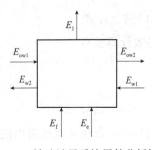

图 4-2　转油站子系统黑箱分析模型

图中：E_{ow1} 为油井来液带入能，E_{ow2} 为外输液带出能，E_{w1} 为循环水带入能，E_{w2} 为循环水带出能。以上各项均包括热能和压能，即 $E_i = E_{hi} + E_{pi}$。E_f 为供给燃料能，E_e 为供给电能，E_1 为系统总能耗。

由上述黑箱模型得：

供给能量：$E_{\text{sup}} = E_{\text{f}} + E_{\text{e}}$

有效能量：$E_{\text{ef}} = E_{\text{ow2}} - E_{\text{ow1}} + E_{\text{w2}} - E_{\text{w1}}$

系统能损：$E_1 = E_{\text{sup}} - E_{\text{ef}}$

转油站能量利用率：$\eta_{\text{e}} = E_{\text{ef}}/E_{\text{sup}} = (E_{\text{ow2}} - E_{\text{ow1}} + E_{\text{w2}} - E_{\text{w1}})/(E_{\text{f}} + E_{\text{e}})$

转油站能损系数：$K_{\text{e}} = E_1/E_{\text{sup}}$

4.1.3　相关术语及计算方法

在进行集输系统的相关计算之前，必须要对相关术语及其相关计算公式有一定了解。

4.1.3.1　相关术语

1）稠油集输系统：稠油从油井产出后，经计量、接转、脱水、稳定、外输到油库的整个工艺处理系统。

2）稠油集输系统效率：被测系统各站站效与其管效乘积的加权平均值。

3）站效：介质进、出该站具有的能量的差值与该站供给介质能量比值的百分数。

4）管效：介质在各管道（外输、掺液、热水伴随、采暖、二段脱水、原油稳定）末端具有能量与介质在该管道首端具有的能量比值的百分数。

5）站的热能利用率：介质进、出该站具有的热能的差值与该站供给介质热能比值的百分数。

6）站的电能利用率：介质进、出该站具有的压力能的差值与该站供给介质电能比值的百分数。

7）稠油集输系统的单耗：被测系统每集输1t液体所消耗的各种能量。

8）外输管道单耗：外输管道每输1t液体1km时所消耗的各种能量。

9）外输管道单位散热：外输管道在输送液体时管道的单位外表面积的平均散热量。

10）加热炉效率：加热炉有效供给能量与总供给能量比值的百分数。

11）机泵系统效率：油水进出泵的压能差值与机泵系统所消耗的电能比值的百分数。

4.1.3.2　计算公式

（1）站效计算

站效计算公式：

$$\eta_s = \left[\frac{(Q_{\text{sa}} - Q'_{\text{sb}})}{Q_{\text{sb}}}\right] \times 100\% \tag{4-2}$$

式中　η_s——站效，%；

　　　Q_{sa}——介质从该站带出的能量（相对于计算参数基准），kJ/h；

　　　Q_{sb}——该站供给介质的能量，kJ/h；

Q'_{sb}——介质带入该站的能量(相对于计算参数基准),kJ/h。

其中
$$Q_{sa} = \sum_{i=1}^{n} G_i C_i t_i \times 10^3 + Q_5 + Q_6 \tag{4-3}$$

式中　G_i——各类站外输油或含水油量、采暖热水量、伴热总水量、掺液总量,t/h;

C_i——对应介质比热容,kJ/(kg·℃);

t_i——各类站外输出站、采暖热水、伴热热水、掺液、稳定炉出口温度,℃;

Q_5——一段、二段脱水炉出口介质具有的热能,kJ/h;

Q_6——站内各类泵出口介质具有的压力能,kJ/h;

n——管道种类数。

(2)管效计算

1)管效计算公式:

$$\eta_1 = \left[\frac{\left(G_i C_i t'_i + G_i \cdot \dfrac{p'_i}{\rho_i} \right)}{\left(G_i C_i t_i + G_i \cdot \dfrac{p_i}{\rho_i} \right)} \right] \times 100\% \tag{4-4}$$

式中　η_1——某类管道管效,%;

t_i——各类站外输出站、采暖热水、伴热热水、掺液、稳定炉出口温度,℃;

t'_i——各类站外输炉进口、采暖回水、伴热回水、油进站汇管(掺液流程)、稳定炉进口、外输管末端度,℃;

p_i——分别是各类站外输泵出口压力、掺液出口汇管压力、伴热出口汇管压力、二段脱水泵出口汇管压力、采暖热水泵出口汇管压力、原油稳定泵出口压力,MPa;

p'_i——分别为各类站外输泵、掺液泵、伴热水泵、采暖热水泵、二段脱水泵、原油稳定泵的进口、外输管末端压力,MPa;

ρ_i——对应液体密度,t/m³。

2)平均管效计算公式:

$$\overline{\eta}_1 = \left[\frac{\sum_{i=1}^{n} \left(G_i C_i t'_i + G_i \cdot \dfrac{p'_i}{\rho_i} \right)}{\sum_{i=1}^{n} \left(G_i C_i t_i + G_i \cdot \dfrac{p_i}{\rho_i} \right)} \right] \times 100\% \tag{4-5}$$

式中　$\overline{\eta}_1$——平均管效,%;

n——被测系统的某类管道总数或总管道数。

(3)稠油集输系统单耗计算

1)稠油集输系统每集输 1t 油燃料气(油)单耗计算公式:

$$M_b = \frac{M_{1b}}{(1-\alpha)} + M_{2b} + M_{3b} \tag{4-6}$$

式中 M_b——被测系统每集输 1t 油所耗燃料气(油)量，$m^3(kg)/t$；

M_{1b}、M_{2b}、M_{3b}——分别是转油站单元、脱水站单元、原油稳定厂单元的燃料气(油)单耗量，$m^3(kg)/t$；

           α——被测各转油站外输含水油的综合含水率，以小数表示。

(4)稠油集输系统综合能耗计算

1)稠油集输系统每集输 1t 油综合能耗计算公式：

$$M = \frac{M_b Q_{DW}^y + M_w R}{R_1} \qquad (4-7)$$

式中 M——被测系统每集输 1t 油标准煤耗量，$m^3(kg)/t$；

    M_w——被测系统每集输 1t 含水油所耗电量，$(kW \cdot h)/t$；

    Q_{DW}^y——某燃料基低位发热值，$kJ/m^3(kg)$；

    R——电能折算系数(当量热值)，$kJ/(kW \cdot h)$；

    R_1——每 1kg 标准煤的热当量值，$R_1 = 29307kJ/kg$。

2)稠油集输系统每集输 1t 含水油综合能耗计算公式：

$$M' = \frac{M_b' Q_{DW}^y + M_w' R}{R_1} \qquad (4-8)$$

式中 M'——被测系统每集输 1t 含水油标准煤耗量，$m^3(kg)/t$；

    M_b'——稠油集输系统每集输 1t 含水油燃料气(油)量，$m^3(kg)/t$；

    M_w'——稠油集输系统每集输 1t 含水油所耗电量，$(kW \cdot h)/t$。

4.2   集输系统水力计算

按输送介质不同，稠油伴热集输系统水力计算可分为一般输液管道(输稀油、稀油与水的混合物、热水或活性水的管道)、输气液混合物管道(输稀油、气、水或稀油、气混合物的管道)和输稠油管道 3 种类型。

4.2.1   一般输油管道水力计算

4.2.1.1   常用的计算公式

管道水力计算中最常用的公式为达西公式，用于计算一般管道的沿程摩阻损失，用下式表示：

$$h = \lambda \cdot \frac{v^2}{2gd} \cdot L \qquad (4-9)$$

式中 h——管道沿程摩阻损失，m(液柱)；

L——管道长度，m；

v——管内介质的平均流速，m/s；

d——管内径，m；

g——重力加速度，m/s^2；

λ——水力摩阻系数，它是雷诺数 Re 和管壁相对粗糙度 ε 的函数。

雷诺数 Re 可以用下式表示：

$$Re = \frac{4}{\pi} \frac{q}{d v} \qquad (4-10)$$

式中　v——输送液体的运动黏度，m^2/s。如果得到的黏度是动力黏度 μ（单位为 Pa·s），
则除以该液体同温度下的密度值得到的就是运动黏度；

　　　q——管道输送的最大液量，m^3/s。

管壁相对粗糙度 ε 用下式表示：

$$\varepsilon = \frac{2e}{d} \qquad (4-11)$$

式中　e——管内壁的绝对粗糙度，m。

雷诺数的大小表征流体在管道内的流动状态，不同流动状态下摩阻系数 λ 的值可用表 4-1 中给出的公式计算。

表 4-1　不同流动状态下摩阻系数 λ 的值

液态		雷诺数范围	摩阻系数 λ 计算公式
层流		$Re \leqslant 2000$	$\lambda = \dfrac{64}{Re}$
过渡区		$2000 < Re < 3000$	$\lambda = \dfrac{0.16}{\sqrt[4]{Re}}$
紊流	水力光滑区	$3000 \leqslant Re \leqslant \dfrac{59.7}{\varepsilon^{8/7}} = Re_1$	$\lambda = \dfrac{0.3164}{\sqrt[4]{Re}}$
	混和摩擦区	$Re_1 < Re \leqslant \dfrac{665 - 765\lg\varepsilon}{\varepsilon} = Re_2$	$\dfrac{1}{\sqrt{\lambda}} = 1.81\lg\left[\dfrac{6.8}{Re} + \left(\dfrac{\varepsilon}{7.4}\right)^{1.11}\right]$
	粗糙区	$Re > \dfrac{665 - 765\lg\varepsilon}{\varepsilon}$	$\lambda = \dfrac{1}{(1.74 - 2\lg\varepsilon)^2}$

为导出不同流动状态下管道沿程摩擦阻力损失的计算公式，将 $\lambda = \dfrac{A}{Re^m}$、$v = \dfrac{4q}{\pi d^2}$、$Re = \dfrac{4q}{\pi d v}$ 带入，整理后得到：

$$h = \beta \cdot \frac{q^{2-m} v^m}{d^{5-m}} L \qquad (4-12)$$

$$\beta = \frac{8A}{4^m \pi^{2-m} g} \qquad (4-13)$$

式中　A、m——与流动状态有关的常数;

　　　β——列宾宗摩阻系数,s^2/m。

不同流动状态下的 A、m、β 值和 h 的计算公式在表 4 - 2 中给出。

表 4 - 2　不同流动状态下的 A、m、β 值和 h 的计算公式

液态	A	m	$\beta/(s^2 \cdot m^{-1})$	h/m(液柱)
层流	64	1	$\dfrac{128}{\pi g} = 4.15$	$h = 4.15 \dfrac{q^v}{d^4} \cdot L$
紊流光滑区	0.3164	0.25	$\dfrac{8A}{4^m \pi^{2-m}} = 0.0246$	$h = 0.0246 \dfrac{q^{1.75} v^{0.25}}{d^{4.75}} \cdot L$
混合区	$A = 10^{0.127 \lg \varepsilon - 0.627}$ $m = 0.123$		$\dfrac{A}{2g}\left(\dfrac{\pi}{4}\right)^{2m} = 0.0802A$	$h = 0.0802A \cdot \dfrac{q^{1.877} v^{0.123}}{d^{4.877}} \cdot L$
粗糙区	λ $\left(\lambda = \dfrac{1}{(1.74 - 2\lg \varepsilon)^2}\right)$	0	$\dfrac{8\lambda}{\pi^2 g} = 0.0286\lambda$	$h = 0.0826\lambda \cdot \dfrac{q^2}{d^5} \cdot L$

4.2.1.2　黏度的确定

黏度的确定通常分为一般原油和乳化原油,相同点在于黏度都是温度的函数,不同点在于乳化原油的黏度还与其含水率等参数相关,以下为相关计算说明。

(1)一般原油黏度的确定

从目前来看,我国各稠油油田集输管道通常采用加热输送的方法。输送过程中,液体沿管道流动时要向周围散热,温度将逐渐降低,到终点时温度最低,通常是以输送液体在整个计算管道内的平均温度来确定黏度。平均温度用下式计算:

$$\bar{t} = \frac{5}{12}t_b + \frac{7}{12}t_t \qquad (4-14)$$

式中　$\bar{t}$——管道内原油的平均温度,℃;

　　　t_b、t_t——该段管道的起、终点温度,℃。

原油在某一温度下的黏度值随原油组成而变化,因此,水力计算时最好用实测的黏度值。如果没有实测值可利用,则可用以下方法确定。

1)查水和液体石油的黏度与温度的关系曲线图。

2)如果在图上查不出相应的原油黏度,可采用下面的公式计算:

$$\lg\lg(v + 0.6) = a - m\lg\bar{t}_{av} \qquad (4-15)$$

式中　v——被输送原油平均温度下的运动黏度,m^2/s;

　　　$\bar{t}_{av}$——原油平均温度,℃;

　　a、m——与原油组成有关的常数,在原油评价中通常要给出这两个常数。

(2)乳化原油黏度的确定

通常油气集输系统所输送的液体都是油水混合物，在开采及输送过程中，油水极易形成乳状液。

1)W/O 型乳状液的黏度确定。油包水型乳状液未转相以前，不同含水率 B 和不同温度 t 下乳状液的黏度计算公式如下：

$$\ln\mu = \bar{a} + \bar{b}\varphi'_W + \bar{c}\Delta t \tag{4-16}$$

式中　μ——乳状液的黏度，$cSt(1cSt = 10^{-6}m^2/s)$；

　　　φ'_W——原油含水率(质量分数)；

　　　$\bar{a}$——原油品质指数。$\bar{a}$ 为 35℃不含水原油黏度的自然对数值，即 $\bar{a} = \ln\mu_{35}$；

　　　$\bar{b}$——原油乳化状态指数；

　　　$\bar{c}$——原油黏温指数；

　　　Δt——为选定基准温度(35℃)与工作温度之差，即 $\Delta t = 35 - t$，℃。

$$\mu = \mu_0(1 + 2.5\varphi_W)\ (\varphi_W \leqslant 0.01 \sim 0.02) \tag{4-17}$$

$$\mu = \mu_0(1 + 2.5\varphi_W + 14.1\varphi_W^2)\ (\varphi_W \leqslant 0.40) \tag{4-18}$$

$$\mu = \mu_0(1 + 2.5\varphi_W + 7.31\varphi_W^2 + 16.2\varphi_W^3)\ (\varphi_W \leqslant 0.40) \tag{4-19}$$

$$\mu = \mu_0\,e^{k\varphi_W}\ (\varphi_W \leqslant 0.50) \tag{4-20}$$

式中　μ——乳状液黏度，mPa·s；

　　　μ_0——相同温度下原油的黏度，mPa·s；

　　　k——乳状液黏度的待定常数，由试验确定，对于 W/O 型乳状液 $k = 3 \sim 5$；

　　　φ_W——含水体积分数。

2)乳状液转相后的黏度计算。转相后的乳状液(O/W 型或 W/O/W 型)黏度用下式计算：

$$\mu = \mu_W e^{K\varphi_i} \tag{4-21}$$

式中　μ——乳状液黏度，cSt；

　　　μ_W——计算温度下的水黏度，cSt；

　　　K——状态指数，$K = 7$；

　　　φ_i——乳状液中，内相介质体积所占总体积的分数；

$$\varphi_i = \varphi_0\left(1 + \frac{\varphi_k}{1 + \varphi_k}\right) \tag{4-22}$$

　　　φ_0——含油体积比分数，$\varphi_0 = 1 - \varphi_W$；

　　　φ_k——内相的临界含水率(体积比)。

应该指出，乳化原油的黏度随含水率的变化而变化。一般情况是当含水率较低时，黏度随含水率的增加而缓慢上升。当含水率上升到一定值(约 40%)以后，黏度随含水率的增加而迅速上升。当含水率达到某一个程度(65% ~ 75%)时，黏度达到最大；当含水率超过这个值以后，含水率再增加，黏度又迅速下降。黏度达到最大值的含水率称之为转相点，也就是说，通过这个点以后，由 W/O 型转变成 O/W 型乳状液。

黏度的大小直接影响管道的沿程摩阻损失。管道直径一定时，黏度增大，在同样的输送量下，沿程摩阻损失增加；如果保持沿程摩阻损失不变，则输送量下降。因此，进行乳化原油输送管道水力计算时，应根据乳化原油含水率值，选择管道原油黏度值。

4.2.1.3　水力计算步骤

一般水力计算应已知输送量和达到终点的压力值。泵的扬程是泵出口条件下的参数值，确定需要的扬程时，应考虑泵出口至管道起点间的摩阻损失。管道的起点一般是站的出口，所以，泵与起点间的摩阻损失即站内的摩阻损失。计算站内的摩阻损失时，还应考虑弯头阀门等管道部件产生的局部阻力损失。

计算局部阻力损失时通常将这些部件折算成当量的直管段长度 L_g，然后加到计算管道的长度中进行计算。当量长度 L_g 用下式计算：

$$L_g = K_i D_i \tag{4-23}$$

式中　K_i——不同管道部件的当量长度系数；

　　　D_i——不同管道部件的内直径，m。

具体计算步骤如下。

1）进行热力计算，确定起终点的液体温度，然后求得平均温度 $\bar{t}_{av}$。

2）求雷诺数，判断流态。若雷诺数 $Re < 2000$，处于层流；若雷诺数 $Re > 2000$，处于紊流。处于紊流时，有可能因温度下降，黏度增加而出现紊流向层流转变的分界点，因此，水力计算应分段进行。分界点的雷诺数 Re_k 约为 2000，将其代入雷诺数计算公式，即可求得分界点的黏度 ν_k 值：

$$\nu_k = \frac{4q}{\pi d Re_k} \approx \frac{4q}{2000\pi d} \tag{4-24}$$

4.2.2　油气水混输管道水力计算

对于管道中复杂的油、气、水三相流动，首先应通过试验测出在管道条件下液相的流变曲线，再根据流变曲线确定液相为牛顿流体还是非牛顿流体，$\tau - \dot{\gamma}$ 为线性关系的是牛顿流体，$\lg\tau - \lg\dot{\gamma}$ 为线性关系是幂律流体或塑性流体。

确定流体的流变类型后，即可分情况对其进行水力计算。

4.2.2.1　牛顿流体水力计算

（1）杜克勒 I 法

1）液相体积流量、气相体积流量和气液混合物的总体积流量计算公式如下：

$$Q_L = Q_o(B_o + V_w) \tag{4-25}$$

$$Q_g = Q_o \cdot \frac{ZP_{st}T}{PT_{st}}(S_p - S_s) \tag{4-26}$$

$$Q = Q_L + Q_g \tag{4-27}$$

式中　V_w——生产水油比；

Q_o——生产的地面脱气原油的体积流量，m^3/s；

B_o——原油体积系数；

Z——天然气的压缩系数；

S_s——溶解气油比；

S_p——生产气油比；

P——气相压力，kPa；

P_{st}——标准压力(绝对)，采用 98.0665kPa；

T——气相温度，K；

T_{st}——标准温度，采用 293.15K；

Q_L——液相体积流量，m^3/s；

Q_g——气相体积流量，m^3/s；

Q——气液混合物的总体积流量，m^3/s。

2) 无滑脱持液率 H'_L 计算公式如下：

$$H'_L = \frac{Q_L}{Q} \tag{4-28}$$

3) 气体密度和液体密度计算公式如下：

$$\rho_g = \frac{\rho_{ng}PT_{st}}{ZP_{st}T} \tag{4-29}$$

$$\rho_L = \frac{\rho_o + S_s\rho_{ng} + V_w\rho_w}{B_o + V_w} \tag{4-30}$$

式中　ρ_o——生产的地面脱气原油密度，kg/m^3；

ρ_{ng}——生产的天然气密度，kg/m^3；

ρ_w——生产水的密度，kg/m^3；

ρ_g——气体密度，kg/m^3；

ρ_L——液体密度，kg/m^3。

4) 气液混合物的平均流速、密度、黏度、雷诺数和无滑脱沿程阻力系数计算公式如下：

$$v = \frac{Q}{A} \tag{4-31}$$

$$\rho = \rho_L H'_L + \rho_g(1 - H'_L) \tag{4-32}$$

$$\mu = \mu_L H'_L + \mu_g(1 - H'_L) \tag{4-33}$$

$$Re = \frac{Dv\rho}{\mu} \qquad (4-34)$$

$$\lambda' = 0.0056 + \frac{0.5}{Re^{0.32}} \qquad (4-35)$$

式中　A——管子的断面积，m^2；

　　　μ_L——液相的黏度，$Pa \cdot s$；

　　　μ_g——气相的黏度，$Pa \cdot s$；

　　　D——管的内径，m；

　　　v——气液混合物的平均流速，m/s；

　　　ρ——气液混合物的密度，kg/m^3；

　　　μ——气液混合物的黏度，$Pa \cdot s$；

　　　Re——气液混合物的雷诺数；

　　　λ'——无滑脱沿程阻力系数。

5)摩阻压力系数计算公式如下：

$$\frac{\Delta P}{\Delta L} = \lambda' \cdot \frac{1}{D} \cdot \frac{v^2}{2} \cdot \rho \qquad (4-36)$$

6)压降计算公式如下：

$$\Delta P = \frac{\Delta P}{\Delta L} \cdot L \qquad (4-37)$$

(2)杜克勒Ⅱ法

杜克勒Ⅱ法较之杜克勒Ⅰ法，有如下改进：

$$\rho = \rho_L \cdot \frac{H_L'^2}{H_L} + \rho_g \cdot \frac{(1-H_L')^2}{1-H_L} \qquad (4-38)$$

式中　H_L——有滑脱时的持液率。

4.2.2.2　非牛顿流体水力计算

(1)流变指数与稠度系数的计算

计算公式如下：

$$n' = \frac{N \sum\limits_{i=1}^{N} \lg \tau_i \lg \dot{\gamma}_i - \sum\limits_{i=1}^{N} \lg \tau_i \sum\limits_{i=1}^{N} \lg \dot{\gamma}_i}{N \sum\limits_{i=1}^{N} (\lg \dot{\gamma}_i)^2 - (\sum\limits_{i=1}^{N} \lg \dot{\gamma}_i)^2} \qquad (4-39)$$

$$\lg k' = \frac{\sum\limits_{i=1}^{N} \lg \tau_i - n' \sum\limits_{i=1}^{N} \lg \dot{\gamma}_i}{N} \qquad (4-40)$$

式中　N——测点数目；

　　　τ——剪切应力，Pa；

$\dot\gamma$——剪切速率，s^{-1}；

n'——流变指数；

k'——稠度系数，$kg \cdot s^{n'}/m^2$。

（2）假塑性流体水力计算

管段沿程摩阻计算公式如下：

$$h = \frac{4k'L}{\rho d}\left(\frac{32q_v}{\pi d^3}\right)^{n'}\left(\frac{3n'+1}{\pi d^3}\right)^{n'} \tag{4-41}$$

式中　h——沿程水力摩阻，m（液柱）；

ρ——输油平均温度下的原油密度，kg/m^3；

q_v——体积流量，m^3/s；

d——管线内径，m；

L——管线长度，m。

沿程压降计算公式如下：

$$\Delta P = \frac{4fLv^2\rho}{2d} \tag{4-42}$$

$$f = \frac{16}{Re} \tag{4-43}$$

$$Re = \frac{v^{2-n'}\left(\frac{4dn'}{3n'+1}\right)^{n'}\rho}{k'8^{n'-1}} \tag{4-44}$$

式中　ΔP——沿程压降，Pa；

f——范宁摩阻系数；

v——流速，m/s。

4.2.2.3　稠油管道水力计算

达西公式或列宾宗公式适用于纯稠油，含水率在30%以下的含水稠油、稠稀混合油及掺破乳剂溶液稠油的输送，误差小于10%。对于掺活性水稠油和掺污水稠油，使用达西等公式的误差极大，主要原因是混合液不均匀、不稳定。

当油水乳状液混合较均匀时，可以按流态分别选择计算公式。大多数油水乳状液是非牛顿流体。当为层流时，可分别用塑性流型（宾汉姆流体）、假塑性流型（假塑流体）和胀流型（膨胀性流体）公式计算。

非牛顿流体乳状液的紊流水力计算方法还不成熟，因此按达西公式计算压降时应通过试验确定摩擦系数。

当乳状液为牛顿流体时，一般将油水两相流动作为单相流动处理，即按牛顿流体的达西公式计算。其中，关键的是确定油水乳状液的黏度。油水乳状液黏度计算比较复杂，国内外都有一些经验公式可参考。比较简便的方法是黏度比法，即

$$乳状液黏度 = 纯油黏度 \times 黏度比$$

黏度比的值由试验求得。油水乳状液一般呈 W/O 型，其混合液黏度随含水率增加而增加。当含水率大于 70% 左右时，混合液转相，形成 O/W 型乳状液，其表观黏度近似于水的黏度值。在求取黏度比试验中，以乳状液的含水率为横坐标，以黏度比（乳状液黏度/纯油黏度）为纵坐标，将试验数据绘成曲线。在工程设计中，此试验曲线即可作为水力计算的基本依据。

乳状液的黏度与许多因素密切相关，不仅取决于油相的馏分组成及物理性质，而且与水相的矿物含量有关，更与油水的混合程度有直接关系。因此，在进行黏度比试验时，必须直接采用所输送的油水乳状液作为试验样品。当所取试验样品的油水混合比例不能满足试验要求时，允许将试验样品中的油和水采用胶体磨法加工成所需的混合比例。

稠油的油气混输管线的沿程水力损失，可采用杜克勒方法计算，也可采用经生产实践证明有效可行的其他半经验理论方法计算。

4.2.2.4 稠油混输管道压降模型

由于油和水之间的密度相差不大，在管流的过程中经常发生能量交换，因此油水两相流的流动状态不断发生变化，这就大大增加了预测油水两相流压降的难度。虽然油水两相流压降预测具有复杂多变性，极难建立准确的预测模型，早期的模型往往是通过室内试验或者现场生产所得到的数据进行回归得到的经验公式，在现场实际运用的过程中存在较大的误差，但是因为油水混输带来的巨大经济效益，世界各国纷纷成立研究中心，不断加大力度研究多相流，如法国的 Bourssen 多相流研究中心、美国 Tulsa 大学多相流研究中心、挪威公司的 Scandpower 多相流研究中心等。

目前，国内外学者在研究油水两相流压降规律时主要针对普通原油，很少研究稠油的压降规律。姚海元等通过研究发现含水率、温度、流型、流速、表面活性剂等因素均对稠油的油水两相流压降存在影响，其中主要的影响因素是流型。宫敬等通过环道试验得到试验数据，建立了稠油的油水两相水平管流的黏度计算经验公式，从而通过测定流速和黏度计算公式预测油水两相流的压降。

稠油与水混输的两相流压降模型研究主要分为 3 类。

（1）分层流压降模型

分层流主要出现在低流速条件下的中、低黏度的油水两相流中，油水两相的分层流与气液分层流类似。油水两相流的相对流动主要有 3 种情况：油相比水相快，两相流速基本相同，水相比油相快。而在气液两相流的分层流动时，气相的流速往往大于液相。另外，油水分层流的相界面也要比气液分层流的要光滑。Hanafizadeh 考虑到油水两相界面的影响，建立了不同倾角下的油水两相流的平衡方程，具体见下式：

$$-A_o\left(\frac{\mathrm{d}p}{\mathrm{d}x}\right) - \tau_o S_o - \tau_i S_i - \rho_o A_o g\sin\beta = 0 \qquad (4-45)$$

$$-A_w\left(\frac{\mathrm{d}p}{\mathrm{d}x}\right) - \tau_w S_w + \tau_i S_i - \rho_w A_w g\sin\beta = 0 \qquad (4-46)$$

式中　τ_o——油相与壁面的剪切应力，Pa；

　　　τ_W——水相与壁面的剪切应力，Pa；

　　　τ_i——界面的剪切应力，Pa；

　　　S_o——油相的湿周，m；

　　　S_w——水相的湿周，m；

　　　S_i——油水界面的湿周，m；

　　　A_o——油相所占的流通面积，m^2；

　　　A_w——水相所占的流通面积，m^2；

　　　ρ_o——油相的密度，kg/m^3；

　　　ρ_w——水相的密度，kg/m^3；

　　　g——重力加速度，m/s^2；

　　　β——管路的倾角，(°)，上倾为正。

　　分层流压降模型假设油水两相分别流动，两相间只存在剪切应力，分别建立油水两相的动量方程，但是该模型简化了油水两相的相间滑差，虽然这样可以用管道入口含水率来代替实时含水率，简化了计算过程，但是许多油水两相流试验表明，当流型为分层流时，两相间存在较大的滑差，所以该模型必定存在一定的误差。

　　(2)分散流压降模型

　　对于分散流型压降计算，通常是将油水两相当作一种均匀的单相流体，对于单相流体，目前已存在计算简单并且相对成熟的压降计算公式，即均相流模型，Hanafizadeh 的分散流压降模型见下式：

$$\frac{\mathrm{d}p}{\mathrm{d}x} = -\frac{f_m \rho v^2}{2d} - \rho g \sin\theta \qquad (4-47)$$

式中　f_m——混合摩擦因子；

　　　ρ——混合液密度，kg/m^3；

　　　v——油水两相混合流速，m/s；

　　　d——管道内径，m；

　　　θ——管道倾角，(°)。

　　但实际情况是，油水分散流的流动情况比单相流要复杂得多，两相流存在相间滑脱、不同的流型对应不同的摩阻系数以及尚未明确的流体性质，这都使得两相流的压降模型要比单相流复杂。所以，均相流模型不适合直接用于分散流的压降计算，在使用均相流模型时，要针对某些参数进行修正。

　　(3)符合幂律流体的压降模型

　　油水混合液在管道内输送时，有时呈现出假塑性流体的特性，因此，可以利用幂律流体的压降计算公式来计算管道摩阻。通过流变仪可以测出比较稳定的油水混合液的 k_m 和 n

的值，然后代入广义雷诺数的计算公式：

$$Re_{MR} = \frac{V^{2-n}D^n\rho}{\frac{k_m}{8}\left(\frac{6n+2}{n}\right)} \qquad (4-48)$$

并根据临界雷诺数判断流态。

层流：

$$h_\tau = \frac{4\,k_m L}{\rho d}\left(\frac{32q_v}{\pi d^3}\right)^n\left(\frac{3n+1}{4n}\right)^n \qquad (4-49)$$

紊流：

Dodge 和 Metzner 公式：

$$h_\tau = 0.0826\lambda_\tau\frac{q_v^2}{d^s} \qquad (4-50)$$

$$\frac{1}{\sqrt{f}} = \frac{4}{n^{0.75}}\lg\left(Re_{MR}f^{1-\frac{n}{2}}\right) - \frac{0.4}{n^{1.2}} \qquad (4-51)$$

$$\lambda_\tau = 4f \qquad (4-52)$$

式中　h_τ——管线沿程水力摩阻，m(液柱)；

　　d——管道内径，m；

　Re_{MR}——流体的雷诺数；

　　n——流变指数；

　k_m——稠度系数；

　　ρ——混合液的平均密度，kg/m³；

　λ_τ——水力摩阻系数；

　　V——流体的流速，m/s；

　q_v——体积流量，m³/s；

　　L——管线长度，m；

　　f——范宁摩阻系数。

由上可知，影响稠油-水两相流压降的因素主要包括稠油黏度、管壁的润湿性、流速、反相、流型的改变以及温度等，稠油黏度计算包括 W/O 型乳状液黏度和 O/W 型乳状液黏度，本书在 1.2 节中已给出相应的计算公式。除此之外，还需要更深入地研究两相流稳定性的影响因素，其中包括液滴的分布、浮力效应、界面自由能效应和动量转移等对其造成的影响。在湍流工况下，管流压降的主要影响因素是管壁粗糙度。大多学者在室内试验时多选用玻璃管道，而现场实际多为钢管，两者的管壁粗糙度相差很大，所以试验所测的压降与现场实际有较大的差异。现阶段对油水两相流的研究仍停留在室内试验阶段，因此，将试验室所得到的结果应用在现场时需要考虑对一些参数进行修正。

4.3　稠油集输系统热力计算

稠油具有高黏易凝的特点，需要对其进行加热降黏处理，稠油伴热集输系统的热力消耗占总能耗的比重很大。因此，稠油伴热集输系统的热力计算显得极为重要。稠油伴热集输系统的热力计算主要包括单根管道内输送介质沿管道长度的温度变化，以决定任意管道长度上输送介质的温度值；管道保温和伴热的计算。

4.3.1　单根管道热力计算

4.3.1.1　管道内输送介质热力计算公式

$$\ln \frac{t_\mathrm{B} - t_\mathrm{e}}{t_\mathrm{t} - t_\mathrm{e}} = \frac{K\pi D}{q_\mathrm{m} C} \cdot L \tag{4-53}$$

式中　t_B、t_t——管道起、终点温度，℃；

$\quad\quad t_\mathrm{e}$——管道周围环境温度，℃，埋地管道取管中心深度处一年内月平均的最低土壤温度；架空管道取管道高度处一年内月平均的最低气温，这些温度最好从当地气象部门的气象资料中查得；

$\quad\quad D$——管道外径，m；

$\quad\quad q_\mathrm{m}$——管道介质的质量流量，kg/s；

$\quad\quad C$——输送介质的比热容，J/(kg·K)；

$$C = \frac{C_\mathrm{o} q_\mathrm{mo} + C_\mathrm{w} q_\mathrm{mw}}{q_\mathrm{mo} + q_\mathrm{mw}} \tag{4-54}$$

q_mo、q_mv——分别为油和水的质量流量，kg/s；

$\quad\quad L$——管段起、终点距离，m；

$\quad\quad K$——表示管内介质向管周围介质传热快慢的系数，称为总传热系数，W/(m²·K)。

4.3.1.2　总传热系数 K 的确定

总传热系数 K 是计算温降的一个重要参数，K 值的理论表达式如下：

$$\frac{1}{KD} = \frac{1}{\alpha_1 d} + \frac{1}{2\lambda_i} \cdot \ln \frac{D_i}{d_i} + \frac{1}{\alpha_2 D} \tag{4-55}$$

式中　α_1——管内介质至管壁的放热系数，亦称为内部放热系数，W/(m²·K)；

d、D——管道的内、外径，m；

d_i、D_i——管道绝缘层、保温层的内、外径，m；

$\quad\quad \lambda_i$——管道绝缘层、保温层的导热系数，W/(m²·K)；

α_2——保温层外壁至周围介质的放热系数，亦称为外部放热系数，$W/(m^2 \cdot K)$；

(1)内部放热系数 α_1 的确定

内部放热系数 α_1 与流体在管道内的流动状态有关，不同流态的 α_1 计算公式如下。

1)层流区($Re \leq 2000$)：

$$\alpha_1 = 0.17 \frac{\lambda_f}{d} Re_f^{0.33} Pr_f^{0.43} Gr_f^{0.1} \left(\frac{Pr_f}{Pr_b}\right)^{0.25} \qquad (4-56)$$

2)紊流区($Re \geq 10000$)：

$$\alpha_1 = 0.021 \frac{\lambda_f}{d} Re_f^{0.8} Pr_f^{0.43} \left(\frac{Pr_f}{Pr_b}\right)^{0.25} \qquad (4-57)$$

3)过渡区($2000 < Re < 10000$)：

$$\alpha_1 = K_0 \cdot \frac{\lambda_f}{d} \cdot Pr_f^{0.43} \left(\frac{Pr_f}{Pr_b}\right)^{0.25} \qquad (4-58)$$

$$\lambda_f = \frac{0.137(1 - 0.54 \times 10^{-3} t_f)}{\rho_f^{15}} \qquad (4-59)$$

$$Re_f = \frac{vd}{\rho} = \frac{4q_v}{\pi d v} \qquad (4-60)$$

$$K_0 = f(Re_f) \qquad (4-61)$$

式中　　Pr——流体物理性质准数，$Pr = \dfrac{vC\rho}{\lambda_f}$；

Gr——自然对流准数，$Gr = \dfrac{d^{\varepsilon} g \beta (t_f - t_b)}{v}$；

d——管道内径，m；

g——重力加速度，$g = 9.81 m/s^2$；

v——定性温度下的流体运动黏度，m^2/s；

C——定性温度下的流体比热容，$J/(kg \cdot K)$；

ρ——定性温度下的流体密度，kg/m^3；

β——定性温度下的流体体积膨胀系数，$\beta = \dfrac{1}{2310 - 6340 d^{20} + 5965 d_4^{20} - t}$，亦可

查得；

λ_f——定性温度下的流体导热系数，原油的导热系数 λ_f 约在 $0.1 \sim 0.16 W/(m^2 \cdot K)$ 之间；

ρ_f^{15}——15℃时的原油密度，kg/m^3；

t_f——油(液)的平均温度，℃；$t_f = \dfrac{t_b + t_t}{2}$；

t_b——管内壁平均温度，℃；

d_4^{20}——20℃时原油的相对密度。

试验证明，在紊流区和过渡区状态下的 α_1 要比在层流区的状态下大得多，因此，在紊流区和过渡区的 $1/\alpha_1$ 很小，对总传热系数 K 的影响可以忽略不计。此时，总传热系数 K 的表达式可简化为：

$$\frac{1}{KD} = \frac{1}{2\lambda_i} \ln \sum \frac{D_i}{d_i} + \frac{1}{\alpha_2 D} \tag{4-62}$$

（2）外部放热系数 α_2 的确定

在油气集输系统的输送管道内，液体的流动状态绝大部分是紊流状态，极少出现层流状态。因此，在热力计算中，确定 K 值将主要使用上式；在该式中关键的参数是与管道周围许多因素有关的 α_2，下面按集输管道可能采用的几种敷设方式介绍确定 α_2 的方法。

1）埋地敷设管道。

当管道的埋设深度（管中心至地表面）小于 2m 时，采用下面的公式计算：

$$\alpha_2 = \frac{2\lambda_s B_i}{D_e(1+\alpha_0 B_i)} \tag{4-63}$$

$$B_i = \frac{\alpha_{ta} C}{\lambda_s} \tag{4-64}$$

$$C = \sqrt{h_0 - \left(\frac{D_e}{2}\right)^2} \tag{4-65}$$

$$\alpha_0 = \ln\left[\frac{2h_0}{D_e} + \sqrt{\left(\frac{2h_0}{D_e}\right)^2 - 1}\right] \tag{4-66}$$

式中　λ_s——土壤的导热系数，$W/(m^2 \cdot K)$；

D_e——与土壤接触的管道外直径，m；

α_{ta}——土壤至地表空气间的放热系数，$W/(m^2 \cdot K)$；

h_0——管道埋深（管中心至地表面），m。

放热系数 α_{ta} 包括对流放热系数 α_{tac} 和辐射放热系数 α_{taR} 两部分。α_{tac} 和 α_{taR} 分别用下式确定：

$$\alpha_{tac} = 11.6 + 7.0\sqrt{v} \tag{4-67}$$

$$\alpha_{taR} = \frac{\varepsilon C_R}{t_s - t_a}\left[\left(\frac{t_s + 273}{100}\right)^4 - \left(\frac{t_a + 273}{100}\right)^4\right] \tag{4-68}$$

式中　$\bar{v}$——地表面的平均风速，m/s；

ε——土壤表面折算黑度；

C_R——辐射系数，可取 $5.7W/(m^2 \cdot h^4)$；

t_s——土壤表面温度，取当地一年中月平均的最低地面温度，℃；

t_a——空气温度，取当地一年中月平均的最低空气温度，℃。

当管道埋设深度大于 2m 时，可采用下面的公式计算 α_2：

$$\alpha_2 = \frac{2\lambda_s}{D_e \ln\left[\frac{2h_0}{D_e} + \sqrt{\left(\frac{2h_0}{D_e}\right)^2 - 1}\right]} \qquad (4-69)$$

从上述公式可以看出，确定出土壤导热系数是计算埋地管道 α_2 的关键。土壤的导热系数与组成土壤固体物质的导热系数、土壤中固体物质颗粒大小的分布、土壤含水率、土壤状态等许多因素有关。用理论计算很难得到准确值，因此推荐采用理论计算与参考类似管道实测值相结合的方法。

2）地面敷设管道。

从管外壁向大气的放热系数 α_2，由对流放热系数 α_{tac} 和辐射放热系数 α_{taR} 两部分组成，即

$$\alpha_2 = \alpha_{tac} + \alpha_{taR} \qquad (4-70)$$

对流放热系数 α_{tac} 按下式计算：

$$\alpha_{tac} = c \cdot \frac{\lambda_a}{D} \cdot Re^n \qquad (4-71)$$

式中　λ_a——大气导热系数，$W/(m^2 \cdot K)$；

　　　Re——雷诺数，$Re = \dfrac{v_a D_e}{v_a}$；

　　　v_a——空气的流动速度，按最冷月平均风速取值，可从各油田所在地的气象条件中查得，m/s；

　　　v_a——空气的运动黏度，m^2/s；

　　　c、n——系数。

辐射放热系数 α_{taR} 按下式计算：

$$\alpha_{taR} = \frac{\left(\frac{t_p + 273}{100}\right)^4 - \left(\frac{t_a + 273}{100}\right)^4}{t_p - t_a} \qquad (4-72)$$

式中　t_p——管外壁平均温度，℃；

　　　t_a——空气温度，取当地一年中月平均的最低空气温度，℃。

α_{taR} 一般仅相当于 α_{tac} 值的 20%～30%，粗略计算可取 $4W/(m^2 \cdot K)$。

在以上计算中需要管外壁温度 t_p，它可根据平衡方程式用试算法求得。

$$(t_f - t_a)K = (t_f - t_p)\frac{1}{\frac{1}{\alpha_i} + \sum_{i=1}^{N}\frac{\delta_i}{\lambda_i}} \qquad (4-73)$$

式中　t_f——管内原油平均温度，℃。

先假定一个 t_p 值，通过相应公式计算出 K、α_1 等值，再将这些值代入验算，如果公式

两边相等或相差不大，即可认为假定的 t_p 是合适的，否则得重新假定。

4.3.1.3　管道温降计算步骤

首先确定 K 值，据管道敷设的方法、管道直径、输送流体的流量等因素，选择确定 K 值的公式，以及确定与 K 值有关的 α_1 和 α_2 的计算公式。计算确定公式中的有关参数值，然后进行相应系数的计算，计算出 K 值，然后进行输送介质的温降计算。

4.3.2　伴热管道热力计算

稠油伴热集输系统主要由输油管道（油管）和伴热水管组成，外面包有一层保温材料，两管和保温层空隙介质为空气。由于输油管道在室外，室外温度全年变化，沿程温降较大，因此油管内壁易结蜡，水管内壁易结垢，结到一定厚度，将影响油品的正常输送。伴热管道物理模型如图 4-3 所示，放热管为伴热水管，吸热管为油管。伴热时，油与水是同向流动，伴热水管放出的热量一部分通过保温层 S_3 散失到大气中，另一部分则传给气体空间。气体空间将得到的热量一部分通过保温层 S_2 散失到大气中，另一部分通过 S_4 传给油品。油品得到的热量一部分用于自身的温升，另一部分通过 S_1 散失到大气中。由以上分析可知，伴热水管中热水放出的热量除去伴热水管、管间空气介质和油管通过保温层散失到大气中的热量，就是油管获得的总传热量。

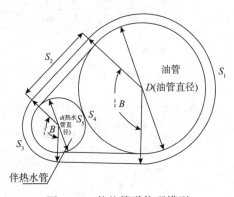

图 4-3　伴热管道物理模型

现取井口为坐标原点，油流方向为坐标轴的正方向建立坐标系，取轴向微元体，油流和水流的温度分布满足以下微分方程组：

油流沿管道的轴向温度分布方程：

$$\frac{W_t \mathrm{d}T}{\mathrm{d}x} = -K_1 S_1 (T - t_f) + K_4 S_4 (T_m - T) \tag{4-74}$$

水流沿管道的轴向温度分布方程：

$$\frac{W_w \mathrm{d}t}{\mathrm{d}x} = K_3 S_3 (t - t_f) + K_5 S_5 (t - T_m) \tag{4-75}$$

油流入口温度 T 所满足的约束方程：

$$x = 0, \quad T = T_p \tag{4-76}$$

水流入口温度 t 所满足的约束方程：

$$x = 0, \quad t = T_w \tag{4-77}$$

式中　W_t——油流的水当量，$W/℃$；

W_w——水流的水当量，$W/℃$

K_1——油管中流体至大气的传热系数，$W/(m^2 \cdot K)$；

K_3——伴随管中热水至大气的传热系数，$W/(m^2 \cdot K)$；

K_4——两管间气体介质至油管中油品的传热系数，$W/(m^2 \cdot K)$；

K_5——伴随管中热水至两管间气体介质的传热系数，$W/(m^2 \cdot K)$；

T_p——伴热前油流的温度，$℃$；

T_w——伴热热水初始温度，$℃$；

T_m——两管之间气体介质的温度，$℃$；

t_f——当地大气年平均温度，$℃$。

各传热系数计算如下：

$$K_1 = \cfrac{1}{\cfrac{\delta_{g1}}{\lambda_{g1}} + \cfrac{1}{\alpha_o} + \cfrac{\delta_{\alpha1}}{\lambda_s} + \cfrac{\delta}{\lambda} + \cfrac{1}{\alpha_2}} \tag{4-78}$$

$$K_2 = \cfrac{1}{\cfrac{1}{\alpha_n} + \cfrac{\delta}{\lambda} + \cfrac{1}{\alpha_2}} \tag{4-79}$$

$$K_3 = \cfrac{1}{\cfrac{\delta_{g2}}{\lambda_{g2}} + \cfrac{1}{\alpha_w} + \cfrac{\delta_{\alpha2}}{\lambda_s} + \cfrac{\delta}{\lambda} + \cfrac{1}{\alpha_2}} \tag{4-80}$$

$$K_4 = \cfrac{1}{\cfrac{1}{\alpha_o} + \cfrac{\delta_{\alpha1}}{\lambda_s} + \cfrac{1}{\alpha_m}} \tag{4-81}$$

$$K_5 = \cfrac{1}{\cfrac{1}{\alpha_w} + \cfrac{\delta_{\alpha2}}{\lambda_s} + \cfrac{1}{\alpha_m}} \tag{4-82}$$

式中　α_w——水流与管内壁的对流换热系数，$W/(m^2 \cdot K)$；

α_n——两管间气体介质与保温层内壁的对流换热系数，$W/(m^2 \cdot K)$；

α_o——油流与管内壁的对流换热系数，$W/(m^2 \cdot K)$；

α_m——两管间气体介质与管外壁对流换热系数，$W/(m^2 \cdot K)$；

α_2——保温层外壁与大气的对流换热系数，$W/(m^2 \cdot K)$；

δ——保温层厚度，m；

λ——钢管的导热系数，$W/(m^2 \cdot K)$；

λ_s——保温材料导热系数，$W/(m^2 \cdot K)$；

λ_{g1}——油管中结蜡的导热系数，$W/(m^2 \cdot K)$；

λ_{g2}——水管中水垢的导热系数，$W/(m^2 \cdot K)$；

$\delta_{\alpha1}$——油管的管壁厚度，m；

$\delta_{\alpha2}$——水管的管壁厚度，m；

δ_{g1}——油管中结蜡的厚度，m；

δ_{g2}——水管中水垢的厚度，m。

4.4　油气集输管网工艺计算

4.4.1　一般问题及有关参数的选择

油气集输管网工艺计算一般是根据油田开发方案和地面工程规划确定的井站布局和各段管线间距以及技术工艺流程的类型，计算管网系统各点的压力，确定各管段管径、温降、所需的加热负荷和加热位置等。设计计算时，需根据油田实际情况及有关设计规范的要求，正确选择有关参数。

(1)油量或液量

集输管网各管段的流量或设计能力，应按油田开发设计提供的单井日产油量或产液量及油气比确定。当需掺入热油或水等液体时，还应计入掺入液量。考虑到油田分期建设的特点，每期工程要求适应期一般为 5~10a，集油管线的设计通过能力至少应适应一个建设期，选择计算油量或液量时要有开发设计预测的单井产液量或含水率(应适应最大产液量或含水率)。当已知油量和含水率时，可用下式计算液量：液量 = 油量 + 油量 × 含水率/(1 - 含水率)。当计算混输压降时(包括计算管线的平均温度)，用最大液量。当按热力计算确定加热负荷时，用油田初期生产时(即最小)液量。

(2)回压

为有利于油和伴生气的集输，减少集输系统动力消耗，应充分利用油井流体的剩余压力能或充分发挥采油机械设备的能力，适当提高回压。合理的回压应是既不影响油井正常生产产量，又能充分利用油井流体剩余能量以增加输送距离。实践证明，自喷井回压与油压的比值不应超过 0.43，而油嘴内流体流速达到音速时回压不影响产量；基本无自喷能力的抽油机井，回压不影响产量。因此，对于自喷井回压一般按工程适应期最低油压的 0.4~0.5 倍确定；对于抽油机井、电动潜油泵井、水力活塞泵井等机械采油井的回压，一般确定为 1~1.5MPa(表压)并尽量高一些。

（3）进站压力

油井产物进入接转站的压力取决于设计油气初级分离压力。对于较早设计的油田，这个压力一般取 0.15MPa，实践证明，该值偏低，使集输半径太小，增加了接转站的设置机会，不利于伴生气的收集。近几年这个压力在逐步提高，有些油田采用"中压流程"，进站的一级分离压力提高到 0.6～1.6MPa，相应井口回压为 1～2MPa，起到了投资少、能耗低的显著效果。

（4）油气物理性质参数

稠油黏度、密度、比热以及伴生气的相对密度、黏度等物性参数均应按管线平均温度选取（当含水时还要计算油水混合液的比热等必需参数）。在进行热力计算时，有关物性参数可按已知条件选用或选 50℃ 时的参数，待算出管线平均温度后再行校正。

有些混输压降公式需要气相对液相的溶解系数、液相的体积系数、液相的压缩系数、液相的表面张力等参数，应由具体油、气的实测值换算为管线压力、温度条件下的参数；缺少实测值时，可参照已有图表近似取值。

4.4.2 单管流程集输管线工艺计算

单井进计量站集中计量的单管流程通常在井口加热，也有在计量站加热而井口至计量站间采用不加热集输的，井口到计量站、计量站到接转站这两段是混输管线。通常将一座计量站与所辖数口井间的井口出油管线和该计量站至接转站间的集油管线视为一个集输管网计算单元进行工艺计算，步骤简述如下。

1）初定各管段管径并根据已知条件计算各管段内油、气流量，气油（液）比等参数。各井口出油管线内流量取决于相应井的产量。集油管线内流量为各出油管线流量之和。

2）从接转站端开始（控制进站温度），逐段计算计量站所需油温、各井井口所需油温、进而计算各管段平均温度$\left(T_{av} = \dfrac{1}{3} T_1 + \dfrac{2}{3} T_2 \right)$。

一般考虑管线沥青绝缘层的限制，井口最高加热温度不超过 70～90℃。上述热力计算结果如超过这个温度，则应调整管径或采取其他措施使其保持在这个限度以内。

各井口所需的加热设备的热负荷 Q 为：

$$Q = (T_{li} - T_{wi}) G_i c \tag{4-83}$$

式中　T_{li}——某井井口需要的加热温度，℃；

　　　T_{wi}——某井产物流出井口温度，℃；

　　　G_i——出油管线内计算油（液）量，kg/s；

　　　c——油（液）在管线平均温度下比热，J/(kg·℃)。

3）按以上计算的各段平均温度，选取所需参数，采用常用的计算公式从接转站端开始计算各段混输压降。

求出各井口保证计算压降必需的压力值与选定的要求回压值比较，如超过要求回压值则应调整管径，直到满足要求。

4.4.3 双管流程集输管网工艺计算

双管掺液流程是用一根管线从井口向集输管线的流体中掺入热水或热油以解决油气集输中的保温问题，其集输管网工艺计算与单管流程的不同点主要在于求算集输管线的平均温度。

确定集输管线中的液量、气液比等参数时，要考虑掺入的液量。掺液量一般由试验确定，也可根据经验取值。井口掺入温度一般为 90~100℃（热水或热油一般由接转站配输到各井口，起输温度不超过 100~110℃）。

掺热后进入出油管线的混合液温度由下式决定：

$$T_{mi}(G_i + G_1)c_m = T_{wi}G_i c_i + T_1 G_1 c_1 \qquad (4-84)$$

式中　T_{mi}——掺液后混合物温度，℃；

　　　　c_m——掺液后混合物比热，J/(kg·℃)；

　G_i、G_1——油井产物、掺液的流量，t/d；

　c_i、c_1——油井产物、掺液的比热，J/(kg·℃)；

　T_{wi}、T_1——油井产物、掺液的温度，℃。

根据井口掺液后的混合温度，按井口至计量站和计量站至接转站两端管线逐段计算终点温度，并分别计算出两段管线的平均温度，然后再分别计算混输压降、确定井口回压。

掺热水或掺热油管线：可按上述计算出所需的井口掺液温度（T_1），由温降公式计算出起点（接转站）供热温度（管径不同也要逐段计算）和管线的平均温度。如需确定掺液动力，则还应计算其水力压降。如果是掺热油管线，可利用列宾宗公式计算水力阻力；如果是掺热水管线，则可用以下方法计算。

1）热水管线水力摩阻损失按下式计算：

$$i = 6.25 \times 10^{-5} \frac{G^2}{DN^{-5}} \cdot \lambda \qquad (4-85)$$

式中　i——水力坡降，m/km；

　G——热水流量，t/d；

　DN——管线公称直径，根据有关资料取值。

2）在已知要求的来流情况下，可按下式计算管线公称直径：

$$DN = 0.0188 \sqrt{\frac{Q}{v}} \qquad (4-86)$$

式中　Q——热水体积流量，m³/h；

　v——热水在管线内流速，m/s，供热水管线可取 2~2.5。

4.4.4 三管流程集输管网工艺计算

三管流程是用一根管线由接转站(供热站)供热水至计量站,热水通过分配阀组分配到各井口,其回水管线与集输管线包在一起对集输油气伴随保温。

这种流程集输管网计算的关键也是计算集输管线的平均温度,计算步骤如下。

(1)初步确定各段供热水管线、保温回水管线中的热水量

一般根据经验按 $1.5 \sim 2t/(km \cdot h)$ 或 $1.2 \sim 1.5t/h$ 来确定。计量站至接转站间管线保温热水量为计量站所辖井口出油管线保温水量之和。

回水伴热管径也应随集输管线一起初步选定。

(2)计算供水管线各段水温

利用舒霍夫温降公式,以接转站(供热站)为起点,逐段求末点温度至井口。热水出接转站(供热站)温度一般为 $90 \sim 100℃$。热水管总传热系数 K 值根据管径和保温等情况选取。

(3)求伴热管(回水)温度

先计算井口至计量站段。

1)求出油管平均温度 T_{1av},近似地有:

$$T_{1av} = \frac{1}{3}T_2 + \frac{2}{3}T_w \qquad (4-87)$$

式中 T_2——油气进计量站温度,℃,为便于计量,一般取值为油气进接转站时一样(大多数取为 $30 \sim 55℃$);

T_w——井口出油温度,℃。

2)计算出油管吸热量 Q_{c1}:

$$Q_{c1} = (T_{1av} - T_w)G_1 c \qquad (4-88)$$

式中 G_1——井口产物的流量,t/d;

c——井口产物的比热,J/(kg·℃)。

计算出油管线散热量 Q_{sc1}。根据双管管组伴热输送热力计算方法,近似计算公式为:

$$Q_{sc1} = K_1(2.57D_1 + 1.57\delta)L_1(T_{1av} - T_0) \qquad (4-89)$$

式中 D_1、L_1、K_1——出油管外径、长度、总传热系数;

δ——保温层厚度;

T_0——环境地温,℃。

3)求出油管与伴热管间散热温差 ΔT:

$$\Delta T = \frac{Q_{c1} + Q_{sc1}}{K_{cw}F_{21}} \qquad (4-90)$$

式中　K_{cw}——伴热管对油管的总传热系数，根据有关实测数据，可取为 11.6W/(m²·℃)；

　　　F_{21}——传热面积，可按下式简化计算：

$$F_{21} \approx D_1\left(1 - \frac{D_1 - D_{w1}}{D_1 + D_{w1}}\right)L_1 \tag{4-91}$$

或

$$F_{21} \approx D_{w1}\left(1 + \frac{D_1 - D_{w1}}{D_1 + D_{w1}}\right)L_1 \tag{4-92}$$

式中　D_{w1}——伴热管外径。

4）求伴热管温度。伴热管在井口的温度可由步骤1）求出，按下列换热温差公式通过试算可求出伴热管在计量站处的温度 ΔT：

$$\Delta T = \frac{(T_{w1} - T_w) - (T - T_2)}{\ln\dfrac{T_{w1} - T_w}{T - T_2}} \tag{4-93}$$

式中　ΔT——出油管与伴热管之间的散热温差，其值可由步骤3）求出；

　　　T_{w1}——伴热管在井口的温度，℃。

按以上步骤逐一求出各井出油管线保温伴热管线的温度，进而求出各井出油管线保温伴热管在计量站汇接时的平均水温。

用与上述基本相同的方法可进一步求出计量站至接转站回水伴热管线的温度（进接转站或供热站的回水温度），但应注意，这段集输管线可保持温度不变，即吸热量为零。

为了减少热耗和提高热效率，进接转站（供热站）的回水温度不能过高也不能过低，根据经验一般控制在50~60℃。因此，当以上计算出的回水温度超出这个范围时，应通过调整循环热水量、改变部分管径等措施，重复上述计算，直至求出的回水温度在正常的范围。

根据以上步骤确定的集输管线各段平均温度，就可求算其混输压降。

第5章　稠油计量技术

由于稠油具有黏度高、流动性差、油水混合乳化严重等特点，因此稠油的准确计量是一大难题，准确计量对于储量评估及后期制订稠油处理方案有着至关重要的作用。常规的稠油计量需要解决两个关键问题：其一，在稠油产量低的情况下，其在分离器内滞留时间较长，导致温降大，从而影响分离效率；其二，稠油加热之后，极易产生泡沫，严重影响其计量精度。

常见的传统计量方式为分离计量，要求分离器的分离效果较好。近年来以在线计量为代表的具有较高自动化水平的计量方式得到快速发展，已经逐渐应用于各种稠油的计量中，本章主要介绍适合稠油计量的相关技术。

5.1　稠油油井产量计量技术

目前，我国各油田现用的稠油计量技术主要有玻璃管量油、液位自动量油、翻斗式称重量油和示功图量油。其中，玻璃管量油、液位自动量油和翻斗式称重量油属于两相分离式计量技术，是采用计量分离器将采出液分离为气、液两相，利用玻璃管液位计、翻斗等装置计量产液量，人工取样检测采出液的含水率，从而计算得出原油的产量。示功图法量油是一种软件量油技术，通过安装在现场的传感器采集数据，利用软件进行计算，具有较高的自动化水平，大庆外围油田和长庆、大港、吉林等油田已经应用此技术。

5.1.1　分离器玻璃管计量

油井单井计量技术主要是以传统的计量站玻璃管量油为主，就是在油井相对集中区域进行计量站的布设，单井通过生产流程进计量站，再利用 U 形管原理通过立式两相分离器在计量站内进行单井量油，其结构原理如图 5 - 1 所示。

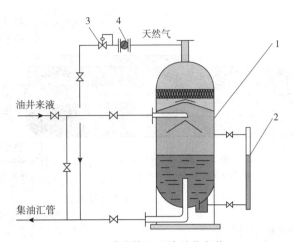

图 5 - 1　玻璃管量油计量分离装置

1—立式两相分离器；2—玻璃管液位计；3—自力式差压调节阀；4—天然气流量计

这种计量技术相对较为传统，近年来没有太大的改进，再加上地面配套建设投资相对较大，操作程序较为复杂，难以达到油井连续计量的效果，采用间歇量油方式来折算产量，对原油计量系统造成 10% ~20% 的误差。如果继续采用传统的计量技术进行稠油计量工作，对于目前含水率较高、伴生气少的油井以及低液量、间歇出油的油井，已无法达到规范所要求的计量精度，甚至无法正常进行原油的计量工作。

5.1.2　双分离器玻璃管计量

对于油井伴生气比较少，使用计量站单台分离器计量存在油井产液量计量效率偏低，以及液面控制难等问题，在传统计量分离器基础上并联第二台分离器，油井计量时，保持其中一台分离器始终在进行来液计量，另外一台分离器利用已经存在的气体压力对进液分离器做好液面排空工作，然后完成了一次计量。而在进行再次计量之时则可以由第二台分离器进液，第一台分离器作为"气体储罐"给第二台分离器排液进行使用。此技术在计量过程中存在一部分油井计量误差比较大的缺陷。

5.1.3　三相分离计量

三相分离计量技术通常采用卧式三相分离器，装置如图 5 - 2 所示，是将油田采出液中的油、气和水三相进行分离，然后分别计量，分离后原油的含水率一般低于 30%。因此，该技术受含水率的影响不大；但三相分离计量存在技术复杂、占地面积大、投资高、操作繁琐、维修费用高，而且大量游离水携带油滴导致原油计量误差增大，目前应用规模较小。

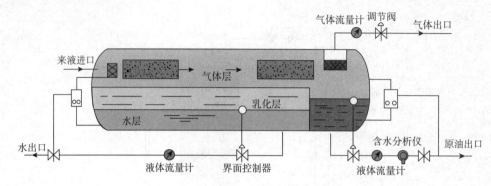

图 5-2 卧式三相分离计量装置

5.1.4 刮板流量计计量

刮板流量计是一种容积式流量计量仪表,由转子、刮板、内壳体和上盖板、下盖板组成计量腔。当被测流体进入流量计后,推动刮板并带动转子转动。在流量计中心有一块固定不动的凸轮,当转子与刮板一起转动时,由于刮板上面的滚子与凸轮接触,因此刮板便产生伸缩动作,并与壳体和转子、上盖板等形成一个容积固定的计量腔体,流体不断经过计量腔体被送到流量计出口。可见,转子旋转一周就产生 6 次计量腔,所以转子的转速与被测流体量成正比,且转子的转速经密封联轴器及传动系统传给计数器,直接指示出流经流量计的流体总量。刮板流量计结构如图 5-3 所示。

5.1.5 示功图法计量

示功图法计量技术主要是通过建立油井有杆泵抽油系统的波动方程,从而对给定系统在不同井口示功图激励下的泵功图响应做出计算,然后进行泵功图定量分析,建立数据模型,通过对比分析,确定泵的有效冲程、充满系数、气体影响程度等参数,计算出泵的排量,进而折算出油井井口的有效排量。图 5-4 为便携式示功图量油系统。

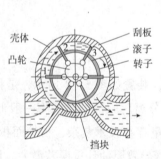

图 5-3 刮板流量计结构

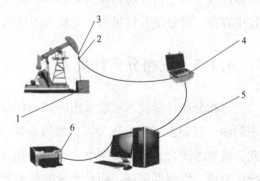

图 5-4 便携式示功图量油系统
1—油井;2—载荷传感器;3—位移传感器;
4—便携式功图量液仪;5—计算机;6—打印机

示功图法计量技术为油田数字化建设奠定了基础。目前，油田企业为了提高工作效率和石油产量采用了一系列数字化操作，示功图法计量技术就是利用油井的生产数据，并对油井悬点示功图数据加以分析，进行油井产液量计算的远程连续计量技术。在抽油机井生产过程中，油井的状态诊断主要通过不断监测抽油机悬点载荷与悬点位移来实现，即在抽油机悬绳器上安装载荷传感器来监测悬点荷载，在抽油机游梁上安装角位移传感器来监测悬点位移，而这些实时的监测数据则通过信息技术传输到油田的数据中心，数据的传输是不间断的，这就为连续计量提供了数据基础。

示功图法计量的误差约为 10%，能够满足油井计量要求，结合示功图远传技术，可以实现连续计量、实时监测和自动化控制。示功图法计量技术实现了油井计量从站内到井口的转移，对单井计量具有针对性，同时降低了油田企业对计量方面的投入成本，具有良好的经济效益和推广应用前景。

5.1.6　全自动翻斗式称重计量

全自动翻斗式称重计量技术是在传统的油井计量站分离器玻璃管量油基础上，把普通油井计量分离器更换为翻斗量油装置，从而达到油井称重计量的要求，并通过两个量油料斗轮流翻转称重的方式实时在线计量油井原油的产量，消除油气分离效果差、稠油沾黏性带来的计量误差。

图 5-5　全自动称重式计量在胜利油田石油开发中心胜海管理区的应用

胜利油田石油开发中心所管辖区块多为稠油、特稠油，50℃ 地面脱气稠油黏度为（1～16）$\times 10^4$ mPa·s，最高达 4.96×10^5 mPa·s，地面稠油密度为 0.9525～0.9924g/cm³，最高为 1.0443g/cm³，计量分离异常困难。为了实现稠油的准确计量，王玉江等引进了该全自动称重式计量装置，如图 5-5 所示。

5.1.6.1　系统结构组成

（1）硬件组成

翻斗式称重计量装置主要由罐体、多通阀、计量翻斗、各种传感设备、可编辑逻辑控制器（PLC）以及计算机等控制系统组成，如图 5-6 所示。通过多通阀将被测油井的稠油经分离器倒入计量罐，利用产量算法即可得到累计流量，再换算成产量。电气系统以 S7200 为核心，采用称重传感器、位置传感器、液位计、温度传感器等记录过程量。

11 口单井集油管线与多通阀相连，计量时将其中一口单井的稠油倒入计量罐，稠油从罐体的顶部进入，经分离器分离并翻斗称重，算出该口油井的产液量。

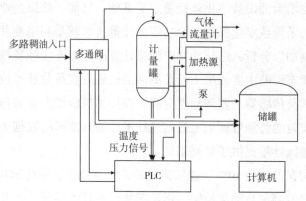

图 5 - 6　翻斗式称重计量装置组成

（2）软件组成

软件分为两部分，一部分是供现场操作人员使用的计算机应用软件；另一部分是预制于 PLC 内统一协调指挥各电子元件工作的控制软件。进入计算机系统后启动监控软件与称重式计量器构成了一套完整的称重式油井计量监控系统，具有实时状态显示、油井计量自动与手动切换、启动和停止测量、历史记录查询等功能。

5.1.6.2　工作原理

分离器内部设计了内置称重传感器与翻斗计量桶，通过分离器上嵌入式电动多通阀体，进行自动选井计量。工作原理为：位置传感器检测翻斗的状态，在翻斗翻转的瞬间，称重传感器将翻转的重量信号传入计算机，根据这一数值，就可以知道翻斗的接油量与残液量，再与流量系数配合即可算出产液量。分布器的作用是减小原油的冲击，并且使稠油按照设计的位置进入翻斗。单井计量阀组工艺和倒井计量操作与传统玻璃管量油计量相同。

另外，为了解过程生产数据需要，在分离器和装置管线上，分别加装了液位计、温度传感器、压力变送器，以上这些现场一次仪表信号进控制箱，控制箱由 PLC 及相应的模块组成，通过 PLC 系统组态成型的数学模型和控制软件，实现油井自动化计量。

当在计算机程序指定一口油井进行计量时，计算机通过 PLC 将对自动选井阀发出指令，选井阀开始工作。当找到目的井后打开其对应的井口管线进入计量状态，反馈寻址成功信号，这时 PLC 便开始指导称重系统传感设备同时计量油井产量，PLC 将计量结果传送给计算机。确认该井计量完成后，再给选井阀指令到下一口油井，循环完成自动计量工作。

5.1.6.3　技术特点

油井自动化计量技术是对平台集输技术的进一步完善，使得平台集输过程中的单井计量技术有了质的飞跃。直接采用称重的测量方式，不仅提高了计量精度，而且其自动化程度高，真正实现了无人值守管理，是石油行业地面计量与集输模式的一种新突破；同时为节省投资、降低劳动强度和提高劳动生产率提供了可靠保障。该技术突出的技术创新点和优势如下。

1）自动计量。采用的是称重式计量，不受原油黏度、密度、油气比的影响，可实现油井产液量的精确计量，误差在 ±2.3% 以内。解决了稠油油井计量准确性低、甚至无法计量的问题，为地质工作者提供准确的单井数据。

2）称重计量直接得到的是产液质量，这与油田的常规结算方式正好统一，减少换算工作，质量与温度无关，体积与温度相关。

3）由于是密闭容器，在线计量不需要检尺，不需要排污，没有排气口，可伴热、保温，减少了热量损失，节省了大量的能源，环保、节能。

4）无气体排入大气，减少 H_2S 中毒事故，避免火灾，安全性好。

5）可以实现24h自动切换计量，可以手动设置量油时间，每天每口油井至少量油2次以上。

6）适应能力强，可以适用于一般的油田野外环境，使用温度范围为 $-45 \sim 55℃$。整套计量装置成一体连接，工艺简单，占地面积小，一般不超过 $2.0m \times 2.0m$，方便现场使用。

5.1.6.4　胜利油田的应用情况

在对该技术充分考察论证的基础上，2014年11月石油开发中心在乐安油田草104区块草104-1、104-2、104-3计量站分别安装了全自动称重式计量装置。由于3个计量站都为丛式井组，油井距离计量装置最远50m，因此不需要再加热，只需在值班室设置好计量的顺序与计量时间，计算机即可指挥计量装置完成所有油井的计量，实现瞬时计量，换算成小时、班、日产量，并自动存储起来，值班工人只需定时查看一下计量的数据即可，大大减轻了工人的劳动强度。由于随意设置计量时间，因此可以对低产井设置较长的计量时间，从而实现计量的准确性。另外，在胜利油田石油开发中心草桥稠油区块也应用了全自动计量器，解决了平台井的计量问题。

5.2　稠油多相流量计计量

传统计量使用的三相分离器由于其体积和质量比较大，且具有较大的压损，同时分离效率直接决定测量的精度，特别是在稠油计量中，稠油的高黏特性使其很难通过密度差进行重力分离；另外，原油中的部分溶解气被乳状液束缚，不能自由脱出，以气态存在于乳状液中导致传统的分离器不能准确对稠油进行计量，从而无法实现对稠油油田的科学管理和产能配置。

而多相流量计不需要进行流体的分离，可以在线动态实时计量，避免了稠油分离困难导致无法准确计量的问题，下面介绍相关的多相流量计及现场试验应用情况。

5.2.1 实时在线含水率仪

5.2.1.1 测量原理

实时在线含水率仪（见图 5-7）采用高频微波传感技术，可实现含水率从 0%~100% 的全量程测量。其测量原理是利用不同介质下微波传播过程的差异性，通过测量微波信号在原油混合液中跟随传输线周围介质介电常数变化引起传播速度的变化，根据特定含水率模型计算出原油含水率；同时，通过测量微波信号的幅值衰减对原油地层水的矿化度进行识别和修正，消除矿化度影响，保证含水率精度。该设备部分技术指标见表 5-1。

图 5-7 实时在线含水率仪

表 5-1 在线含水率仪部分技术指标

项目		技术指标
含水率测量范围		0~100%
含气率应用范围		0~70%
含水率测量误差	0%~40%	±2%
	40%~70%	±3%
	70%~90%	±2%
	90%~100%	±1%
全量程		±3%
分辨率		0.01%
流量范围		10~1000t/d
介质温度范围		10~85℃
工作温度		-40~85℃
工作压力		0~4MPa 或 0~10MPa
压力损失		<30kPa
工作电压		220V AC/24V DC
额定功率		<3W
输出信号		4~20mA；RS485；以太网
安装方式		水平或垂直管段
防护等级		IP65
防爆等级		Ex d[ia Ga] IIB T6 Gb
通信协议		4~20mA、Modbus485

5.2.1.2　技术特点

1）最高 1s/帧的瞬时含水率测量，能及时反映油田动态生产的瞬时变化，并对温度异常、含水率突变等异常情况进行及时报警。

2）提供分钟、小时、日平均等多种时间尺度含水率数据，监测油井动态生产过程中含水率长期趋势变化。

3）解决特稠油流动性差，油水混合不均匀，抽样化验无法准确代表油井含水率变化等客观问题。

4）满足特稠油生产过程中的在线含水率测量需要，为油田生产提供实时、准确的含水率参数。

5）解决油田数字化含水率关键参数的自动测取，为油田生产管理提供可靠依据，促进稠油开采的提质增效。

6）取代人工化验取样，配套示功图，全面实现井口参数一体化。

7）与其他在线测量技术相比，具有测量精度高，全量程，传感器与待测物接触面积小，不易受敷油、积蜡影响，以及可对地层水中的矿化度进行测量等优点（见表 5-2）。

表 5-2　在线含水率测量技术对比

技术原理	测量范围/%	测量精度	结垢影响	矿化度影响	成本
阻抗法	40~90	低	失效	大	低
电容法	0~40	低	失效	大	低
放射性法	0~100	高	有影响	小	高
微波法	0~100	高	影响小	小	中

我国油田建设正朝向"一体化、协同化、实时化、可视化"的智慧油田发展。含水率可视化实时测量技术不但能够帮助作业者更好地分析井况，优化管理调配，降本增效，也是"油气生产物联网"的关键计量装备，更是助力 2035 年数字化中国建设，实现无人化、智能化生产的核心装备，其应用场景如图 5-8 所示。

5.2.1.3　胜利区块测试及应用情况

（1）测试范围

选取胜利油田石油开发中心胜凯作业区下辖具有代表性的 WZZ411-P57 井进行测试，该井稠油具有黏度高、矿化度高、介质温度高、产量较低等特点。按照中国稠油分类标准属于 10000~50000mPa·s 的特稠油范围，该测试井的采出液情况见表 5-3。

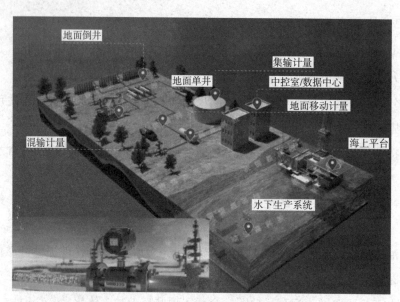

图 5-8   井口含水率可视化测量技术应用场景

表 5-3   测试井历史信息

井号	黏度/(mPa·s)	密度/(g·cm⁻³)	矿化度/(mg⁻¹)	日产液量/t	温度/℃
WZZ411-P57	38955	0.985	13647.11	24.9	83

（2）测试内容

从 2020 年 12 月 25 日—2021 年 1 月 1 日，每天早、中、晚固定时间段各取 1 个样品送至化验室，通过蒸馏法测得样品含水率。测试中含水率比对标准如下：

1）从设备取样口对待测井取样，记录井号、开始取样时间、结束取样时间，时间记录至分钟，每天每口井取样 3 次。

2）采油厂化验室对上述样品通过蒸馏法测量，作为每次含水率的标准值。

3）为了减少取样时长不一致、记录时间不严格所带来的误差，取每天 3 次含水率标准值的平均值作为每日样品的含水率标准值。

4）每日 3 次取样时间内的实时在线含水率仪输出含水率的平均值，作为每日测量值。

5）将每日测量值与每日标准值进行对比，通过公式计算出每日含水率绝对误差。

（3）测试结果

对 WZZ411-P57 井进行了为期 8d 的抽样测试，表 5-4 为测试期间含水率测量精度的比对情况，每日绝对误差最大值为 3.3%，最小值为 0.5%，测试期间含水率平均误差为 1.8%，测试结果满足油田生产要求。

表 5－4　WZZ411-P57 井含水率精度比对情况

测试日期	每日标准值/%	每日测量值/%	含水率绝对误差/%	测试期间含水率平均误差/%
2020 年 12 月 25 日	81	83.4	2.4	
2020 年 12 月 26 日	88.4	87.1	1.3	
2020 年 12 月 27 日	82.3	84.1	1.8	
2020 年 12 月 28 日	85.4	85.9	0.5	1.8
2020 年 12 月 29 日	87.9	85.9	2.0	
2020 年 12 月 30 日	87	88.4	1.4	
2020 年 12 月 31 日	84.2	87.5	3.3	
2021 年 1 月 1 日	86.6	88.2	1.6	

（4）测试总结

1）实时在线含水率仪在特稠油工况下测试成功。

试验验证了在黏度接近 40000mPa·s 时实时在线含水率仪测量特稠油含水率的精度和可靠性，测试期间含水率平均误差为 1.8%，每日绝对误差最大值为 3.3%，最小值为 0.5%，测量平均值与标准平均值结果吻合程度高，满足特稠油生产过程中的在线含水率测量需要，可为油田生产提供实时、准确的含水率参数。

2）解决油田数字化含水率关键参数的自动测取。

实时在线含水率仪支持 RS485、TCP/IP、4G、4~20mA 等多种标准通信方式，可以方便地和油田物联网、数字化建设融合，为特稠油井生产全过程的实时监控、精准调控、高效开采提供准确的生产数据参数。

5.2.2　海默多相流量计

5.2.2.1　海默多相流量计测量原理

海默多相流量计主要由文丘里流量计、单能伽马传感器、双能伽马传感器、液体在线取样器、气体在线取样器以及压力变送器、温度变送器等辅助仪表和数据处理系统组成。文丘里流量计测量多相流的总体积流量；单能伽马传感器测量多相流的体积含气率；双能伽马传感器测量液相的工况体积含水率，根据油气水每一相组分占有的截面相分率可以得到每一相的工况流量；流型调整器为含水率测量提供混合均匀的、有代表性的样液，保证含水测量精度；测量得到含气率和液相含水率也被用来计算多相流的混合密度及油气水三相在线混合黏度值，从而实现文丘里流出系数 C 的在线实时计算，并对气液滑差进行在线修正，消除滑差对气量测量的影响。通过温度和压力的测量实现 PVT 参数的在线实时计算，而软件自动嵌入的 PVT 参数模型将工况下总液量、总气量、油量转换到标况下总液量、总气量、纯油量。

（1）文丘里流量计

文丘里流量计已在石油计量中取得了广泛应用，海默多相流量计总流量的测量也使用该方法，计量算法中考虑了黏度、雷诺数对文丘里流出系数的影响并实现了在线实时计算。

文丘里流量计常用来计量高雷诺数的流动，方程式为：

$$Q_V = KCEd^2 \sqrt{\frac{\Delta P}{\rho_{mix}}} \qquad (5-1)$$

式中　Q_V——工况下体积流量，m^3/h；

　　　K——常数；

　　　C——流出系数，与雷诺数和黏度相关；

　　　E——速度渐进系数；

　　　d——节流元件内径，mm；

　　ρ_{mix}——工况下流体的混合密度；

　　ΔP——在线测量压差，Pa。

对于稠油计量，由于稠油密度高，黏度大，管流雷诺数低，需考虑文丘里流出系数 C 进行在线实时计算，因此需要在线获取混合流体的黏度。通过相关计算可以在线获得混合流体的黏度，通过图 5–9 可得到文丘里流出系数 C，进而使用上式可求得混合流体的总体积流量。

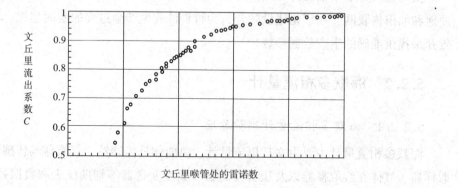

图 5–9　雷诺数与文丘里流出系数 C 关系图

（2）伽马相分率测量原理

介质相分率根据 γ 射线衰减的原理，通过单能伽马传感器、双能伽马传感器进行测量。图 5–10 是 γ 射线穿过油、气、水三相介质时的示意图，图中的容器中装有油、气、和水 3 种介质，它们处在互相分离的状态。在容器的底部有一个 γ 射线源，在上部有一个射线探测器。γ 射线自下而上穿过 3 层介质后被探测器探测到。可以证明，3 种介质在分离状态和在完全均匀混合状态，对 γ 射线的吸收效果是完全一样的。图中容器的总高度为 D，水层的高度为 X_w，油层的高度为 X_0，液层高度 $X = X_w + X_0$。容器的形状是正柱体，所以各介质的高度比即它们之间的体积比。

海默多相流量计利用 Am241 源的单能 γ 传感器主要用作含气率(GVF)的测量。Am241 源的特性如下，衰变类型为 α 衰变，半衰期为 432.2 年，主要 γ 射线能量为 59.5keV。而双能 γ 传感器使用两颗 Am241 源，用来测量三相流体的含水率，它是利用一双能 γ 束(其中包含能量不同的两种 γ 光子，其 γ 射线能量分别为 59.5keV，22.5keV)穿过被测介质，然后分别测量两种能量光子的强度，可以计算出流体内部各个组分之间的比例关系，从而测量出油、气、水的产量。

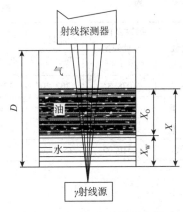

图 5 – 10　三相介质的吸收原理

5.2.2.2　现场应用情况

(1)X 油田基本信息

苏丹 X 油田有 3 个区块，油井两百余口，共挑选了 3 个区块的 28 口井进行测试。用于测试的 28 口油井的基本信息见表 5 – 5。

表 5 – 5　油井基本信息

参数	值
井数/口	28
开采方式	PCP
产液量/(m³·d⁻¹)	40 ~ 500
含水率/%	0 ~ 100
含气率/%	0 ~ 50
温度/℃	30 ~ 70
操作压力/kPa	600 ~ 7000
原油密度/(g·cm⁻³)	0.92 ~ 0.98

(2)测试结果

从测试数据(见表 5 – 6)可以看出，海默多相流量计液量与第三方测试装置的测试结果非常接近，虽然个别单井含水测试结果存在一些差别，但通过现场多次取样化验对比验证，海默多相流量计的含水测量更接近标准值，也从另一方面验证了第三方测试装置某些单井含水测量存在一定的偏差。通过现场对比测试验证了多相流量计测量结果具有更高可靠性，能真实反映油井的产量。

表 5 – 6　现场测试结果汇总

区域	海默多相流量计液量/(m³·d⁻¹)	油量/(m³·d⁻¹)	水量/(m³·d⁻¹)	含水率/%	第三方测试装置液量/(m³·d⁻¹)	油量/(m³·d⁻¹)	水量/(m³·d⁻¹)	含水率/%
X – A	1078.34	702.20	376.14	34.88	1112.91	738.86	374.05	33.61
X – B	1002.10	422.29	579.81	57.86	1012.49	473.88	538.61	53.20
X – C	1230.26	424.46	805.80	65.50	1162.46	404.89	757.57	65.17
汇总	3310.69	1548.94	1761.75	53.21	3287.86	1617.62	1670.24	50.80

5.3　稠油油井产量密闭计量工艺

稠油黏度高、密度大、含胶质沥青质多，且稠油单井采出液具有温度、液量变化大、含砂量大、气油比低等特点，这给油井产量计量带来了很大困难。我国稠油油井产量计量技术自稠油油田开发以来，一直被学者探索和研究。现场油井产量计量从最早的常压罐、称重式活动量油车等，到目前的单井计量分离器，计量技术不断提高，但在使用中仍存在着不密闭、不连续、误差大等关键问题。本节结合稠油注蒸汽热采的特点，对单井采出液密闭、连续计量工艺进行分析研究。

5.3.1　稠油单井采出液特点与计量工艺分析

采用注蒸汽热采方法开采的稠油油田，特别是在注蒸汽吞吐开采阶段，油井产量计量的条件十分恶劣。例如，河南油田的井楼、古城油田在注蒸汽后焖井待油温降至 120℃ 时放喷，放喷初期产液量达 100t/d，机械采油期产液量在 2~40t/d 之间，在一个注蒸汽吞吐周期中采出液含水量由 5% 以下变为 90% 以上，并且存在含砂量大等情况。因此，在生产中采用流量仪表进行油井产量计量难度大。

目前，国内稠油油井产量计量主要采用两种方法：一是立式常压计量分离器计量，泵抽排液；二是立式计量分离器计量，引入天然气增压排液。其中，常压计量存在着不连续、不密闭、误差大、环境污染大等问题，且操作不便，常出现泵进口管线堵塞、玻璃管进油、罐内液体抽空等问题；计量分离器引入天然气压液，达到了密闭计量，但仍不能解决测量不连续、误差大等问题。另外，人工操作计量劳动强度大，人为因素对计量精度影响较大。稠油翻转计量分离器及其密闭计量工艺能够较好地解决稠油油井产量计量中的这些问题，是目前能够用于现场的一种比较经济、可行而又能够减小计量误差的方法。

5.3.2　稠油翻转计量分离技术

5.3.2.1　结构

翻转计量分离器内部结构分为气液分离缓冲段、计量段和排液缓冲段 3 个功能段，如图 5-11 所示。其中，气液分离缓冲段由气液分离器和缓冲器构成，计量段由翻转器和两个计量腔构成，设备底部为排液缓冲段，3 个功能段的顶部气相空间通过连通管连接。

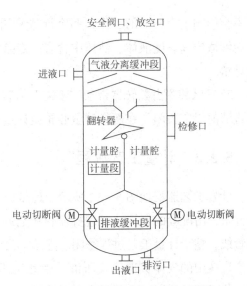

图 5-11　翻转计量分离器内部结构

5.3.2.2　工作原理

（1）气液分离缓冲段

单井采出液从设备上部的进口沿切线方向水平进入，在离心力的作用下，液体被甩到筒壁上，沿筒壁旋转向下，此过程中大部分气体被分离出来，集中在分离器中心进而向上聚集。当液体下流至分离伞时液膜变薄，进一步析出气泡，然后下落进入缓冲器。在缓冲器内液体经过一定时间的停留，减小了液量波动，同时使气、液相再次分离。最后，液体经缓冲器下部的漏斗进入计量段。

（2）计量段

计量前两个计量腔底部的排液自动切断阀均处于关闭状态，当液体进入计量段时，首先降落至翻转器，经翻转器导向，进入其中一个计量腔（1 腔），当液位升至一定位置时，翻转器在计量腔（1 腔）内液体浮力的作用下，迅速翻转，导向另一计量腔（2 腔）并连续向其充液。翻转器转动时带动发讯装置发出信号，信号传给自控装置开启该计量腔（1 腔）底部的切断阀，向排液缓冲室排液。切断阀打开后，经自控装置延时，在该计量腔（1 腔）下次进液前自动关闭，等待下次来液。如此循环做到连续计量，并由自控装置记录翻转器翻转次数和计量时间，输入计量腔容积参数后，自控装置可直接显示出所测液体的流量。

（3）排液缓冲段

计量后液体经排液缓冲段排出计量设备，排液缓冲段装有液位变送器以控制液位，可使设备内保持稳定的气、液相空间，保证设备的稳定运行。

5.3.2.3　技术特点

稠油翻转计量分离器内部结构较简单，各零部件不易损坏。该设备利用不同高度的隔板把内部分为 3 个有机的组成部分，各部分功能分明，效果明显。设备内部结构与自控装置相结合，运行平稳可靠。该技术的突出特点如下。

1）翻转器靠计量腔内液体的浮力自动翻转，不需外加动力，导向效果好，翻转器的动作不会影响上个环节的工作。两个计量腔轮换计量，使计量设备实现了容积式连续计量，并能够适应高黏度液体、液体中含有一定杂质，以及间歇来液、液量波动大等恶劣条件下的计量。

2）发讯装置由翻转器带动，不需要另装液位变送器。切断阀能够经过延时在计量腔再次进液前提前关闭，在两个计量腔轮换计量的过程中，减少漏失，提高了计量精度。

5.3.3 计量工艺流程

计量工艺流程如图 5-12 所示。计量选井阀组来单井采出液，进入翻转计量分离器进行计量，由配套的自控装置进行控制和记录，计量后液体由排液泵（采用变频调速）排入集油管线。整个计量工艺过程密闭、连续、自动。由于稠油单井采出液气油比极低，无法依靠产出液中的气体实现集气压液，因此选用泵抽排液较为可靠。稠油油区如有天然气来源，建天然气管网及升压系统，对计量设备进行天然气增压排液亦可。对于采用泵抽排液的计量设备，由于单井的产气量很小，在现场进行压力自控较为困难，因此可不装设压力自控设施。在生产中保持出气阀处于常关状态，一般不放气泄压，尽量提高设备的操作压力，使计量压力最大限度地接近生产中的集油压力，以减少计量误差，节约来液的压力能。原油含水率的测定可根据原油乳状液的类型，采用在线连续测定或人工取样化验。

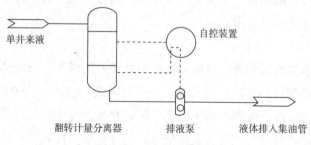

图 5-12 计量工艺流程

5.3.4 现场应用效果

稠油翻转计量分离器及其油井产量密闭计量工艺的现场应用效果如下。

1）与目前常用的立式常压计量分离器计量相比，该工艺实现了连续计量，使计量设备及排液泵的规格大大缩小，仅设备投资即可节约 50%；减少了耗电量，降低了运行费用；减小了设备占地面积，节省了原需的泵棚，降低了工程总投资。

2）该工艺使稠油油井产量计量实现了密闭、连续、自动，并且适应性强，能够用于高黏度液体、液体中含有杂质，以及间歇来液、液量波动大等恶劣条件下的液体计量。

3）减轻了操作人员的劳动强度，减少了环境污染，提高了计量系统精度。经测试，采用该工艺计量综合误差在 ±6% 以内，优于有关规范规定的 ±10%。

5.3.5　注意事项

1）在确定翻转计量分离器的结构时，应结合油田开发设计和采油工艺，考虑液量的波动范围以及所选用切断阀的动作速度。

2）在使用前应对计量腔的容积参数进行校验，将测得的实际容积参数输入自控装置，以准确地计算被测液体的流量。

3）切断阀自动关闭的延时参数与计量腔的容积、切断阀的动作速度有关。延时参数应根据现场的运行情况进行设定，以保证有足够的延时时间使计量腔内液体排尽，且在该计量腔再次进液之前关闭切断阀，防止被计量液体的漏失。

5.4　发泡稠油计量工艺

5.4.1　稠油起泡机理及消泡方法

5.4.1.1　稠油起泡机理

稠油具有较强的起泡性是因为其组分中含有大量的胶质和沥青质，稠油胶质、沥青质含量与普通原油的对比见表 5－7。胶质、沥青质是由一些相对分子质量很大、基本结构相似、环数不等的缩合芳香环（或含杂原子）构成的，芳香环上还连接着长度和数量不等的烷基侧链或环烷侧链，有些侧链上还带有羧基或钠羧基，因此具有较高的表面活性及很高的表面黏度，使稠油具有较强的起泡性。

表 5－7　普通原油和稠油中胶质、沥青质含量对比

项目	普通原油	稠油
胶质含量/%	4.31	10.49
沥青质含量/%	1.21	3.47

胶质、沥青质是表面活性物质，其表面张力低，易于在气液界面上富集而形成泡壁膜；它又是稠环化合物，形成的泡壁膜透气性差，使形成的气泡能长时间存在。另外，由于胶质、沥青质具有较高的表面黏度，它形成的气泡壁具有较高的强度，并且泡壁受损时，由于表面张力的作用又有很好的"修复"作用。因此，稠油形成的泡沫具有较好的稳定性。

5.4.1.2　发泡稠油消泡方法

利用搅拌或在设备顶部安装金属网、波纹板破坏泡沫以达到消泡目的的方法，称为机

械消泡。机械消泡设备投资较高，消泡效率较低，只能短时间去除表面泡沫，难以消除大量细密的内部泡沫。稠油的温度与泡沫的稳定性对消泡效果有很大的影响，温度越高，稠油消泡越快。

物理消泡方法采用变温的方式，利用温度上升使稠油的泡沫表面张力下降、自由能增加，黏度降低，泡沫稳定性降低。加热的具体方法有在油面泡沫区设置热源，如蒸汽管、夹套加热；直接管道加热等。

化学消泡法则是用某种化学物质降低发泡物质的发泡力或降低泡沫的稳定性从而达到消泡目的。一般化学消泡法的试剂为消泡剂和破乳剂。在原油乳状液的流变性测试中，通过加入一定的破乳剂，乳状液转相点降低，黏度迅速下降。

5.4.2　发泡稠油新型计量方法

考虑到更换计量分离器或多相流量计的费用高和现场施工量大，王贵生提出一种新型的稠油计量方式，即稠油的加温消泡和充分混合破乳剂的方法。对于加温消泡，可利用计量站现有的加热炉引一条蒸汽管线，或者采用对计量管线电伴热的方法。考虑到需要把破乳剂和稠油充分混合才能发挥效果，本方法改变了原有的破乳剂加入点，并在原油和破乳剂的混合处将原有的直管改造为盘管，使破乳剂与原油充分混合，进而达到降黏消泡的作用。改进前后的计量工艺流程对比如图 5-13 所示。

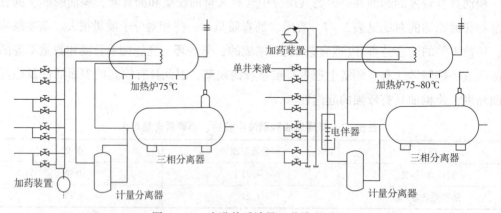

图 5-13　改进前后计量工艺流程对比

本方法在塔河油田某油区计量站实施，效果十分显著。稠油计量精度不但得到了保证，还减少了更换设备的改造费用，此外，当气液比降低时，可以不必对稠油加热，减少了加热费用。

5.4.3　塔河油田重质发泡稠油分离计量工艺

针对分离计量装置处理重质起泡稠油分离效率低的问题，张瑞华选择油气比较高的重质稠油作为研究介质，研制了泡沫原油油气分离器，并在油井两相分离变压控制仪表计量技术的基础上形成了重质稠油分离计量装置，在塔河油田作业二区 S66 井站得到了应用，下面根据塔河油田的实际情况分析该计量技术的原理及其特点。

5.4.3.1　塔河油田稠油特点

塔河油田稠油密度大、黏度高、胶质沥青质含量高，属于沥青稠油和重质稠油，油气比平均为 $35 \sim 40 Nm^3/t$，部分油井油气比达 $60 Nm^3/t$。国内陆上油田稠油油气比一般小于 $5 Nm^3/t$，海上油田一般为 $20 \sim 70 Nm^3/t$。塔河油田稠油的油气比在国内陆上及海上稠油油田中属于较高水平。稠油从井筒到计量接转站减压输送过程中，将有大量的溶解气不断析出。而塔河油田稠油由于黏度高，胶质和沥青质含量高，使析出气泡的界面膜强度增大，因此延长了气泡破裂的时间，形成比较稳定的泡沫稠油。

塔河油田稠油采出液这样的性质导致了气液分离困难。黏度高决定了存于连续相（原油）中的气泡上浮阻力大，上浮速度慢；高胶质、沥青质含量决定了气泡泡膜机械强度高，气泡不易破裂；高油气比决定了稠油在一次闪蒸平衡分离过程中有较多的气体溢出，溶解气在原油中形成大量的气泡；稠油的高密度又决定了以分散相存在的原油在连续相（气）中分离较容易，但是以分散相存在的气体在连续相（原油）中却难以分离，后者是油气分离器要解决的主要问题。

5.4.3.2　装置设计参数及技术指标

设计参数：设计压力为 $0.9 MPa$；设计温度为 $100℃$；处理液量为 $200 m^3/d$；处理气量为 $2000 \sim 20000 Nm^3/d$。

技术指标：气体带液量小于 $0.05 g/Nm^3$；液体含气率小于 5%；液体计量误差小于或等于 $\pm 5\%$。

5.4.3.3　装置组成及工作原理

重质稠油分离计量装置主要由泡沫原油油气分离器、浮子液位油气调节阀、质量流量计和气体流量计等组成，如图 5 - 14 所示。工作原理是油井采出液经泡沫原油油气分离器分离成液体和天然气，液体和天然气分别用质量流量计、气体流量计计量，计量参数由控制器采集后传送给计算机，计量后的液体和气体经浮子液位油气调节阀合流外输。泡沫原油油气分离器的液面和压力由一台浮子液位油气调节阀进行控制，从而使液面保持相对稳定。

5.4.3.4　泡沫原油油气分离器

泡沫原油油气分离器主要由旋流预分离器、布液管、拉泡器、挡泡板组、缓冲板及气体除雾器等组成，如图 5 - 15 所示。工作原理是油气混合物以一定的角度自上而下切线进入旋流预分离器，在离心力作用下油、气得到初步分离。气体在气体除雾伞中初步除雾后，通过连通管切向进入分气包，该部分气体不占用分离器筒体空间，减少了气液界面的扰动。分离后的液体从布液管中流出，在拉泡器上均匀分布并进行强制破泡，再经过稳流和缓冲从油出口排出。破泡溢出的气体经过气体稳流板、丝网除雾器从气出口排出。

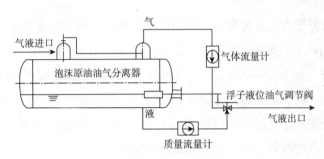

图 5 – 14　重质稠油分离计量装置组成

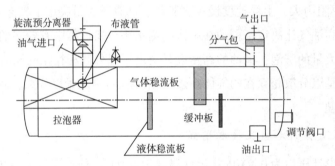

图 5 – 15　泡沫原油油气分离器结构

泡沫原油油气分离器的结构特点：①旋流预分离器进口为倾斜式切向管，使油气混合物在进入管柱式预分离器时有一个预分离过程，再经管柱式预分离器进行旋流离心分离，其气液分离速度高于重力分离速度的数十倍，能够缩短气液分离时间；②分离器内设拉泡器，增大了气液两相接触面积，并利用机械强制破泡技术，缩短了气泡破裂时间，使以分散形式存在的气体尽快进入气连续相；③布液管使泡沫原油在拉泡器的整个截面均匀分布，有效利用破泡板组的面积；④分离器的初级分离区和分气包分别设置了气体分离伞、丝网除雾器，经过两级分离，除液率达到 98% 以上。

5.4.4　胜利油田发泡稠油高效计量技术

为解决高黏起泡稠油计量误差大的问题，胜利油田勘察设计院以优化计量分离器内部结构为突破口，研制出了适应稠油生产计量要求的起泡稠油计量装置。高效稠油计量装置分离器结构如图 5 – 16 所示，计量流程参考图 5 – 14。

高效稠油计量装置的主要技术特点如下。

1) 采用旋流预分离器。分离器的进口设计为倾斜式切向管和管柱式旋流预分离器，倾

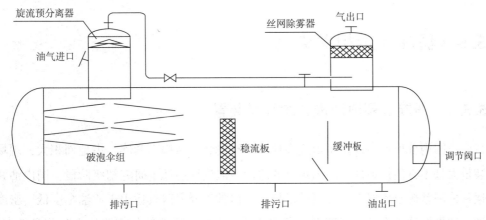

图 5 - 16　高效稠油计量分离器结构

斜式切向管使油气混合物在进入管柱式预分离器时有一个预分离过程，再经管柱式预分离器进行旋流离心分离，其气液分离速度高于重力分离几十倍甚至几百倍，缩短气液分离时间。预分离器内设置了气体除雾伞，通过改变气体的流速和流向，使气体得到初步分离。

2) 采用布液管。布液管与旋流预分离器的底部连接部分是半圆管，其底部在轴线两侧设有两条宽 15mm 且通到两端的长孔，布液管分布在破泡板组的上部，并与分离器轴线垂直。

3) 设置破泡伞组。破泡伞组由 8 块对称的斜钢板组成，分 4 层布置，每块板的板面上铺设了不锈钢板网、挡泡板和气体连通管。破泡伞组的作用为：①增大气液接触面；②改变流体的流动方向；③板面与泡沫原油反复摩擦、拉伸，削弱气泡泡膜的机械强度。稠油中的气泡在这三方面的作用下破泡溢出，使油气得到彻底分离。

4) 采用稳流板。稳流板设置在分离器筒体的中部，由 3 组板网交错组成，作用是对液流疏导，使之均布，进一步消除剩余气泡，阻挡泡沫进入后部区域。

5) 设置缓冲板。缓冲板设置在分离器筒体后部，把分离器分割为分离室和缓冲室。缓冲板的下边留有弧形通道，使液体从底部流入液体缓冲室，板的上边高于分离室液面，把泡沫彻底阻挡在缓冲室之外。

6) 采用丝网气体除雾器。选用标准型丝网除雾器，设置在分离器后部的分气包内，厚度为 150mm，能够有效去除直径在 10μm 以上的雾滴，其除雾效率达 99%。

目前，这种计量装置已推广应用了 20 套。通过投产测试，装置计量误差均在 ±5% 之内。其应用不仅解决了稠油计量误差大的难题，还实现了稠油单井产液量和产气量的连续、自动计量及测试数据远传，操作方便、安全可靠，且无人值守，降低了工人劳动强度，提高了生产管理水平。

5.5　稠油计量相关专利

5.5.1　弱旋流稠油消泡连续计量装置

目前，国内分离器多以设备形式在现场进行安装，结构不紧凑，占地面积大，现场施工安装量大且不方便；另外，国内现有的原油消泡设计还处于研究初级阶段，国内油井采出液通常采用常规分离器实现分离计量技术，但常规分离器只适用于原油黏度低、密度小的稀油。如果原油黏度高、密度大、发泡严重，用常规的油气分离器处理时分离效率低、油气分离不彻底、分离器出液管线含气量较高，造成仪表计量油井的产量误差增大，影响原油集输管道及设备安全、高效运行等。

凌勇发明了一种弱旋流稠油消泡连续计量装置(见图 5 - 17)，克服了上述现有技术之不足，其能有效解决目前国内分离器多以设备形式在现场进行安装，结构不紧凑，占地面积大，现场施工安装量大且不方便等问题，同时也解决了国内现有的常规分离器实现分离计量黏度高、密度大、含气泡量大的原油，存在分离效率低、油气分离不彻底、计量仪表误差大和影响原油集输管道及设备安全、高效运行的问题，适用于稠油火烧油层开发和 CO_2 驱开发等发泡原油的计量分离。

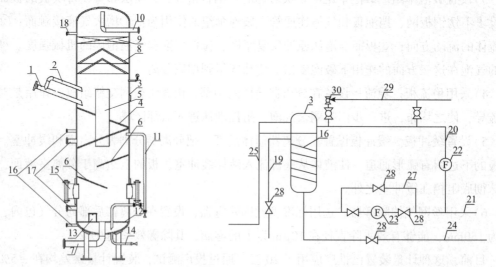

图 5 - 17　弱旋流稠油消泡连续计量装置结构与流量计流程图

1—液相管；2—气相管；3—筒体；4—旋流板；5—升气管；6—破泡缓冲板；7—出油管；8—破泡伞板；9—丝网除雾器；10—出气管；11—就地液位计；12—分隔板；13—溢油管；14—出水管；15—人孔；16—加热盘管；17—压差式液位计接管；18—蒸汽接管；19—进料管；20—气相计量管；21—液相计量管；22—气相流量计；23—液相流量计；24—排污管；25—蒸汽管；26—伴热管；27—旁通；28—控制阀；29—放空管线；30—放空阀

5.5.2　双差压式稠油单井自动计量装置

双差压式稠油单井自动计量装置如图 5 – 18 所示。在主管道上接入差压产生与引出装置，包括密封连接的外管和内管，在内管内设置产生差压的旋流器，侧面连接差压变送器，包括径向差压变送器和轴向差压变送器，分别用于输出同一横截面上中心与壁面所产生的径向压差及旋流器的前后截面处产生的轴向压差。在旋流片产生的旋流作用下，轴对称的相分布不仅有利于电磁流量计的测量，还使分散的油滴集中在管道中心处。由于油水黏度差较大，故在高含水率下，与全水相比，即使存在少量的油，也可使旋流器前后的差压明显增加。所以，即使在高含水率下，被集中的油也可以使旋流器前后的压差产生明显变化，保证测量仍然具有较高的精度。流量计量的具体方法如下。

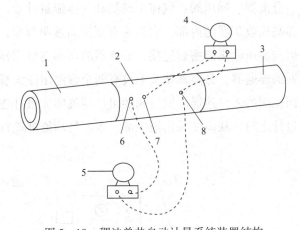

图 5 – 18　稠油单井自动计量系统装置结构

1—上游主管道；2—差压产生与引出装置；3—下游主管道；4—径向差压变送器；5—轴向差压变送器；
6—第一外管取压孔；7—第二外管取压孔；8—第三外管取压孔

油水两相流流经旋流器后，径向差压变送器输出在旋流作用下，同一横截面上中心与壁面所产生的径向压差 ΔP_r，轴向差压变送器输出旋流器前后截面处产生的轴向压差 ΔP_z；将径向压差 ΔP_r 和轴向压差 ΔP_z 带入径向差压 ΔP_r 和轴向压差 ΔP_z 与油井产液量 Q 和含水率 β 之间的关系式如下：

$$\sqrt{\frac{\Delta P_r}{\Delta P_{Wr}}} = (aQ^2 + bQ + c)\sqrt{\frac{\rho_0}{\rho_W}(1 - \beta)} + d\beta \tag{5 – 2}$$

$$\sqrt{\frac{\Delta P_z}{\Delta P_{Wz}}} = (eQ^2 + fQ + g)\sqrt{\frac{\rho_0}{\rho_W}(1 - \beta)} + h\beta \tag{5 – 3}$$

式中 a、b、c、d、e、f、g、h——常数，通过实验进行标定得到；

ρ_0、ρ_W——油和水的密度。

假设两相流全部为水时，根据式(5 – 4)和式(5 – 5)计算相同流量下产生的径向差压

ΔP_{Wr}和轴向差压 ΔP_{Wz}：

$$Q = \pi R^2 \lambda_{\mathrm{r}} \sqrt{\frac{2\Delta P_{\mathrm{Wr}}}{\rho_{\mathrm{W}}}} \qquad (5-4)$$

$$Q = \pi R^2 \lambda_{\mathrm{z}} \sqrt{\frac{2\Delta P_{\mathrm{Wz}}}{\rho_{\mathrm{W}}}} \qquad (5-5)$$

式中 λ_{r}、λ_{z}——径向差压和轴向差压的流量系数，通过实验进行标定得到。

联立式(5-2)~式(5-3)，求得油井产液量 Q 和含水率 β 的值。

5.5.3　稠油多相流流体计量装置

稠油多相流流体计量装置(见图5-19)是一种稠油油藏高温高压多相流流体计量装置，包括高压收集器、分离器、回压阀、气体干燥器和气体流量计等。高压收集器上设有充气孔。分离器设置在高压收集器的内部，它是带有刻度的透明容器，顶部设有分离器堵头。分离器堵头的外侧与高压收集器密封连接，分离器的顶部与分离器堵头之间设有用于与高压收集器内相连通的连通器。分离器堵头上设有两个耐温耐压无缝管道，一个用于通入采出液，另一个与回压阀的入口连通。回压阀的出口与气体流量计连通，气体干燥器设置在回压阀与气体流量计之间，从而使采出液中油、水、气均能准确计量，以提高相渗曲线的准确度。

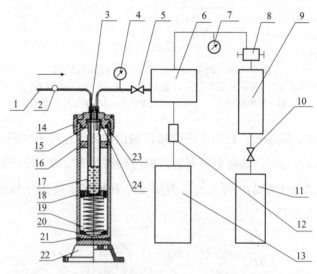

图5-19　稠油油藏高温高压多相流流体计量装置结构

1—耐温耐压无缝管道；2—单向阀；3—管道压帽；4—第一压力传感器；5—高压阀门；6—回压阀；
7—第二压力传感器；8—回压组合阀；9—高压缓冲器；10—回压控制阀；11—回压动力源；
12—气体干燥器；13—气体流量计；14—螺帽；15—分离器堵头；16—分离器扶正器；17—分离器；
18—托盘；19—支撑弹簧；20—高压收集器；21—充气孔；22—支撑底座；23—密封圈；24—连通器

采用稠油油藏高温高压多相流流体计量装置进行流体计量的方法如下：①调节回压阀

的预制压力，压力值由第二压力传感器显示，将回压动力源内注满水，开启回压控制阀，调节回压组合阀，向高压缓冲容器内预充低压气源，低压气源的压强小于 0.8MPa；启动回压动力源增压，压力值由第二压力传感器显示，回压阀建立初始预制压力时，压力值范围为小于或等于 5MPa，压力过高影响回压阀内弹性体膜片性能；②向高压收集器内预充惰性气体，高压收集器内的压力值由第一压力传感器显示，并使第一压力传感器显示的压力值比第二压力传感器 7 显示的压力值低 2~3MPa；③打开单向阀，开始向分离器内通入采出液，再打开气体流量计进行气体的在线计量；④关闭单向阀，停止采出液通入，分别读出分离器内的油和水的体积，记录驱替气体的总量；⑤利用以上数据计算出稠油油藏高温高压多相流流体的相对渗透率。

第6章　稠油降黏技术

稠油具有特殊的高黏度和高密度特性，高胶质和沥青质含量是造成稠油黏度高的主要原因。解决稠油黏度问题，对稠油开采和管输都有重要的意义。目前，稠油降黏技术主要分为物理降黏和化学降黏两大类。物理降黏主要有掺稀油降黏、加热降黏、微波降黏等技术。化学降黏包括表面活性剂、油溶性降黏剂、改质降黏等技术。另外，以微生物降解为代表的新型降黏技术，越来越受到人们关注。这些降黏技术各有其优缺点，要依据油田实际情况和管输要求选用，通常情况下需要几种技术联合对稠油进行降黏处理。

6.1　物理降黏技术

6.1.1　掺稀油降黏技术

掺稀降黏的原理是：通过掺入密度和黏度均较小的稀油，降低胶质和沥青质浓度，从而减弱稠油中沥青质等超级大分子之间的相互作用。掺稀法不仅有很好的降黏效果，还能适当降低稠油输送以及开采温度，减小热能损耗，并且在停输期间不容易发生凝管事故。此外，掺入稀油还能增加油井产量，对低产、间隙油井输送更有利。

稀释降黏的幅度与稀油掺入比例、稠油黏度以及稀油黏度有关，稀油黏度越小降黏效果越好。稠油掺入稀油后的混合物黏度可由下式计算：

$$\lg\lg\mu_m = \sum_{i=1}^{n} X_i \lg\lg\mu_i \tag{6-1}$$

式中　μ_m——混合原油的黏度，mPa·s；

μ_i——第 i 种组分原油的黏度，mPa·s；

X_i——第 i 种组分原油的体积分数，%。

同时，掺稀法也存在局限性。首先，稀油的来源是限制掺稀法广泛使用的重要原因，故掺稀法只适用于稀油资源比较丰富的油田；其次，需要建立专门管线把稀油从产地输至油田与稠油掺混，且稀油在掺入稠油之前必须进行脱水处理，否则掺入后形成混合含水油，需要再次进行脱水，工序增加势必会造成能源损耗增多；再者，稠油与稀油本身存在价格方面的差异，掺入稀油会提高成本，降低稀油物性，存在经济方面的损失；最后，掺入稀油之后，混合油外输时加大了管输量，这会对炼油厂相关设施以及工艺流程产生不利影响。

掺入稀油(包括天然气凝析液、原油馏分油、石脑油等)稀释一直是稠油降黏减阻输送的主要方法。稀油来源方便并且充足时，掺稀油降黏技术是最简单有效的方法。目前，稠油掺稀输送方法已在加拿大、美国、委内瑞拉得到广泛应用。在我国，新疆油田、胜利油田、河南油田等对距离较远的接转站，均采用掺稀油输送降黏方法。

下面以塔河 TK1073 稠油掺稀降黏为例分析降黏效果。

如表 6-1 所示，稠油掺稀降黏效果明显，平均降黏率高达 93.55%。稀释处理试样呈现非牛顿特性，温度对 TK1073 稠油掺稀后黏度的影响很大。

表 6-1　塔河 TK1073 稠油与某稀油混合(1:0.5)前后黏度比较

温度/℃		80	75	70	65
黏度/(mPa·s) (30s⁻¹)	掺稀前	10267.35	16019.68	25487.63	38368.5
	掺稀后	740.04	1053.13	1527.72	2309.03
掺稀降黏效果/%		92.79	93.43	94.01	93.98
平均降黏效果/%		93.55			

用 XP-300C 影像分析系统测试分析塔河 TK1073 稠油掺稀前后的微观形态，结果如图 6-1 所示。掺稀前，图像呈现一片黑色，只有极少的透光点。这是因为稠油中胶质、沥青质在体系中分散并相互作用，缔合成团块；而且胶质、沥青质为天然的 W/O 型乳化剂，将原油中的游离水包裹起来，致使稠油薄片透光能力不强；当偏振光通过待测体系时，会被流体遮挡。掺稀后，图像中分布不均匀的亮点明显增多，表明稠油薄片游离水含量增多，其透光性增强，即胶质、沥青质的胶束作用减弱，缔合的团块减少；同时，W/O 型乳状液因胶束作用减弱而破乳，并释放出部分游离水，增强稠油透光性，降低了稠油黏度。

(a)掺稀前　　　　　　　　　　　(b)掺稀后

图 6-1　塔河 TK1073 稠油掺稀前后的微观图像

6.1.2 加热降黏技术

稠油(尤其是超稠油、特超稠油)黏度受温度变化的影响比常规原油更加敏感,如图 6-2 所示。加热降黏技术就是利用了稠油的这一特性,通过加热的方式降低稠油黏度, 改善稠油流动性,从而减小稠油在开采以及集输过程中的摩阻损失。

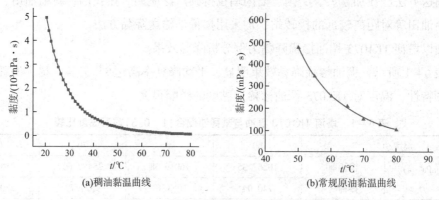

图 6-2 稠油与常规原油黏温曲线对比

根据工艺流程和作用机理的不同,加热输送又可分为热处理输送和预加热输送。热处理输送是指在管输之前对稠油进行热处理,使稠油黏度降低到可以管输的标准。预加热输送是利用稠油黏度随温度升高而急剧下降的特点,在输油管道沿途加热保证稠油在管输过程中维持较高温度和较低黏度。预加热输送常用的加热方式有电伴热、沿途水套加热站和热流体预热管道等。

加热方式主要有蒸汽热水加热法和电加热法。近些年来,电加热法得到广泛应用。电伴热是用电能补充被伴热物质在输送过程中的热量损失,使流动介质的温度维持在一定范围之内。

电加热法具有以下优点:①可以在较大的范围内调节温度;②可间歇加热,沿管线可以有不同的加温强度;③热效率高;④适应性强,惯性小,容易实现自动化运行;⑤结构紧凑,金属材料用量少;⑥装配简单。

加热降黏技术的原理和操作都比较简单,在世界范围内已经得到了广泛运用。然而,加热法能耗大,据统计,用作加热燃料的稠油高达整个输送量的1%之多;其次,加热输送存在安全隐患,一旦输送过程中管线温度降低,就容易发生重大凝管事故,造成严重的经济损失。

6.1.2.1 太阳能加热降黏技术

大力发展替代性清洁能源和节能技术,是降低能耗、减少碳排放,实现"碳达峰"和"碳中和"的关键。在日益倡导经济发展的背景下,构建绿色油田,实现环保式生产和低碳排放，是未来油田企业可持续、科学发展的重点。

太阳能作为一种绿色能源，它的开发利用对于保护环境、节能减排、建设和谐社会具有重要意义。

中海阳能源集团股份有限公司提出一种太阳能聚光集热系统，该系统利用槽型抛物面反射镜将太阳光聚焦到集热管上对传热工质进行加热，将光能转变成热能，加热后的传热工质通过换热器换热，进行热量输出。槽式太阳能聚光集热系统既可以产生中低温的热水，也可以产生高温的过热蒸汽。该加热系统如图 6-3 所示。

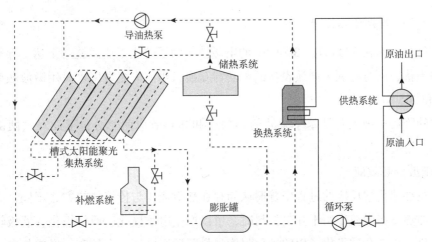

图 6-3 采用槽式太阳能聚光集热系统的加热系统

6.1.3 低黏液环降黏技术

低黏液环降黏技术是指向稠油中掺入一定量的低黏度不相溶液体(一般为水)，在输送过程中将油流速度控制在一定范围之内(0.84~1.3m/s)，可形成环状流，水或者稀的高聚物水溶液形成贴壁水环，使原油在管道中间形成油芯。由于管壁附近的高剪切区被低黏度液相占据，因此流动摩阻比单独输送原油时降低很多，甚至可以实现低于凝固点的原油输送，此外，由于输送时原油不与管壁接触，还可以防止结蜡。

该技术具有以下优点：只要管线温度高于0℃就可以正常输油，因此可以实现稠油常温输送；掺水率低、原油不乳化、油水易分离、分离后的水可以循环使用；不需要加热和保温，减阻效果明显，管线建设费用和运营费用低。

该技术的不足之处：环状流稳定性比较差，很容易遭到破坏而最终形成混相的形式(为提高环状流的稳定性，可以考虑加入添加剂使管壁疏油)；长距离输送过泵增压时，如何保持液环完整性是当前存在的技术难题。通过泵后管道中安装的起旋器，利用旋流离心或可实现水环再生。低黏液环输送，由于液环和油之间的容重差，容易形成偏心液环，最终环状流被破坏，导致油水掺混乳化。对于这种偏心问题，如果采用高聚物稀溶液作为低黏相，由于高聚物的黏弹性，核心流偏心到一定程度后可以缓解或不再继续发展。经研究发现，稠油黏度越高，对液环的稳定输送越有利，经济效果越好。目前，液环输送的实现条件较为苛刻，所以还没有得到广泛应用。国内利用低黏液环输送稠油的实例也较少，而且实际应用中仅限于油田内部某输油管线，如胜利油田清河采油区的一条稠油集输管线上初步应用了水环工艺，取得了比较满意的结果。

6.1.4　物理场降黏技术

6.1.4.1　微波降黏技术

微波是指频率在 300MHz～300GHz 的电磁波。为了防止工业微波对雷达、导航、通信等设备的干扰，同时有利于微波设备的配套与互换，当前大多数国家民用微波频率主要是 915MHz 和 2450MHz。

微波的降黏机理主要是基于微波的热效应和非热效应两部分，下面对这两部分进行介绍。

（1）微波的热效应

微波在加速化学反应的过程中普遍认为存在热效应，与传统加热方式不同，微波加热是一种体加热。当微波作用于介电材料时，可以产生电子极化、原子极化、偶极转向极化及界面极化，内部介质极化产生的极化强度矢量落后于电场一个角度，形成与电场同向的电流，构成内部功率耗散，这种功率的耗散就以热能的形式表现出来，稠油中硫、氮、氧及金属等杂原子大多集中在沥青质及胶质中，并且沥青质及胶质的极性较芳香烃和饱和烃大，当外加电场的频率不断增加时，胶质和沥青质取向极化的速率增大，将微波能转化为热能，温度迅速增加，达到其热裂解温度，生成轻组分，稠油中的致黏物质减少，从而降低稠油黏度。

（2）微波的非热效应

微波的非热效应是指在微波作用下，反应体系温度在远低于常规加热温度时，与常规加热具有相同或者更快的反应速度；或者在相同的试验条件下反应速度更快；另外，在常规加热条件下不能发生的反应，在微波加热的条件下变得容易进行。非热效应对极性物质可以选择性加热，能够增加指前因子，降低反应的活化能，从而加快反应速度。

关于微波对稠油化学组成的影响，汪双清等利用功率为 3kW、频率为 2450MHz 的微波，对辽河、胜利和吐哈油田的 3 种稠油进行微波处理。试验发现 3 种油样的芳香烃和沥青质组分都有不同限度地下降（见表 6－2）。由于微波作用会优先激化有机分子中的极性化学键，因此杂原子化合物更容易发生化学反应，导致沥青质裂解，裂解出相对分子质量较小的高极性非烃分子，非烃含量升高，微波作用也会使大分子芳香烃的侧链发生断裂。

表 6 - 2　微波作用前后稠油组分变化

稠油产地	组分	含量(质量分数)/%		
		微波处理前	微波处理后	变化幅度
辽河油田	饱和烃	37.2	36.1	-3.0
	芳香烃	16.6	16.4	-1.2
	非烃	32.9	36.0	9.4
	沥青质	13.3	11.5	-13.5
胜利油田	饱和烃	26.3	27.5	4.6
	芳香烃	16.5	15.3	-7.3
	非烃	46.4	47.9	3.2
	沥青质	10.7	9.4	-12.1
吐哈油田	饱和烃	39.9	38.5	-3.5
	芳香烃	13.8	12.8	-7.2
	非烃	40.7	44.6	9.6
	沥青质	5.5	41.0	-25.5

微波处理稠油是热效应和非热效应共同作用的结果，相比于传统加热方式具有加热效率高、环保无污染等优点，为稠油降黏提供了良好的发展方向，并且具有良好的社会效应和经济效益。

6.1.4.2　超声波降黏及超声辅助降黏技术

超声波降黏及超声辅助降黏技术作为新型的稠油降黏技术，近年来得到迅速发展，西方一些发达国家对超声波降黏的研究已卓有成效，国内专家也相继开展了超声波降黏试验的研究，这项技术最大的优势就是不会对环境、水源、地层造成污染，绿色环保。

超声波在液体媒质传播过程中产生的空化作用、乳化作用、机械振动作用以及热效应可以起到降黏的作用。稠油经过超声波处理之后，分子结构发生不可逆的变化，稠油黏度降低，但是降黏率不高。

超声降黏的作用机理主要分为以下 4 部分。

(1)空化作用。当一定频率的超声波作用于稠油时，使稠油中微小泡核被激活。当声压足够大时，在声波负压作用下，气泡核膨胀；在声波正压作用下，气泡核压缩，表现出气泡核的振荡、生长、收缩、崩溃等一系列动力学过程。气泡核崩溃时，在其周围的极小空间和极短时间内，局部产生高温达 10000℃，瞬时压力可达几千甚至几万个大气压，并伴随着强烈的冲击波和速度达 400km/h 左右的射流空化作用。超声波的空化作用可以改变原油内部结构，使原油的部分大分子断裂为小分子，并部分被乳化，使原油黏度降低。其降黏效果与采用的超声波强度及频率等有关。

(2)乳化作用。超声波作用于稠油，使稠油内一定数量的空泡产生振动并在空泡界面产生剪切力，使稠油形成乳状液，在相浓度小于一定值时，乳状液是以 W/O 型为主，其黏度较大；当相浓度超过一定值时，乳状液类型受机械剪切力作用发生突变，由 W/O 型突变为 O/W 型，使稠油间的摩擦转变为水与管壁及水与水之间的摩擦，从而使其黏度、摩擦阻力大幅降低。

（3）机械振动作用。超声波在弹性介质中传播，会显著提高弹性粒子的振幅、速度及加速度。机械振动作用造成稠油中较小分子与惰性大的大分子链间发生较大的相对运动，增强分子间的摩擦力，打断 C—C 键，破碎大分子团，起到降黏作用。

（4）热作用。超声波在原油中传播时，原油介质吸收声能转化成热能；在不同介质的分界面处，边界摩擦产生热；空化作用在气泡崩溃时产生热，使原油温度升高，从而降低原油黏度。

6.1.4.3　磁处理降黏技术

稠油是一种抗磁性物质，受到外磁场作用时，磁化作用会产生诱导磁距，该磁距能使无极性的石蜡分子产生极性，并与极性物质结合，有效抑制蜡晶的形成；同时，磁化作用还能破坏稠油中各种烃类分子间的作用力，分子自身内部振荡与磁感应产生共振，分子间作用力减弱而分子的振动增强，这将导致分子间引力减弱，溶解在液态油中的胶质和沥青质会以非缔结相（分散相）存在，从而大大降低稠油黏度。

稠油磁处理降黏主要是磁场对稠油中的石蜡分子或蜡晶产生作用，故作用效果受稠油析蜡因素的影响，同时还与磁感应强度、作用时间、温度和含水率密切相关。图 6-4 为磁处理前后稠油黏温曲线，由图可知，当低温时磁处理降黏效果比高温时明显。图 6-5 为磁场作用前后石蜡分子运动状态变化。

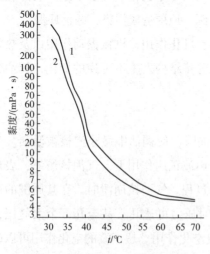

图 6-4　磁处理前后黏温曲线图
1—处理前黏温曲线；2—处理后黏温曲线

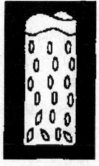

(a)作用前　　　　　　(b)作用后

图 6-5　磁场作用前后石蜡分子运动状态变化

磁处理是一个短暂的过程，稠油的降黏效果具有实效性，随着时间的增长，诱导磁距逐渐消失，从而引起稠油物理性质的变化也逐渐消失，其降黏效果也随时间的延长而衰减，黏度又会逐渐恢复。试验证明，磁处理的有效时间为 4h 左右。

原油磁处理降黏主要采用永磁铁制成的管式磁化器和脉冲磁场这两种方式。管式磁化器在国内得到了广泛应用，油田通常将管式磁化器设置在井口对油井采出液进行处理。

图 6 - 6 为管式磁化器示意图。管式磁化器在钢管外壁上敷设若干行永久磁体，每行永久磁体可以由若干节瓦块状永久磁铁组成，每一行上的每块磁铁端面相对应，两者磁极相反。瓦块状永久磁铁的磁极可沿磁处理器轴向或径向排列。选用的永磁铁为钕铁硼、铝镍钴或钐钴等永磁合金材料。永磁材料表面经过防腐处理，并有良好的热稳定性，其磁场强度的可调范围一般在 100 ~ 250mT。将管式磁化器通过法

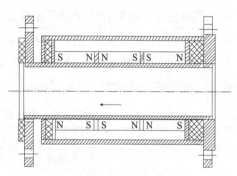

图 6 - 6 管式磁化器示意图

兰与输油管路连接起来，当原油从中流过时，就会受到磁场作用。需要指出的是，磁力线只有与原油流动方向垂直时，才有降黏效果。也有研究发现，磁化器管材采用不锈钢比普通钢材具有更好的降黏效果。与磁化器磁化处理原油的方式相比，脉冲磁化相当于样品多次流过管式磁化器受到磁化处理。

6.1.4.4 电场降黏技术

介质在外电场作用下其内部束缚电荷发生极化，在一定条件下，选取足够能量和频率的电场可达到原油极化降黏的目的。

电场降黏的原理为：稠油中极性分子受到交流电场作用产生转向极化，造成分子转向摩擦、碰撞而将电磁能转换为热能，使稠油温度升高，有利于稠油黏度下降；同时，稠油分子在交变电场作用下进行周期性排列组合，稠油物质分子键被破坏，稠油黏度进一步降低。

直流电场对稠油的作用异于交流电场，其能促使油水分离。直流电场作用使稠油中的游离水及乳化水成为电偶极子，偶极子之间相互吸引，小水分子受电场作用合并成大水分子，加快了水沉降，达到油水分离的目的，改变了稠油物性，这对降低黏度高的含水稠油相十分有利。

6.1.4.5 低频电脉冲振动波降黏技术

低频电脉冲波利用了电液压冲击法的高压放电原理，吸收了高能气体压裂产生瞬间高压脉冲波的特点和人工地震波的低频特性，通过仪器的放电部分进行脉冲放电，放电瞬间在液体中激发产生高强度低频脉冲振动波。

低频电脉冲的频率低于15Hz，在流体中传播时会产生空化作用，脉冲波在液体中传播时，由于功率大、频率相对较高，因此引起液体密度的疏密变化快、差别大。这种变化使液体受压受拉。而液体本身具有一定耐压性，但耐拉性能差。当液体受拉达到一定程度时，就会发生断裂，形成一些类似于真空的子空穴，在形成过程中产生正负电荷。子空穴形成后继续受到压力作用，会被压至崩溃，在崩溃过程中产生局部高温，同时伴随着放电现象。稠油在脉冲波的作用下产生空化，其强度与脉冲波频率成正比。稠油分子结构在空化作用和剪切应力的作用下遭到破坏，从而降低了稠油的黏度。

表6-3列出了经低频脉冲波处理后稠油物性发生变化的情况。从表中可以看出经低频脉冲波处理后，稠油黏度下降明显。

表6-3　低频脉冲波处理稠油前后物性表

项目	1#			2#		
	处理前	处理后	降低率/%	处理前	处理后	降低率/%
胶质沥青质含量/%	30.47	29.63	2.7	31.32	30.56	2.4
含蜡量/%	12.65	10.73	15.2	12.55	10.87	13.4
黏度/(mPa·s)(30℃)	1970	1482	24.8	3329	2099	36.9
凝固点/℃	8	2	75.0	14	4	71.4

6.2　化学降黏技术

化学降黏是指向原油中加入某种药剂，通过药剂的作用达到降低原油黏度的方法。目前，对于任何原油都能降黏的化学药剂尚未发现，只能根据不同的原油物性和不同的油井生产情况，使用相应的降黏药剂。

6.2.1　乳化降黏技术

6.2.1.1　乳化降黏机理

O/W型乳化输送是在稠油或油水分散相体系中加入适量水和O/W型乳化剂，在适当的温度和机械剪切的混合作用下，将稠油以小液滴的形式分散到水中，形成以油为分散相，水为连续相的O/W型乳状液，使稠油在管道中流动时，稠油与管壁间摩擦和稠油间的内摩擦转变为水与管壁间摩擦和水与稠油液滴间的摩擦，从而大大降低管输时摩阻损失的一种输送方式。不同类型乳状液如图6-7所示。

稠油乳化降黏的机理可以从两个方面来解释，一是表面活性剂降低油水界面张力，从而在一定温度下搅拌后形成O/W型乳状液，乳化剂分子吸附于油珠周围，形成定向单分子保护膜，防止油珠聚合，从而减小液流对管壁摩擦力和分子内摩擦力，如图 6-8 所示。

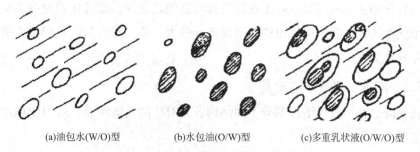

(a)油包水(W/O)型　　　　(b)水包油(O/W)型　　　　(c)多重乳状液(O/W/O)型

图 6-7　不同类型乳状液

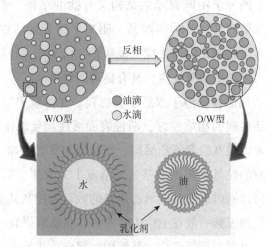

图 6-8　乳化降黏反应机理

二是利用表面活性剂水溶液的润湿作用，进入管道后吸附在管壁上形成水膜使稠油与管壁的摩擦变为水膜与管壁的摩擦，降低液体流动阻力，如图 6-9 所示。

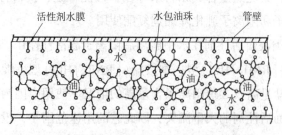

图 6-9　O/W 型乳状液管道流动示意图

这项技术的关键在于选择稳定有效的乳化剂，制备出稳定性好的乳状液，使其经受管输过程中的各种剪切和热力作用时不被破坏，同时还需要具备在一定条件下易于破乳的特点。此外，要实现乳化降黏输送还需具备的条件有：①要具备充分的油水搅拌剪切混合条件；②要具备合适的乳化温度条件；③乳化剂的浓度要进行优选，具有经济运行成本；④O/W 型乳状液若反相为 W/O 型乳状液，其黏度往往比同温度下纯油黏度还要高，因此管输时一定要避免这种情况的发生。

水包油乳化输送也有局限性：①难以选择合适的乳化剂；②乳化剂如何影响稠油降黏效果缺乏系统性认识；③不同油田稠油组成差异较大，单一配方的乳化剂很难适应不同稠油油田的差异化要求。

6.2.1.2 稠油乳化降黏剂分类

根据乳化降黏常用表面活性剂分子的结构及其对应的性能特点，可用作稠油降黏的表面活性剂主要分 3 类。

1）阴离子型：这种表面活性剂的阴离子基团在水中解离后起活性作用。其一般分为两类，一类为酯盐类型，它的分子中既有酯的结构又有盐的结构，如硫酸酯盐、磷酸酯盐等；另一类为盐类型，如羧酸盐、各种磺酸盐。阴离子型表面活性剂主要以脂肪醇硫酸盐、烷基苯横酸盐为代表。其中，以十二烷基硫酸钠、$C_8 \sim C_{16}$ 直链烷基苯横酸钠为典型，其与短链醇降黏剂复配可以产生协同效应，具有显著的效果。

2）非离子型：此类表面活性剂溶于水后不会解离。在溶液中以分子或胶束状态存在，与阴离子和阳离子表面活性剂的相溶性好，两种表面活性剂复配使用可以产生协同效应。非离子型表面活性剂主要以烷基酚聚氧乙烯醚、脂肪醇和聚氧乙烯、聚氧丙烯嵌段聚醚为代表。烷基酚聚氧乙烯醚的烷基大多是辛基、壬基或十二烷基，双辛基和双壬基分聚醚。聚氧乙烯类表面活性剂可以通过改变其聚氧乙烯基的数目来控制其亲水性能。常用的非离子型表面活性剂环氧乙烷加成数一般在 10 ~ 150 左右。脂肪醇聚氧乙烯醚（AEO）也是典型的非离子型表面活性剂，也可与环氧乙烷、环氧丙烷聚合生成嵌段共聚物复配使用。两段或三段的环氧乙烷环氧丙烷嵌段共聚物也是常用的非离子型表面活性剂，主要在乳化降黏配方中作辅剂。非离子表面活性剂的缺点是在温度过高的情况下，醚链容易被破坏，抗高温性差，生产成本高；其优点是合成原料来源多，性能稳定，抗盐性好，受 pH 值的影响低，而且可以与阴离子和阳离子乳化降黏剂复配使用。

3）阳离子型：这类表面活性剂在水中解离后阳离子起活性作用。常见的阳离子型乳化降黏剂有 4 种：胺盐（[RNH$_2$]HCl）型、季铵盐（[RNR$_3$]HCl）型、吡啶盐型、多乙烯多胺盐型。可以在水相含盐量高及二价阳离子含量高的情况下使用。因为地层的黏土颗粒通常带负电，造成此类表面活性剂的大量流失，因此它的用途范围小，没有非离子型和阴离子型表面活性剂范围广。

近年来，纳米技术应用于原油降黏中，即在表面活性剂中加入一些改性的纳米材料，使油、水、表面活性剂和辅剂一起形成纳米乳液，这种乳液是具有热稳定性和各向同性的多组分分散体系。纳米乳液与普通乳液相似，但也有根本区别：普通乳液的形成一般需要搅拌等外界提供能量，而纳米乳液则自动形成；普通乳液是热力学不稳定体系，而纳米乳液是热力学稳定体系，不易发生聚结。

6.2.2　油溶性降黏技术

油溶性降黏技术是在降凝技术的基础上发展起来的一种降黏技术。在高温下，稠油中胶束结构比较松散，油溶性降黏剂分子可以借助自身超强形成氢键的能力分散进入胶质、沥青质的分子之间，与其形成更强的氢键，从而拆散由平面重叠堆砌而成的聚集体，导致稠油中的超分子结构向低层次转化，同时释放出胶束机构中包裹的液态油滴。体系中超分子结构尺寸减小，分散相减少，连续相增加，稠油黏度大幅度降低。

此外，降黏剂分子的溶剂化作用、溶解作用都会起到降低稠油黏度的作用。目前，使用油溶性降黏剂进行稠油降黏较为可行的方法是将油溶性降黏剂与稀释剂、乳化剂或热力方法配合使用，是减少降黏费用和提高降黏效率的一种辅助手段。多种降黏剂及各类助剂复配使用既可扩大适用范围，也可改善降黏效果。对酯型降黏剂而言，比较有发展前景的是与原油石蜡烃碳数分布相匹配的酯型降黏剂、高分子表面活性剂及全氟表面活性剂。油溶性降黏剂能很好地避免乳化降黏的技术缺陷(如后续脱水处理)，开发前景很好。但是，油溶性降黏技术的相关研究目前在国内处于起步阶段，而且主要局限于室内研究。其次，油溶性降黏剂的降黏效果一般，单独使用很难达到生产要求，因此需要与其他降黏工艺结合，降低了油溶性降黏剂的应用价值。此外，油溶性降黏剂的价格一般较高，并且药剂用量大，导致该项技术降黏成本较高，无法实现广泛应用。

6.2.3　加碱降黏技术

加碱降黏的机理是利用稠油中含有较多的有机酸，加入碱可与有机酸反应生成表面活性物质，该表面活性物质是天然的 O/W 型乳化剂，在其作用下，稠油与水形成 O/W 型乳状液，从而大幅度降低稠油黏度。

在稠油开采中，国内外用碱水驱油的较多，但是至今还没有系统地研究过与碱水驱油有关的乳状液类型及特征，也没有具体方法根据乳状液特性选择碱水配方。在碱水降黏方面的研究更少，国内仅对少数油田进行过尝试。

6.2.4　稠油改质降黏技术

稠油改质降黏是通过将重油分子打断，使之变为小分子，从根本上降低分子间的作用力，从而降低稠油的黏度。这种方法由于分子发生了改变，所以过程不可逆，效果比较好。改质降黏的主要困难是处理量小，今后面临的主要课题是如何加大处理量和降低成本。可考虑的一种优化方法是改质部分重油，并将改质后的产品用作稀释剂稀释输送未改质的重油。稠油改质降黏是一种浅层原油加工方法，通过除碳和加氢使大分子烃分解为小分子烃来降低稠油的黏度，但是反应条件苛刻，反应成本较高。除碳过程大致可分为热加工和催化加工，热加工有减黏裂化、焦化等，催化加工主要以催化裂化为代表。此外，还有溶剂脱碳，如脱沥青和脱金属等过程。加氢主要有加氢热裂化和加氢催化裂化等方法。目前，改质的方法主要有：催化降黏、加氢裂化降黏、低温常压改质等。

裂化降黏相当于把炼厂的催化裂化装置搬到矿场，其原理与炼厂相同，是在催化剂存在条件下，通过加热完成反应，而催化剂可以有效加速反应过程。一般选择易与重油匹配、抗毒性好、稳定性高、活性高、成本低、使用寿命长的催化剂。分子筛催化剂具有活性高、使用寿命长、抗毒性好、成本低的特点，是值得重视的稠油裂化催化剂。

由于稠油是环烷基或沥青基，特别是碳原子数超过13时，其黏度比直链烷烃要高得多，因此打开环链就可显著降低黏度，这就是加氢裂化降黏的机理。美国某公司已开发了一项改善稠油物性的新工艺，即采用一种携氢添加剂与稠油在中等温度和接近大气压的条件下反应，生成低黏度油。该技术在加利福尼亚中部油田的应用中，对重度为 4 ~ 15°API 的原油处理后，黏度降低到原来的1/20，而重度基本不变。这种添加剂必须含有可提供氢原子的结构，且易溶于烃中，乙醇类、甲醇类、乙二醇类等有机物可满足这一要求。由于加氢裂化降黏工艺简单，因此有望在长输管道上应用。

稠油经改质后除了得到低黏、优质的合成原油外，副产品渣油也可用来产生氢气、加热蒸汽驱动汽轮机发电、加热蒸汽锅炉产生蒸汽进行蒸汽吞吐和蒸汽驱生产等。

6.3 微生物降黏技术

传统降黏方法均存在着各种缺陷，目前大多数油田都采用加热输送工艺解决稠油输送的难题。加热输送工艺在运输过程中需要消耗大量的热能，导致其运输成本较高；且加热温度过高易发生事故，允许输量变化范围小，停输后温度降低易发生凝管事故。

微生物降黏作为一种新型降黏技术，近年来得到各大油田的广泛关注，虽然微生物采油法在我国起步较晚，但进展很快，国内主要油田均开展了利用微生物降低稠油黏度的研究。

6.3.1 微生物降黏技术特点

微生物降黏技术作为一种被行业高度认可并广泛研究的稠油降黏技术，与其他采油技术相比具有得天独厚的优势，未来的发展前景一片光明，主要体现在以下4个方面。

(1)清洁环保。微生物降黏主要是利用微生物自身活动及其代谢产物，这些物质都能够生物降解，不会残留；而且是无毒或低毒的，不会损伤地层，无论对环境还是人类的生活都不会造成损害，完全符合可持续发展的生态理念。

（2）稳定性强。用于采油的微生物必须能够适应苛刻的油藏环境，能够耐受 150℃ 的高温及 $2.2 \times 10^5 \, \text{mg/L}$ 的高矿化度。微生物采油相比一般的化学驱采油技术最大的优势是微生物能够在油藏中自主传代、繁殖，可以长期作用于油层，持续性好，稳定性强。

（3）经济效益好。一般的热力采油、气体混相驱（或非混相驱）采油、化学驱采油等技术往往需要源源不断地注入能源、试剂等，生产成本很高，导致企业效益减损。而微生物采油技术可以很好地弥补这些不足。微生物生长以水作为介质，可以利用相应的工业废物或副产物、廉价的蜜糖等原料在油藏中长期生存，达到降本增效的目的。

（4）可执行性强。微生物采油主要工艺就是将微生物及培养基一起沿原有的注水管线注入油井，使微生物在油井中正常传代、繁殖。基本不需要对原有的设备进行改造或增加新的专用设备，施工简单，可执行性强，是一种廉价而高效的采油技术。

6.3.2　微生物降黏技术原理及方法

6.3.2.1　降黏原理

微生物降黏原理主要可分为乳化降黏和降解降黏两方面。其中，乳化降黏主要利用生物表面活性剂独特的两亲性质吸附于岩石表面或油－水界面，以达到润湿反转、降低油/水界面张力和乳化原油的效果。降解降黏过程则通过微生物将长链、大分子组分转化为短链、小分子组分，降低原油中重组分的含量，从而降低原油黏度。不同于其他降黏方法，降解降黏能通过降解原油中的重组分从根本上降低原油黏度，但同时也可能降解轻质组分。

（1）乳化降黏

乳化降黏作用主要通过生物表面活性剂的乳化、降低油－水界面张力和润湿反转作用实现，如图 6－10 所示。生物表面活性剂作为一种由生物代谢产生的天然活性物质，具有与化学表面活性剂相似的表面性能、乳化性能、热稳定性、化学稳定性等性质，同时也具有化学表面活性剂不具备的低临界胶束浓度（CMC）、低毒性、高生物降解性（近 100%）和在极端环境下（温度、pH 值和矿化度）稳定性好等特性。大量的试验结果也证实了生物表面活性剂具有较强从高温、高盐度的多孔介质体系中驱替残余油的能力。

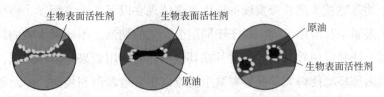

图 6－10　生物表面活性剂作用机理

（2）降解降黏

降解降黏主要通过微生物的降解作用使原油组分碳链断裂，重组分转变为轻组分，从而改变原油的组成，降低原油黏度。按照降解降黏过程是否有氧气参与，可将降解降黏过程分为有氧降解和厌氧降解。目前，沥青质、胶质的微生物可降解性已被证实，但对其降解机理的研究非常有限，研究主要集中在原油黏度、胶质和沥青质的含量及官能团变化，尚未形成共识。

6.3.2.2　技术方法

微生物降黏的技术方法主要有两大类：本源微生物降黏和异源微生物降黏。在国内这两种方法目前并不成熟，多数研究尚处于试验室模拟阶段，仅在部分油田得到小规模实施。

本源微生物降黏方法就是向油井中注入适合油藏中微生物生长所必需的碳源、氮源无机离子等营养物质，激活油藏中具有降黏作用的微生物或使油藏中本来数量处于劣势的具有降黏作用的微生物在适宜的营养条件下逐渐变为优势种群。此方法看似简单，实施起来却很困难。首先，必须从油藏中分离出所有的微生物种，并对其逐一进行降黏试验，筛选出具有降黏作用的微生物，然后对目标微生物进行地上碳源、氮源、磷源等多种营养物的优化试验得出最佳发酵条件，最后将微生物的培养液注入油井中，通过微生物与稠油的相互作用达到降低稠油黏度的目的。

异源微生物降黏方法是在已经明确具有降黏效果的微生物的基础上进行的。可以直接从菌种库中提取菌种，经过活化、传代、扩大培养等操作探明此菌种发酵的最佳代数（通常为第二代或第三代）。然后，通过试验明确其发挥降黏作用的最佳条件，在此基础上进行地面模拟稠油降黏试验。最后，将符合要求的菌种培养液注入油层，关井一段时间，国内油田试验证明开井后稠油采收率大幅提高。

6.3.3　微生物降黏技术存在的问题

在有限科研成果的支持下，微生物降黏技术仅仅在部分国家得到小规模应用，绝大多数油田还是采用物理降黏技术和化学降黏技术。另外，在微生物降黏方面，现有的研究还不够深入，对于采油微生物的分类、生理活动、发酵情况以及其在油藏中与环境的适应性等还比较陌生，导致此技术还存在诸多问题。

限制微生物降黏技术进一步发展的原因主要体现在以下3个方面：①微生物自身极强的针对性大大限制了其应用范围，对于不同组分含量的稠油，不同微生物的降黏效果千差万别，如在某个油井应用效果很好的菌种在其他油井的应用效果却不尽人意；②多数油藏高温等恶劣的内部环境使得大部分异源微生物难以正常地繁殖和代谢，因此能够起作用的微生物必须能耐高温、耐高矿化度、耐盐、耐重金属等；③此项技术具有复杂性和多学科性的特点，需要微生物学、石油工程学、油田化学、石油地质学等领域的学者共同合作。

6.4　其他降黏技术

6.4.1　超临界二氧化碳降黏技术

超临界 CO_2 流体是最近几年在欠平衡钻井领域获得成功应用的一种流体。超临界 CO_2 流体是指当温度和压力分别处于临界温度(31.2℃)和临界压力(7.38MPa)以上的 CO_2 流体,其特点是具有气体较高的渗透能力和较低的黏度,同时又具有与液体相近的高密度。超临界 CO_2 对储层没有伤害,可有效保护油气层、改善储层渗透性,提高采收率。同时,超临界 CO_2 具有扩散系数大、溶解能力强等特点,可以迅速渗透到混合物内部。向稠油中注入一定浓度的 CO_2 ,其内部分子间的力由原来的液 - 液分子间力,变成了液 - 气分子间的力,分子间的力大大减小,同时稠油的胶质、沥青质大分子结构在溶解 CO_2 后也会遭到破坏,体积发生膨胀、密度减小,黏度迅速降低,从而实现稠油的降黏输送。与传统技术相比,该技术具有前瞻性,工艺具有节能、环保、经济性好等诸多优点,对稠油输送有着重要的意义。

Chung 等曾对稠油溶解 CO_2 后的物性变化进行过研究,溶解 CO_2 后稠油的黏度和未溶解 CO_2 稠油的黏度随压力和温度的变化情况如图 6 - 11 所示。

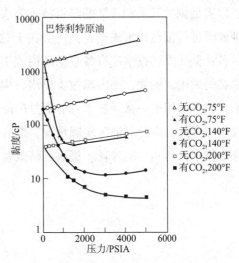

图 6 - 11　溶解 CO_2 前后稠油的黏度随压力、温度的变化曲线

由图 6 - 11 可以看出,未溶解 CO_2 时,稠油的黏度随着压力的增大而增大,但是随着 CO_2 在稠油中的溶解,黏度明显降低。当压力大于 6.9MPa,温度为 60℃,CO_2 在稠油中达到饱和时,稠油黏度的降低非常明显,比稠油从 60℃ 加热到 94℃ 的降黏效果还要好。总之,当压力高于 6.9MPa 时,稠油中的 CO_2 达到饱和状态后,原油的黏度可以实现大幅度降低。

6.4.2　天然气饱和降黏输送技术

天然气饱和降黏输送是油田在较高压力下进行油气分离,使一部分天然气溶解于原油中,降低原油黏度,减少摩阻的一种技术。稠油在从地下被开采至地面的过程中,由于温度和压力的降低，溶解气逐渐析出，黏度大幅度升高，流动性变差。可以通过使油气在较高的压力下分离，让一部分天然气保持溶解状态，降低其黏度。当油气分离压力高于原油的饱和压力时，溶有天然气的稠油仍以单相状态存在，只要压力低于饱和压力，溶解气就会析出。因此，天然气饱和输送要求管线的沿程压力高于饱和压力。实践证明，该方法对低温输送高黏原油更为有效。

6.5 复合降黏技术

纵观稠油的降黏技术，化学降黏技术在稠油降黏中具有一定的优势，尤其是稠油化学降黏剂，降黏剂的研究目标是研制或选择更加廉价、高效的化学品，改善稠油低温流动性，以满足稠油开采和管输的经济技术要求。物理降黏方法通常是利用物理场对稠油进行处理或者进行加热掺水输送，其优势在于对原油污染较小，操作简单方便且危险性小。

各种稠油降黏技术都有各自的适用范围，而且每种技术一般不独立采用，往往是几种技术共同采用。例如，委内瑞拉奥里诺科稠油降黏就是采用缔合、溶解、稀释的复合降黏技术，比原来用单一稀释技术具有更好的降黏效果，达到并超过预期要求，具有明显的经济效益。因此，应针对油区实际情况，综合考虑热采、集输、加工等因素，选用合适的稠油降黏技术，达到节能降耗、提高经济效益的目的。

第7章 稠油脱水技术

我国颁布的最新原油国家标准 GB 36170—2018《原油》中明确规定了原油中的含水率应控制在 0.5% ~ 2%（质量分数），其中，不同的原油基属要求略有差异，石蜡基略低、环烷基相对较高。相对于常规原油，稠油更为复杂、脱水也更为困难。目前，我国大部分油田已进入中后开采期，为了提高原油产量，常常采用注水与三次采油的方式进行深度开采，这就造成油田采出液的含水率不断升高，部分油井产出液的含水率高达95%以上。较高的含水率不仅降低了管道与设备的有效利用率，而且也增加了动力和热力消耗，同时易使管道腐蚀，造成原油泄漏，给原油输送及生产带来巨大的安全隐患。在原油输送前进行有效的油水分离，可以降低生产成本，因此开发新型原油脱水技术具有重大的意义和价值。原油脱水包括脱除原油中的游离水和乳化水，脱出乳化水比脱出游离水难得多，因而多年来始终把 W/O 型乳状液的油水分离作为研究重点。

本章主要介绍稠油脱水的技术及相关工艺。常见稠油脱水技术有物理法、化学法、生物法以及联合破乳脱水法等，其中物理法包括重力沉降法、加热法、旋流分离法、电脱水等，化学法包括破乳剂法、电解质法等，联合破乳脱水法包括热化学法、电化学法、声化学法、脉冲电场 – 直（交）流电压联合、脉冲电场 – 离心力场联合、脉冲电场 – 研磨联合等。它们的共同点是根据各种破乳机理，采用适当的破乳方法，使微小的水滴聚集成较大的水滴，利用密度差，在重力作用下从油中沉降、分离，达到脱水的目的。

7.1 稠油物理脱水技术

7.1.1 重力沉降技术

重力沉降是根据油水密度差异、依靠重力实现油水分离的一种技术，按照容器的耐压能力，分离容器可以分为耐压游离水脱除器、压力沉降罐和不耐压常压沉降罐两类。游离水脱除器和沉降罐都有卧式和立式两种。由于立式游离水脱除器的油水分离效率低，使用比较少，仅适用于空间受限制或经常需要从脱除器底部清污的场合，因此常用的是卧式游离水脱除器(见图7-1);立式沉降罐(见图7-2)不耐压,常用于开式流程,卧式沉降罐常用于闭式流程。

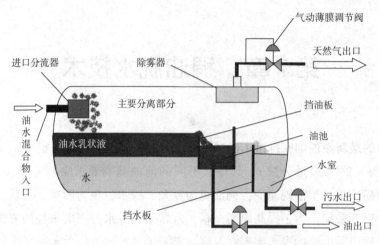

图7-1 卧式游离水脱除器(三相分离器)

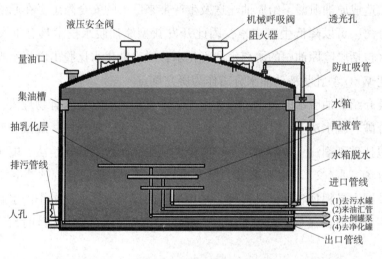

图7-2 立式沉降罐

由沉降运动的规律可知,分离效率与油水混合物在分离装置内的停留时间有关,停留时间取决于分离装置的体积和油水混合物的流动速度,因此在实际应用过程中,为了提高分离效率,分离装置的体积都比较大。采用重力沉降进行稠油脱水时,通常无需加热,可以节省燃料费用,并且操作简单,对人员的自控水平要求较低。但该方法也存在着分离效率低、分离周期长等缺点,而且不能应用于油水密度差较小的原油脱水。为了提高分离效率,可以采用增大水珠粒径、扩大油水密度差、降低稠油黏度等方法。

7.1.2 旋流分离技术

旋流分离脱水就是基于油水密度不同的有利条件，使高速旋转的油水乳液产生离心力，从而实现油水分离。离心设备往往可以达到非常高的转速，产生高达几百倍重力的离心力，所以离心机可以较为彻底地将油水分离，并且需要的停留时间短、占地面积小。

对于离心脱水而言，水力旋流是近年来得以不断发展、重视和应用的技术，水力旋流器就是一种利用离心分离原理工作的设备，其结构及内流线如图7-3所示，实物图如图7-4所示。含水稠油从其入口沿切向进入入口段后，产生高速旋转，由于油水密度的差异，在离心力的作用下，水相将向旋流器回转壁面处运动，并在壁面附近浓集，在旋转过程中，逐渐向底部流出口运动，最终排出旋流器。与此同时，油相将向旋流器中心轴处运动，形成中心核，并向入口方向流动，最终从溢流出口排出。

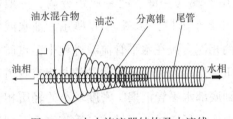

图7-3 水力旋流器结构及内流线

图7-4 水力旋流器实物图

水力旋流器具有使用方便、体积小、分离效率高、运行维护成本较低等优点，近年来在国内陆上和海上稠油脱水方面得到广泛的推广使用，但在使用过程中需要注意参数的控制与调节，参数调节不当，则会造成油水混合物乳化加剧。因此，水力旋流器在使用过程中要求油水混合物的性质要相对稳定，流量恒定，这就造成了旋流器的通用性差、自动化水平要求高等缺点。

7.1.3 管道式分离技术

管道式分离器是近几年石油工业生产中发展起来的一种新型分离装置，主要是利用重力分离、离心分离、浅池原理、气浮分离等原理，通过技术集成在多相流体流动过程中实现相分离。管道式分离装置结构简单，设计方便，容易满足工艺要求。

7.1.3.1 螺旋管分离技术

螺旋管形状如图7-5(a)所示，类似于直立的弹簧，混相介质入口在底部，顶部为轻质相出口。螺旋管分离原理是两相混合液在螺旋管内流动过程中受离心力和重力作用，密度较大的重质相移向螺旋管外侧，密度较小的轻质相移向螺旋管内侧，图7-5(b)为管道横截面上的油水两相分布；流动状态稳定后，重质相从螺旋管外侧壁面小孔流出，轻质相由螺旋管顶部出口流出，从而实现两相分离。

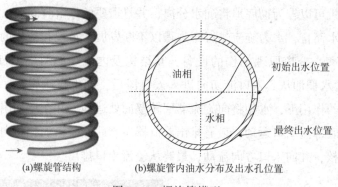

(a)螺旋管结构   (b)螺旋管内油水分布及出水孔位置

图7-5 螺旋管模型

7.1.3.2 T形管分离技术

T形管主要利用重力、浮力和分层滑移等作用实现气-液、液-液预分离，一般由2~3根水平管和多根垂直管组成，具有1个入口和2个出口，如图7-6所示。

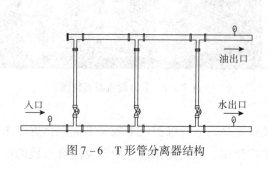

图7-6 T形管分离器结构

油水或气液两相混合液在水平管流动过程中，重质相受重力作用通过T形分岔结构与垂直管道下降到底部水平管汇聚，密度较小的轻质相在浮力作用下通过T形结构与垂直管上浮到顶部水平管，形成两相的分层流。T形分岔结构的功能在于实现两相流动路径选择，垂直管是两相动态交换流动的通道，而水平管则发挥输送、聚集等功能。

7.1.4 稠油掺稀脱水技术

在稠油中掺加稀释剂(稀油、石脑油等)有利于降低油水的相对密度差和黏度，实现稠油的降黏集输和油水的有效分离。该项技术适合应用在稀油资源丰富，或是其他脱水技术达不到要求的地方。掺稀脱水虽然可以提高脱水效果，但稀释剂的掺入影响了稠油和稀释剂的性质，在选择该技术时应该注意。

7.1.5 加热技术

对稠油乳状液加热，一方面可以增加乳化剂的溶解度，从而降低它在界面上的吸附量，削弱了保护膜；另一方面，温度升高可以降低外相的黏度，增加分子的热运动，从而有利于液珠的聚结。此外，温度升高使油水界面的张力降低，水滴受热膨胀，使乳化液膜减弱，有利于破乳和聚结，所以升温有利于破乳。但是，加热法也对稠油带来一些负面影响：轻质组分挥发、密度增大、生产成本上升等。因此，对加热脱水总的原则是：①能常温脱水的不加热，需要加热脱水时尽可能降低加热脱水温度；②加热油水混合物前应尽可能脱除游离水，减少无效热能消耗；③有废热可利用的场合应优先利用废热加热乳状液；④尽可能一热多用或将处理器高温出口稠油与低温入口稠油换热，以节省燃料。

7.1.6　电脱水技术

水是一种极性物质，在电场的作用下，极化后的水滴会在电场的作用下发生迁移、碰撞、聚结，粒径增大等过程。根据施加电场方式的不同，水滴聚结原理主要包括：偶极聚结、电泳聚结和振荡聚结等。

在电场作用下，分散相液滴极化变形，液滴两端分别带正、负电荷。相距较近的极化液滴，在相反极性端吸引力下相互靠近，并最终接触碰撞。接触液滴的液滴膜在极化力作用下被压迫减薄，最终破裂，液滴完成排液过程，聚结成大液滴，如图 7 - 7 所示。

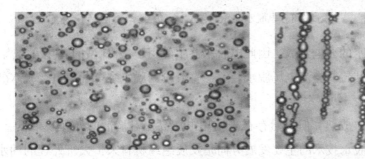

(a)未加电场　　　　　　　　　(b)施加电场

图 7 - 7　乳状液中水滴成链特性

水滴受到的电场引力 F 如下式所示：

$$F = \frac{6\varepsilon r^2 E^2}{L^4} \qquad (7-1)$$

式中　ε——油水混合物的介电常数；

　　　r——水滴半径；

　　　E——电场强度；

　　　L——两水滴的中心距离。

水滴运动阻力 f 的计算公式为：

$$f = C_d \cdot \frac{\rho_f |v-u|^2}{2} \cdot S_p \qquad\qquad (7-2)$$

式中　C_d——阻力系数；

　　　ρ_f——密度；

　　$|v-u|$——水滴与周围流场的相对速度；

　　　S_p——水滴的有效横截面积。

电脱水器主要应用于含水率较低的情形(通常含水率低于30%)。图7-8是一种典型的电脱水器示意图。

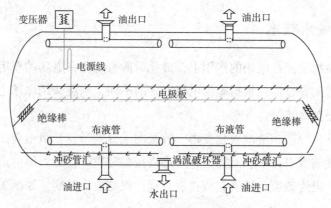

图7-8　电脱水器示意图

因为油的介电常数小于水的介电常数,因此电脱水器主要用于 W/O 型的乳化液分离。目前,国内外常用的电脱水装置有交流电场脱水装置、直流电场脱水装置和双电场脱水装置等。

虽然电脱水器的技术相对成熟,但仍然存在着使用电压高、对稠油的处理效果较差、操作复杂等缺点。目前,电脱水技术的主要发展方向是发展绝缘材料来扩大所处理的油水混合物的含水率范围,另外,如何降低电压以减少供电站的负载也是一个技术难题。电脱水技术与多种技术相结合使用,如与离心分离、微波、超声波等技术联合使用,可以有效脱除稠油中的水,优化脱水效果也是未来发展的重要方向。

7.1.7　微波技术

7.1.7.1　微波特性

(1)内加热特性

如图7-9所示,微波加热与一般加热不同,后者通过表面热辐射由表及里地加热,前者是材料在电磁场中由介质损失而引起的,加热由内到外。

(2)选择加热特性

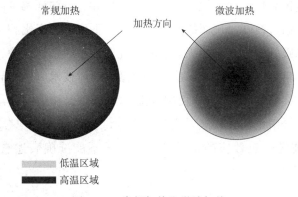

图 7-9　常规加热和微波加热

物质吸收微波能的能力取决于自身的介电性能，单位体积充填介质耗散吸收微波功率 P 的表达式为：

$$P = 2\pi f E^2 \varepsilon_r \varepsilon_0 \tan\delta \qquad (7-3)$$

式中　P——介质吸收的微波功率，MW/m^3；

　　　f——微波频率，MHz；

　　　E——电场强度，V/m；

　　　ε_r——介电常数，F/m；

　　　ε_0——真空绝对介电常数，F/m；

　　$\tan\delta$——介质损耗正切值。

（3）非热效应

当微波频率与微波场中极性分子的转动频率一致时，极性烃类大分子在微波场中发生共振，导致其化学键断裂分解成小分子。

7.1.7.2　微波破乳脱水机理

微波破乳脱水机理主要包括 5 个方面：①微波场中极性分子高速旋转，使油水界面膜的 Zeta 电位被破坏；水分子失去 Zeta 电位后，向下沉降聚结成大分子，促使油水分离；②水的介电常数比油的大很多，因此水吸收的微波能远比油吸收的微波能多，水的体积膨胀要大于油的体积膨胀，进而导致油水界面膜的强度减弱或破裂，使小液珠聚并成大的液珠，在重力作用下与油分离；③微波加热使界面膜的溶解度增加，导致其机械强度减弱，提高了水珠聚并的可能性；④非极性分子在微波场中被磁化，形成与油分子轴线成一定角度的涡旋电场。该电场减弱了分子之间的作用力，导致乳状液的黏度降低，使水珠的沉降速度增大，提高了油水分离效率；⑤微波的非热效应使稠油中极性大分子变为小分子，总体上降低了极性大分子的浓度，进而使稠油黏度发生不可逆的降低。

付必伟研究了微波处理对稠油组分的影响，如图 7-10 所示，可以看出微波处理后油样中 C_{16} 以上的分子所占百分含量降低，以下分子所占百分含量升高。结果表明微波辐射能有效裂解重构长链饱和烃分子，使大分子转化为小分子，油样黏度降低。因此，可推断微波非热效应使油样组分改变，进而使油样黏度发生不可逆的变化。

利用微波辐射的破乳率远高于传统加热的破乳率，且脱水速度快，脱水效率高，无污染且节约能源，具有良好的工业化应用前景。但微波辐射技术应用于乳状液破乳还有许多理论和技术问题尚未突破和解决，如微波破乳脱水的模型，微波与化学法耦合或协同破乳脱水的机理还不是十分清楚，并且缺乏充分有力的试验证据支持现有微波辐射破乳理论。特别是对微波辐射破乳非热效应的认识还不够，还不能准确表述它的作用过程和作用机理。

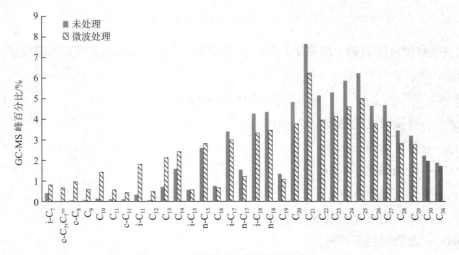

图 7 - 10　微波辐照后油样组分变化

7.1.7.3　微波工艺设计

为了将微波辐射技术运用到实际工程中，确保该技术在稠油输送管线中的实用性，艾志久等人设计了一套微波工艺方案并已实施，作为该工艺的验证试验。该工艺方案主要分为两个部分：①微波破乳脱水降黏系统；②乳化液分离系统。在实际工况中，为了提高产量，将大量处理后的乳化稠油进行静置分离需要耗费大量的时间和空间，所以利用分离出水和油的密度不同，使用分离装置进行分离是一种很好的解决办法。

微波脱水降黏系统是整个工艺流程中的重要部分。为满足现场对大批量稠油集中处理的需要，对谐振反应腔体部分进行设计，采用图 7 - 11 所示结构，具体工艺为：进行单次循环辐射时，首先将 1#和 3#闸阀打开，关闭 2#和 4#闸阀，调节安全阀和流量控制阀后，启动稠油泵；稠油从 2 号油箱中流入管道开始被输送到试验管路，经两处微波作用后流向管道尾端，由 3#闸阀排到油品收集箱内。如果管内压力过大，则可以打开 2#闸阀配合安全阀和流量控制阀，将多余的稠油排入 1 号油箱确保安全。若需要进行多次的循环试验时，可打开 4#闸阀，关闭 1#和 3#闸阀，让管道内稠油自行循环实现多次微波照射裂解。结束后，从外接 2#闸阀处排出。

该工艺对输油管道施加微波场,通过控制流速和微波源的功率实现对稠油脱水率和黏度的控制。并利用微波作用迅速的特点,在稠油运输的过程中进行反应,该工艺可为微波技术工业化提供参考和展望方向。

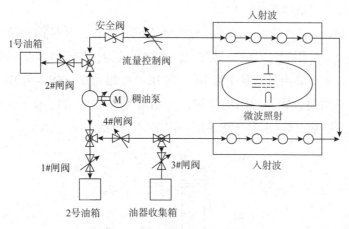

图 7-11　微波辐射工艺流程

7.1.8　超声波技术

7.1.8.1　超声波破乳机理

超声波破乳脱水是利用水滴在声场作用下由于运动的不对称性、声压辐射、温度及黏性变化而引起的漂移力和重力作用,从而使水滴聚集、碰撞、凝聚。超声波破乳的效果取决于位移效应,具体来说就是由于位移效应的存在,水粒子将不断向波腹或波节移动、聚积并发生碰撞,生成直径较大的水滴,然后在重力作用下与油分离。

超声波脱水是通过超声波作用于性质不同的流体介质产生的位移效应来实现的。由于超声波在油和水中均有较好的传导性,因此超声波脱水适用于各种类型的乳状液,这克服了传统方法的不足,具有很好的发展前景。

超声波在传递过程中,产生 3 种物理作用:首先是机械作用;其次是空化作用;最后是热作用。超声波破乳脱水利用以上 3 种物理作用,一方面在声场的作用下,乳化稠油当中的水滴发生位移集聚效应和碰撞合并效应,使得小水滴聚集成粒径较大的水滴,并且在重力作用下实现沉降分离;另一方面,超声波的作用有利于界面膜的溶解,提高了水滴相互接触的可能性。另外,超声波还有助于油水混合物中天然乳化剂的溶解。

7.1.8.2　超声波脱水装置的研制进展

超声波作用器结构早期主要为槽式和敞口式,发展至今有管式、圆柱筒式、分离器一体化等多种结构形式。超声波发生器的安装方式也不再局限于容器外壁,目前超声波发生器还可插入流体内部或环绕在容器外部。

早期日本三菱重工研制的超声波破乳装置为槽式结构，由于其超声波作用方向与流体作用方向垂直，因而作用时间短，破乳效果不佳。Scott 研发了一种槽式敞口式超声波破乳装置，利用超声波作用产生的空化波和驻波辅助破乳，破乳效果有所提高，但由于装置结构过于复杂，未能在工业应用中推广。

俄罗斯 GaliakbarovV F 等人开发了一种圆筒式破乳装置，其结构如图 7 – 12 所示。其中，油旋流部件为一带压管，涡流室具有回转抛物面结构，超声波发生器轴向安装在进水管。在该装置中，主要采用振动频率为 10 ~ 30kHz、振幅为 0. 0001 ~ 10MPa 的涡流波辐照稠油、水和添加剂的混合物。所用的添加剂是由特定类型的聚乙烯、高沸点组分 M-22、浮选剂 oxalT-66、亚乙基二醇/水混合物等按一定比例配置的。

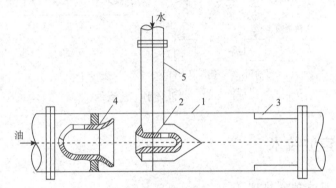

图 7 – 12　圆柱筒式破乳装置

1—圆柱筒破乳容器；2—涡流室；3—缓冲器；4—油旋流部件；5—进水管

俄罗斯 BulgakovA B 等人设计的超声波作用器结构如图 7 – 13 所示。装置的主体结构为通过圆柱体连接的两个截锥体，圆柱体中设置有空化嵌板，截锥体内部轴线上安装了超声波发生器。该装置主要利用流体通过截锥体及空化嵌板能产生的空化效应实现破乳，超声波作用方向与流体流动方向一致。

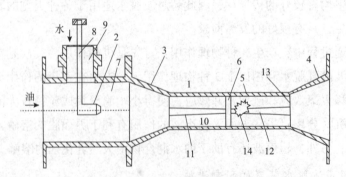

图 7 – 13　稠油脱水脱盐超声波作用器

1—混合器；2—供水管；3、4—截锥体；5—流动管；6—空化嵌板；7—三通管；8—入口；
9—横向开口；10—超声发生器(轴向安装)；11、12—截锥体；13—长挡板；14—爆破区中国石化齐鲁分公司研究院开发的超声波作用器是一管状结构，如图 7 – 14 所示，在其两端设置两个超声波探头，分别产生与油水乳状液流动方向相同或相反的超声波，增强破乳效果。经超声波作用后的油水混合物直接进入沉降罐进行油水分离，或采用电场进一步脱水后沉降分离。2012 年，该技术在胜利炼油厂联合一级电脱盐装置成功进行了工业试验，目前已经在胜利油田石化总厂、洛阳石化（见图 7 – 15）、九江石化等单位应用，在国内的原油超声波辅助破乳技术上取得了突破。

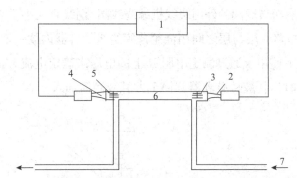

图 7 – 14　顺逆流超声波联合作用装置
1—超声波发生器；2—超声波探头；3—顺流超声波；4—超声波探头；
5—逆流超声波；6—超声波作用区；7—油水乳化物

图 7 – 15　洛阳石化超声波电脱盐装置现场图

7.1.9　电磁场破乳技术

7.1.9.1　电磁场破乳机理

电磁场破乳技术是一种无需电极等设备与油相直接接触，利用破乳器外绕制螺线管，靠电磁场感应，在破乳器内获得高频涡旋电场破乳的新技术，并具有输入电压低、功率消耗少、设备简单、操作方便、安全可靠等特点。它的基本原理是：根据电磁学交变电流产生交变磁场，交变的磁场产生交变电场。利用串联谐振电路，用较低的电压使较大的电感器通过较强的电流，从而在螺线管内部产生较大的涡旋电场，如图 7 - 16 所示。在此高频涡旋电场作用下，W/O 型乳状液液滴内电解质缔合体极化，电矩增大，界面双电层破坏，离子电泳速度加快，液滴碰撞机会增加，从而加速了分散相的聚结，达到破乳的目的。液滴内电解质离子的电泳、液膜界面双电层的破坏和液滴间的相互碰撞是涡旋电场法破乳的主要原因。内相电解质导电能力越弱，破乳所需的电磁场强度越大。

7.1.9.2 电磁场破乳装置

在直径为 6cm 的有机玻璃圆筒外用绕线机缠绕线圈(铜线直径小于或等于 0.25mm，n = 250 匝/cm)。为防止短路，层与层之间用涤纶薄膜绝缘，容器内放一 Π 形铁氧体磁芯，这种磁芯可在较高频率下使用。通过测定电阻 R 上的电压来确定电流。试验装置如图 7 - 17 所示。流动状态破乳时，乳液从破乳器圆筒上方乳液滴筒加入。

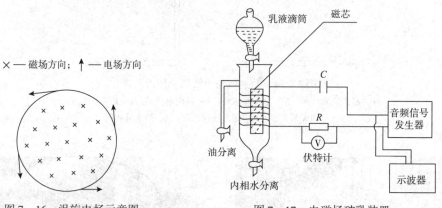

图 7 - 16　涡旋电场示意图　　　　　图 7 - 17　电磁场破乳装置

试验表明，利用谐振电路在破乳器中获得一种特殊的涡旋电场，可使 W/O 型乳状液在 5min 内达到 99% 以上的破乳率；电场强度越大，破乳速度越快。电磁场破乳法与高压静电法相比，克服了因乳状液与电极直接接触造成的短路和油燃现象，几乎无热效应，而且功率消耗小、破乳快、设备简单、操作方便，如能进一步提高输入功率和电压，有望应用于工业生产中。

7.1.10　膜分离技术

膜分离技术主要是利用了其物理结构特性，即膜表面空隙对物质的筛分原理，如图 7 - 18 所示。此外，吸附和电性能等因素对分离能力也有影响。根据膜结构上的差异，膜的截留机理一般可分为两大类。

(1)表层截留

1)机械截留，指通过物理尺寸的不同，实现对大尺寸分子或者物质的分离，与机械过滤器类似。

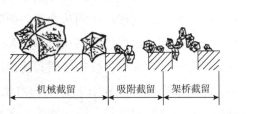
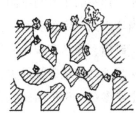

图 7-18　膜分离微观机理示意图

2）物理作用或吸附截留作用，除考虑上述因素外，还需要考虑分子间作用力在物质分离中起的作用。

3）架桥作用，在膜孔的入口处，通过电镜可观察到微粒因为架桥作用被截留。

（2）内部截留

微粒除了在膜表面被截留外，还能被膜的内部网络截留。

膜破乳分离技术是材料科学与化工分离技术交叉而产生的一种分离技术，它广泛应用在石油工业中的稠油脱水、采油废水、稠油碱洗产生的乳化液，环境工业中有机废水的处理，液液接触如萃取过程中形成的乳液或溶液夹带等方面。清华大学化学工程系骆广生等通过试验研究认为：有机微孔膜的破乳是与微滤膜的亲和性及乳液的性质相关的。在微滤膜破乳的过程中，O/W 型乳状液中的分散相液滴首先在膜表面润湿，并发生一定程度铺展。在一定的压差推动作用下，液滴之间发生不同程度聚集，超过一定范围时，液滴不可逆地聚结成大液滴，这种聚结可以在膜表面进行，也可以在液滴通过膜孔时发生，这些聚结的有机相在一定压力作用下通过膜孔，水相同时也连续地通过膜孔。过孔后的有机相与水相很容易实现进一步相分离，从而使透过液中油水得到很好的分离。在应用微滤膜破乳时，膜材料的选择有着重要影响：当所处理的乳状液为 O/W 型时，选用亲油的高分子聚合物；当处理的乳状液为 W/O 型时，选用亲水材料的微滤膜。Sun Dezhi 等利用亲水玻璃膜进行 W/O 型乳状液的破乳研究，使乳状液全部透过膜，然后静置，油水得到分离。试验研究了膜孔径、压力和两相比率对破乳的影响，最后得出的结论是：膜孔径越小，破乳效果越好，但所需压力增大；膜孔径增大，流量增大，但孔径过大，影响破乳效果；压力增大，流量增大，但压力过大时，由于液滴穿透膜的速度过快，破乳效果下降。

在面对稠油脱水处理时，密度较大的组分容易堵塞网膜孔道，造成通量衰减过快。因此，研究开发新型的抗污染能力强、通量大、成本低的超亲水油水分离膜，会有广阔的市场前景。

7.1.11　润湿聚结技术

润湿聚结破乳的原理是：乳状液中的水滴首先在聚结介质（固体物质）表面润湿并吸

附，然后液相主体中的水珠与吸附在介质表面的水滴碰撞并聚结，使介质上被吸附的水珠不断增大，当增大到一定程度时，液相搅拌产生的拽力使聚结水滴从介质表面脱落。不断地润湿吸附、碰撞、聚结和脱落，使水相和油相分层，进而达到两相分离。其中，润湿介质的选择是润湿聚结实现破乳的关键，而聚结介质的投加量、搅拌时间和搅拌速度是影响破乳效果的主要参数。Sun Dezhi 通过润湿介质在搅拌装置和填充柱中的对比试验发现，如果适当控制压力、流速和填充密度等参数，在填充柱中进行试验，破乳率和油相重复利用的效果均较好。

7.1.12　研磨破乳技术

研磨破乳机理可分为过滤破乳和研磨破乳两个基本步骤：过滤破乳是在过滤时，乳状液的内相分散液滴与研磨剂相互摩擦，润湿研磨剂表面，并在研磨剂表面铺展形成表面液膜，当表面液膜积累到一定厚度时，便会自动聚结；研磨破乳是研磨剂粒子间的有效碰撞对分散液滴产生了摩擦力和剪切力，促使液滴发生变形并相互接触，然后与研磨剂表面的液膜层聚结。研磨破乳依赖于研磨剂的表面性质，亲水性的研磨剂只能使 W/O 型乳状液破乳，亲油性的研磨剂只能使 O/W 型乳状液破乳。研磨破乳是处理溶胀液膜、电破乳中产生的絮状物和萃取工艺中产生的絮状物最有效的方法，具有适用广泛、设备简单、操作方便、原材料廉价易得、能源消耗低等特点。将研磨破乳技术应用于高含水稠油的前期脱水，可使稠油含水率降至电脱水容许的脱水范围，从而完善稠油的脱水工艺。润湿聚结破乳装置如图 7-19 所示。

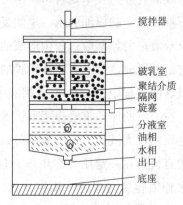

搅拌器
破乳室
聚结介质
隔网
旋塞
分液室
油相
水相
出口
底座

图 7-19　润湿聚结破乳装置

7.2　稠油化学破乳技术

化学破乳技术是目前国内油田普遍采用的一种破乳技术，通常是向油水乳状液中添加表面活性剂或具有两亲结构的超分子表面活性剂，这种表面活性剂称为破乳剂，其可以破坏双电层的电解质，也可以降低界面膜强度。与油水界面膜活性相比，化学破乳剂活性更高，会吸附在油水界面膜上，形成低强度界面膜替换油水界面膜，使其破裂；最终使乳化水脱离油水界面膜的束缚，被释放出来，聚结形成大水滴，在重力作用下油滴向上运动，水滴向下运动，经过沉降后分层，达到油水分离的目的。

随着破乳剂不断被开发利用，目前已有近 3000 种破乳剂(相对分子质量从几百到几万)被应用到科研和生产中。破乳剂的种类有离子型破乳剂和非离子型破乳剂。目前常用的破乳剂主要是非离子型破乳剂，包括 AR 系列破乳剂、AP 系列破乳剂、AE 系列破乳剂和 SP 系列破乳剂。虽然破乳剂具有良好的破乳效果，但在实际使用过程中仍存在一些问题，如使用量大、适应性差、成本高、有污染等问题，因此开发新型、脱水效率高、无毒、无腐蚀的破乳剂具有重要意义。

7.3　稠油微生物脱水技术

生物法稠油脱水是利用微生物对稠油乳状液的作用进行破乳，从而达到脱水的一种技术。生物脱水的原理是某些微生物通过消耗具有表面活性的乳化剂得以生长，并对乳化剂起生物变构作用致使乳状液被破坏；同时，某些微生物在代谢过程中还会分泌出一些具有表面活性的代谢产物，这类表面活性物质可成为稠油乳状液良好的破乳剂。通常而言，生物破乳剂的表面活性是衡量其性能的关键指标，其中起主要破乳作用的是细菌胞体。作为一种环保型的稠油脱水新技术，微生物脱水技术有可能逐渐取代化学脱水技术，因为已有室内研究认为该技术药剂用量小、脱水速度快、脱水率高、脱出水水质好、运行费用低，且无毒、无污染。

7.4　联合破乳技术

7.4.1　热化学技术

热化学技术是将含水稠油加热到一定温度，并在乳状液中加入适量的破乳剂实现脱水。破乳剂能够吸附在油水界面上，降低油水界面表面张力，从而破坏乳状液的稳定性，使小液滴破裂、聚结，以达到油水分离的目的。热化学沉降脱水工艺通常分为两段脱水。进站含水稠油进入一段热化学沉降脱出游离水，含水率小于30%的稠油，经增压加热后，进入二段热化学沉降进行二段沉降脱水，合格油输至稠油储罐，再经外输泵增压外输，工艺流程如图 7 - 20 所示。为加速沉降，在每段前端可注入药剂或稀油改善脱水效果。

该工艺流程中的沉降时间、化学药剂、脱水温度的确定是影响脱水效果和效率的关键。该流程优点是操作简单、可靠性高，缺点是处理时间长、设备占地面积大、现场施工量大。

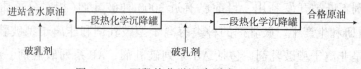

图 7 - 20 两段热化学沉降脱水工艺流程

胜利油田陈南联合站接收陈 373 区块南区和陈 311 区块的稠油，采用热化学沉降脱水工艺。处理过程中加入适量破乳剂和稀油，最终含水率达 2.5%，外输温度达 80℃。

7.4.2 电化学技术

电化学稠油脱水工艺根据稠油性质及加工后稠油含盐、含水量的要求，一般有一级、二级、三级电脱水装置，可以施加直流、交流及交 – 直流等不同类型的电场。实践证明，化学脱水与电脱水二者各具优缺点：化学脱水宜用于处理高含水稠油，而处理低含水稠油时，沉降时间极长，一般需 1 ~ 4d；电脱水处理高含水稠油操作较为困难，但处理低含水稠油时能力极强，时间可以缩短为化学脱水的 1/10 ~ 1/2。二者联合使用（即电化学脱水），可以取长补短，从生产成本来讲，电化学脱水是化学脱水 1/4 ~/1/2。采用电化学脱水可以从电和化学两个方面不断提高脱水效率。

7.4.3 声化学技术

声化学技术脱水是将声波能量辐射到加入一定量化学破乳剂的稠油乳状液中，使之产生一系列如聚结、空化、温热、负压等在内的超声效应，从而破坏一定机械强度的油水界面膜，起到破乳脱水的作用。声化学法可以有效提高稠油破乳脱水率，并降低破乳剂用量 35% 以上；可以在常温条件下破乳脱水，具有显著降黏作用，且长时间放置后黏度不恢复。另外，超声波和化学破乳剂联合作用时，超声波的扩散效应还能促进破乳剂效能的发挥。超声波与化学破乳剂相结合用于乳化稠油脱水，在常规脱水方式不能奏效的情况下，有很好的发展前景。

7.4.4 脉冲电场 – 直（交）流电压联合技术

当稠油含水率过高或乳化严重时，乳状液进入破乳器后即发生短路。使用脉冲电压效果良好，但深度破乳使用脉冲电压效果不佳，因此，脉冲电压往往用在破乳器的下层，当含水率下降后，破乳器上层采用常用的直（交）流电技术。

7.4.5 脉冲电场 – 离心力场联合技术

W/O 型乳化液的颗粒直径范围为 10 ~ 12μm，目前，传统静电破乳效率并不理想，在实际操作过程中聚结水滴沉降速度较慢,并可能导致第三相(Sponge Emulsions——黏度大而且稳定的 O/W 型乳状液)的生成,不利于破乳过程进行。江汉油田广华集输站含水稠油进行了交流电、直流电、脉冲电脱水的静态对比试验以及用脉冲电场与离心力场联合处理相同条件下含水稠油的脱水试验,试验结果表明:对相同数量的同种稠油,在破乳条件和脱水率基本相同的条件下,脉冲电脱水时的初级电流与电压比交流电和直流电脱水时要低得多,也就是说脉冲电脱水的能耗远小于交流电和直流电脱水的能耗;在加相同剂量的破乳剂、处理相同的稠油时,脉冲电场 – 离心力场的联合作用脱水效果比脉冲电场单独作用要好很多。可见,脉冲电场 – 离心力场联合脱水是一种新型的稠油电脱水技术,具有广阔的发展前景。

7.4.6　脉冲电场 – 研磨联合技术

应用脉冲电场对稠油进行脱水时,水滴下降到油水界面,如果油膜强度较大,则水滴不易并入水相。水滴在油水界面上逐渐积累,形成含水率极高(80% 以上)、电导性很大的絮状物,因而在破乳器中,出现了两层:上层含水率低的乳状液和下层含水率极高的絮状物,两层的电阻差别很大。分析表明:下层絮状物的电压远小于上层乳状液,加上其相体积比较大,乳状液的黏度也急骤增大,因此破乳更加困难。应用脉冲电场 – 研磨法的联合脱水技术,将研磨破乳器放在破乳器下层,可以有效地破坏乳状液,排除絮状物,达到良好的破乳效果。

7.5　胜利油田稠油脱水新技术

7.5.1.1　高频聚结分离技术

高频聚结油水分离技术是以高频脉冲技术为核心,同时将高频电场空间聚结与机械表面物理聚结联合进行脱水的新型技术。常见的高频电聚结脱水装置如图 7 – 21 所示。其高频脉冲供电工作原理是:任何电介质(稠油乳化液)都存在其固有的击穿伏秒特性,通过调整高频脉冲的频率和占空比(送电时间),使脉冲输出时间小于乳状液短路击穿时间,既可在电极间加较高的电场,又可避免短路击穿,从而在导电性强的乳状液中建立健全稳定的高频振荡电磁场,小水珠在电场中产生变形、碰撞聚结成大水珠而快速沉降分离,实现高含水来液电场聚结分离。

高频聚结机理是高频高压电场使乳状液中的水珠(导电流体)在电场中产生振动、变形,而在自由状态下,液滴界面膜有自身固有的振动谐振频率,当外加电场频率接近界面膜谐振频率时,两者形成共振,界面膜因振动、变形幅度增大而破裂,从而实现破乳,并在电场力的作用下实现快速聚结合并。高频电流电压变化如图 7 - 22 所示。

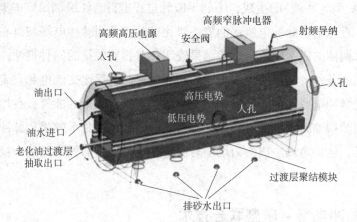

图 7 - 21　高频电聚结脱水装置

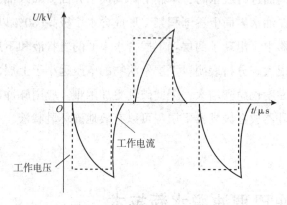

图 7 - 22　高频电流电压变化

　　低含水稠油乳化液电场破乳脱水技术常采用金属电极，安装在三相分离器末端，由高频/高压交流电源提供电场，主要用于含水率小于 30% 的稠油乳化液的电场破乳脱水，常见的电极结构有：竖挂式、平板式以及鼠笼式。

　　高频聚结分离技术优势：一方面实现了电脱和聚结除油技术的优化整合，利用高频脉冲特性，在高含水采出液中建立起稳定的高压高频电磁场，电场空间聚结代替机械材料表面聚结；另一方面，在相同处理容积及处理时间条件下，分水处理深度深，可有效简化工艺流程，缩短处理时间，降低能耗。

　　3 种脱水分离器的对比见表 7 - 1，可以看出，高频聚结分离器相比于三相分离器和电脱水器，同时具有机械表面聚结和电场空间聚结功能，分离效果有明显的提高，而且来液含水率无要求，适应性很强，高频聚结分离器与三相分离器在处理时间上差不多，但要明显优于电脱水器。

表7-1　3种分离器对比

设备		三相分离器	电脱水器	高频聚结分离器
技术比较	聚结方式	只有机械填料表面聚结功能，填料分段布置无法保证所有来液能接触到填料表面	只有电场空间聚结功能，电极为网状结构，不具有机械表面聚结功能	同时具有机械表面聚结和电场空间聚结功能，电极填料分层错流结构布置保证所有来液匀有与电极直接接触
	电场特点	无电场	高压脱水电场，稠油使电极易短路	高频高压电场可避免电极间短路
	来液要求	含水率高于50%为宜，工况黏度小于5000mm²/s为宜	含水率不超过30%，工况黏度小于50mm²/s为宜	含水无特别要求，工况黏度小于10000mm²/s为宜
	处理时间/min	10~60	60~180	10~60
	加药及破乳	不能单独破乳，加药时药剂会随水流失	单独可部分破乳，可联合药剂破乳	单独可部分破乳、高频电场可增加破乳剂活性。雾化油层加药方式可避免破乳剂随水流失，提高联合破乳效率
	水滴沉降方式	水滴沉降距离为装置中油层厚度	水滴沉降距离为装置中油层厚度	水滴沉降距离为电极填料间距
处理指标		重质稠油含水率(与温度有关)小于70%	重质稠油电极间易短路无法处理	重质稠油含水(与温度有关)小于40%，投加电场激活型破乳剂时可进一步降低出口含水

7.5.1.2　容器内置式静电聚结技术

容器内置式静电聚结(Vessel Internal Electrostatic Coalescer, VIEC)技术将高频/高压脉冲交流电场模块安装在分离器内部上游侧的乳化液过渡带上(见图7-23)，使水颗粒在高频/高压电场作用下聚结长大后加速沉降，从而降低分离器出油口的含水率。

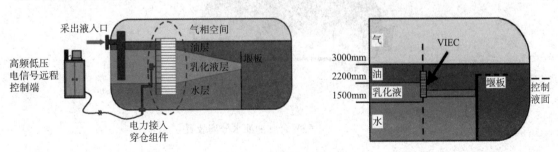

图7-23　内置电场分离器结构

VIEC工作频率为500~5000Hz，输出电压为1000~15000V，要求入口来液的含水率为 10%～90%，气相体积比不超过 60%，经过分离后出口的含水率能达到 30% 以下。

目前，VIEC 技术已经应用在全世界四十多个分离器上，在未来十年内，来自挪威大陆架所有石油的 1/10 以上，将安装 Wartsila 公司的 VIEC 系统。VIEC 技术同时适用于海上和陆上处理系统，解决了传统分离器中乳化水质量不达标和容量受限等相关的问题，它通过迫使小水颗粒聚结形成更大、更快沉降的水颗粒，提高了油水分离速度和效率，进而大大提高了油和生产水的质量。表 7-2 为近几年 VIEC 技术在世界各大油田的应用情况。

表 7-2　近几年 VIEC 技术在世界油田的应用情况

年份	地点	公司	国家
2016	Ivar Aasen	Det Norske	挪威
2016	Mariner	Statoil	挪威
2016	Gina Krog	Statoil	挪威
2017	Hebron	Exxon Mobil	加拿大

在国内，部分学者逐渐开始关注第三代 VIEC 的研究进展，寇杰等针对国外容器内置式静电聚结器的最新研究和应用进展进行了总结，分析了聚结器聚结和脱水效果影响因素，包括电场强度、电场频率、温度、压力、流态和入口含水率等。

7.5.1.3　电磁复合脉冲油水分离技术

电磁复合脉冲油水分离技术集成了电磁降黏、脉冲破乳、聚结脉冲脱水等技术，具有处理来液范围广、效率高、能耗低、效果稳定等特点。该技术的目的是实现油田采出液油水快速分离；实现地面工艺短流程，降低运行、环保等成本；实现处理装置标准化、模块化、撬装化。电磁复合脉冲油水分离装置如图 7-24 所示。

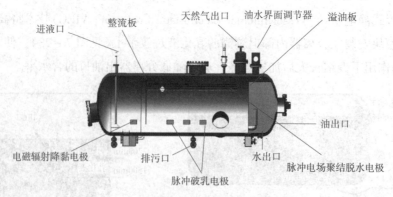

图 7-24　电磁复合脉冲油水分离装置

目前，电磁复合脉冲装置已经在长庆油田姬 26 接转站（见图 7-25）、华北油田西 47 站、高升采油厂高一联合站工业化应用。上述油田的部分油水分离工艺已开始改造，经过 3 次中试试验，该分离技术也在胜利油田得到验证，脱水效果十分满意。

图 7 - 25 长庆油田姬 26 转站

第一次试验：2020 年 12 月在孤东东一联进行含聚稠油试验，进液含水率为 6% ~ 35%，平均含水率为 20%，有杂质、老化油及聚合物，温度为 80℃ 左右，处理量为 200m³/d，处理 1m³ 设备能耗为 0.2 ~ 0.3kW·h；经装置脱水处理后出油中含水率在 1.5% 左右，水中含油平均 280mg/L。

第二次试验：2021 年 3 月 ~ 4 月在现河采油厂史南联合站进行轻质稠油中试，进口稠油含水率为 47% ~ 99% 情况下，现场工况未加热，处理后稠油含水率为 0.125% ~ 0.35%，水中含油 10 ~ 60mg/L。处理 1m³ 油设备能耗为 0.1 ~ 0.2kW·h。

第三次试验：2021 年 8 月 4 日 ~ 26 日在孤东采油厂东四联合站进行含聚稠油脱水试验，稠油密度为(20℃)0.9621g/cm³，50℃ 黏度为 936.4mPa·s，聚合物含量为 30mg/L，胶质沥青质含量分别为 40.22%、6.54%，稠油凝固点为 8℃，综合含水率为 95%。处理来液量 26000m³/d，来液温度为 44℃，沉降温度为 75℃ 左右；试验装备电磁复合脉冲脱水装置 1 套(撬装)，设备主要参数：工作压力不超过 0.35MPa，设计处理量为 150m³/d，外形尺寸为 12800mm(L) × 2600mm(W) × 4600mm(H)，设备容积为 23.9m³，电源电压为 380V ± 10%，50Hz，额定功率为 25kW，运行功率小于 2kW。具体试验工艺流程如图 7 - 26 所示。

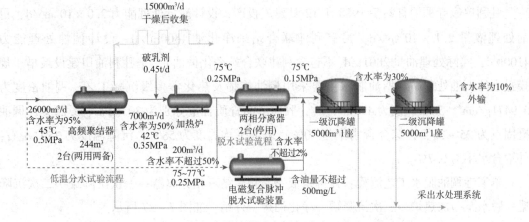

图 7 - 26 电磁复合脉冲装置在孤东采油厂试验工艺流程

分别对加热炉出口稠油(含水率为50%～70%)和进站来液(含水率为95%～98%)进行现场脱水试验,验证不同工况条件下该技术处理含聚稠油的适应性和经济性,试验分为3个阶段,第一阶段5d,处理加热炉出口来液(含水率为50%～70%,75℃),验证该技术二级脱水处理效果。在出口含水率不超过1.8%情况下,获取装置最大处理量数据。第二阶段5d,在第一阶段基础上,调整脱水温度至70℃或65℃,验证不同温度下装置处理效果,以设备运行参数稳定为基础。第三阶段5d,进站来液(含水率为95%～98%),44℃不加热,验证该技术对含聚稠油一级分水效果。

1)试验技术目标:在现场加药浓度不变、来液含水率为50%～70%、脱水温度为75℃情况下,稠油脱水后含水率不超过1.8%,水中含油量不超过500mg/L;在现场加药浓度不变、来液含水率为95%～98%、脱水温度为44℃情况下,稠油脱水后含水率不超过35%,水中含油率不超过800mg/L。试验共进行了22d,均达到试验目标值。

2)试验结果分析。

①从试验结果看,在温度≥75℃时,来液含水率在35%～70%波动情况下,处理量为6m³/h,电磁复合脉冲脱水装置出油含水率稳定在1.8%以下,出水含油量在500mg/L以下。随着温度升高,装置出口含水率指标可以达到1.0%。1m³稠油处理电耗为0.1～0.2kW·h,设备运行能耗较低。

②从以上数据看,处理温度和来液量是不断变化的,可满足设计处理量的1.2倍冲击,装置运行状态比较稳定,出口指标稳定,能够适应实际现场工况。

7.6　胜利油田稠油脱水工艺技术

7.6.1　胜利单家寺稠油脱水工艺

胜利单家寺稠油首站于1988年12月建成投产,设计液量处理能力2.0×10⁴m³/d,目前处理液量2.1×10⁴m³/d,另有利津联合站来净化油1500m³/d。设计稠油处理能力4100t/d,实际处理油量2801t/d(不包含利津联合站净化稠油),是胜利油田建设最早、规模最大的稠油处理站。稠油脱水主要采用稠油掺稀及热化学多级沉降工艺,稠油密度为0.9471g/cm³,50℃黏度为490mPa·s,胶质、沥青质含量分别为30.42%、3.23%,稠油凝固点为25～35℃,综合含水率为90%;来液平均温度为58℃,沉降温度为75℃左右;外输含水率为0.7%。

单家寺稠油脱水工艺流程:井排来液→高频聚结三相分离器→一次沉降罐→二次沉降罐→脱水泵→加热炉→三次沉降罐→净化油罐→外销,如图7-27所示。

该脱水工艺主要有以下两个特点。

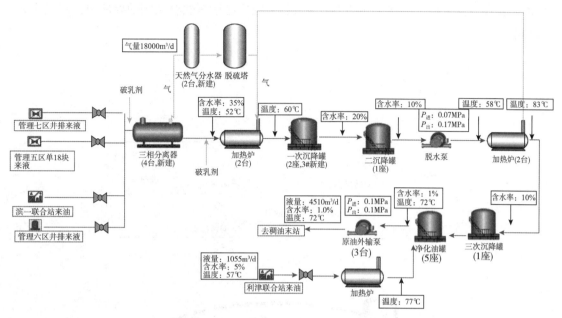

图 7 - 27　单家寺稠油脱水工艺流程

1）实施预分水工艺，降低后端处理负荷。稠油首站实施稠油脱水前的预分水工艺，对于降低后端处理负荷，降低站内能耗及药剂消耗发挥作用。

2）实施稠油掺稀、热化学多级沉降工艺，单家寺稠油与滨一站稀油混合后，进入高效分水器进行油气水预分离，其中稀油掺入量为 843m³/d，稠稀比为 2：1，分水率为 54.3%，初步分离出的稠油经加热炉提温后进入一次沉降罐、二次沉降罐进行沉降，二次沉降罐出口稠油经脱水泵提升，经加热炉提温进入电脱水器，最后经三次沉降罐后溢流至净化油罐外输。

7.6.2　胜利新春采油厂沉降脱水工艺

春风油田属浅薄层稠油油藏，需采用注蒸汽开采方式。但因油层薄、油藏分散、易汽窜、采出液含水率上升快、采收率低、油藏规模开发收益低。春风油田产能规划区域位于新疆维吾尔自治区车排子地区，距克拉玛依市约 70km，位于国家重点公益林区，部分为农田，气候干燥，生态系统简单且极为脆弱，区域内用水短缺。为解决春风油田水资源问题，也为稠油脱水提供新方法，采油厂采用了大罐浮动出油技术 + 大罐静态沉降技术，下面对该工艺进行介绍。

（1）大罐浮动出油技术

针对缓冲罐及净化油罐脱水功能弱、脱水温度高、能耗大的问题，引进推广应用了大罐浮动出油技术。该技术是在油罐内设置浮动出油装置，取消了固定式收油装置，收集上部的低含水油，提升油罐利用率，从而延长了稠油脱水沉降时间，可实现动态沉降、连续出油，管理方便、稳定可靠。浮动出油装置目前应用在诸多联合站稠油处理中，其工作原理如图7-28所示。

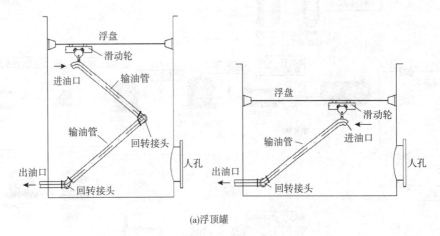

(a)浮顶罐

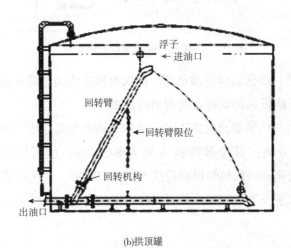

(b)拱顶罐

图7-28 大罐浮动出油装置工作原理

（2）大罐静态沉降技术

目前，稠油、超稠油、高凝稠油相继投入开发，稠油产量已占到总产量的15%左右，部分特超稠油区块没有可依托稀油资源，如王庄油田稠油处理，由于可掺稀油资源欠缺，造成热化学沉降温度高达90℃，能耗大。目前，胜利油田共有12座脱水站涉及稠油处理问题。

大罐浮动出油技术+大罐静态沉降技术工作原理如图7-29所示，实现该技术至少需要3座罐，3座罐内均加装浮动出油装置。其中，一个罐满足动态连续进油，一个罐满足动态连续出油，一个罐确保低含水油在完全静止状态下完成无扰动沉降脱水过程。

陈庄、陈南、集贤超稠油处理站等利用沉降罐交替静态沉降+浮动出油工艺，有效减少了沉降过程中的油水扰动，沉降温度由90℃降到85℃，外输稠油含水率由不达标降到了 1.5% 以下。

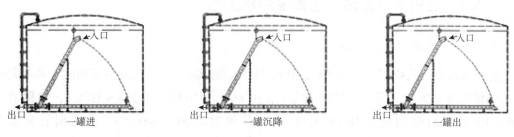

图 7 - 29 大罐浮动出油技术 + 大罐静态沉降技术工作原理

7.6.3 胜利孤五联合站稠油低温脱水工艺

孤岛采油厂集输注水大队孤五联合站投产于 1985 年 9 月，是一座集油气水分离、稠油加热、稠油脱水、污水处理及油气水外输等功能于一体的大型联合站，担负着孤岛采油厂孤四区、垦利区等两个油藏管理区的稠油处理任务及垦西联合站的稠油转输任务，现稠油密度为 0.9523g/cm³，50℃黏度为 2180mPa·s，日处理液量为 40000m³，日处理稠油量为 3200t。该站工艺流程如图 7 - 30 所示。

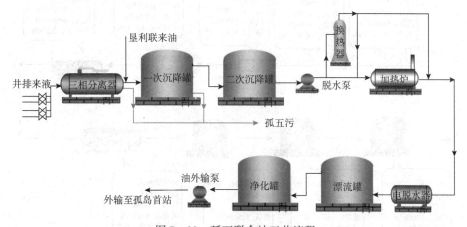

图 7 - 30 孤五联合站工艺流程

孤岛采油厂孤五联合站稠油脱水采用"重力沉降 + 电化学脱水"工艺。进入特高含水开发后期，大规模推广应用聚合物和稠油热采技术后，采出液性质发生了较大变化：聚合物含量较高，黏度增加，油水乳化程度升高，稠油密度变大，油水不易分离，稠油脱水难度明显加大。

为实现"绿色低碳，安全高效"的目标，该站通过精心优化工艺流程、精细脱水过程管理、精细"三个监控点"等措施，使脱水温度由 75℃降低到 63℃，实现了联合站稠油低温脱水，每吨油处理能耗 3.63kg 标准煤，在胜利油田每吨油平均综合能耗 7.39kg 标准煤的 8 座稠油联合站中，孤五联合站综合能耗最低。

7.6.4 胜利河口采油厂超稠油脱水工艺

7.6.4.1 陈南站生产现状

陈南站接收已建陈 373 块南区和新建陈 311 区块产能，进站稠油为超稠油，稠油脱水采用掺稀油降黏工艺，稠油处理能力为 $6 \times 10^5 t/a$，其中稠油为 $2.4 \times 10^5 t/a$，掺稀油为 $3.6 \times 10^5 t/a$，外输油量为 1644t/d，污水外输量为 4500 ~ 5000t/d，进站稠油密度为 $1.0091 g/cm^3$，50℃时的黏度高达 56150mPa·s，稠稀比大于 1 : 1.5。

7.6.4.2 陈南站脱水工艺

河口采油厂集输陈南站于 2009 年 9 月 16 日投产，陈南站担负着采油五矿来液的稠油处理任务，进站稠油为超稠油，稠油脱水采用掺稀油降黏 – 热化学沉降两段式处理工艺，该工艺能较高地降低稠油黏度，极大地提高脱水效果。在设计、投产、运行期间通过对工艺的改造调整，基本满足了生产运行的需要，建立了以井排掺稀油、一级分离、两级升温、一级除气、三级沉降、污油回收井排的稠油脱水模式。该站工艺流程如图 7–31 所示。

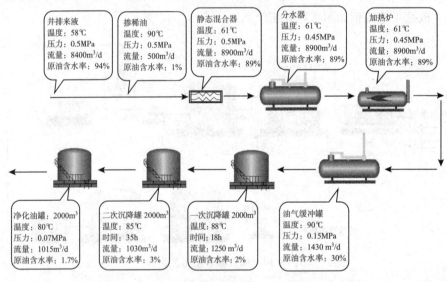

图 7 – 31 河口采油厂集输陈南站脱水流程示意图

7.7 国内其他油田稠油脱水工艺技术

7.7.1 新疆油田脱水工艺技术

新疆油田稠油开采主要采用蒸汽驱，目前处于油田开发的后期，稠油开采综合含水率已高达 90%。稠油处理站稠油脱水交接含水率要求不大于 1%，处理难度大，开采经济性也差。

新疆油田经过三十多年的稠油开采，在脱水处理上先后采用了重力沉降法、化学破乳法、电化学破乳法、机械破乳法(离心分离)等单一或复合的稠油常规处理方法，目前主要采用热化学重力沉降复合处理工艺技术，如图 7 - 32 所示。

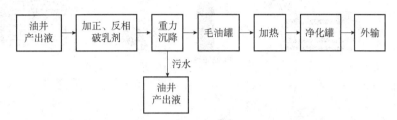

图 7 - 32　热化学重力沉降复合处理工艺

油井产出液从采油作业区集油管线汇总后进入沉降罐，期间通过比例泵按比例加入正相和反相破乳剂，随来液混合后进入沉降罐。由水、油密度差形成的稳定油水界面，上部通过油槽翻油进入毛油罐，毛油罐出油经泵泵入螺旋板式换热器加温后进入净化罐。新疆油田采用的稠油开采工艺简单、设备使用较少，主要为立式沉降油罐、加热装置、加破乳剂设备。处理后的稠油含水率达到小于 1% 的交接要求。

7.7.2　塔河油田脱水工艺技术

塔河油田稠油属于高含胶质和沥青质、高含硫化氢、高密度的超稠油，占总量 1/3 的稠油密度超过 $1.0g/cm^3$，该油田采用掺稀降黏的方式对稠油进行降黏。现在建有 3 座联合站。塔河一号联合站处理量为 $2 \times 10^6 t/a$；二号联合站设计处理量为 $1.5 \times 10^6 t/a$；三号联合站设计处理量为 $1.8 \times 10^6 t/a$。其中，二号联合站是一个集稠油破乳、油气分离、沉降脱水、污水处理、回灌等多项功能于一体的大型联合站，脱水工艺技术主要采用重力沉降、化学破乳和电脱水进行稠油脱水，最终净化油含水率小于 0.5%。

(1)主要工艺流程

二号联合站、三号联合站原油处理工艺流程分别如图 7 - 33、图 7 - 34 所示。

(2)工艺特点

该热化学沉降工艺的特点是：罐多、温度高、加药量大。站内共有 $5000m^3$ 沉降罐 6 座，$10000m^3$ 储油罐 2 座，所有储罐均安装大罐抽气装置，高含硫气体统一引至站外燃烧；一次、二次沉降段的温度为 70℃，三次沉降温度达到 120℃，沉降时间为 24h；化学破乳剂采用胜利油田胜利化工有限责任公司的水溶性破乳剂 SLD-7005、SLD-7007，加药量高达 185mg/L。

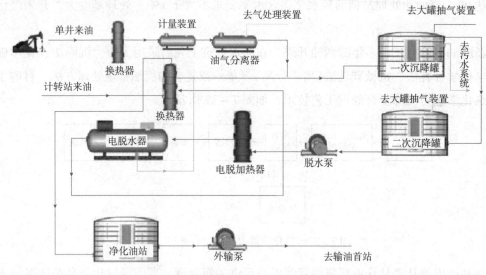

图7-33　二号联合站稠油处理工艺流程

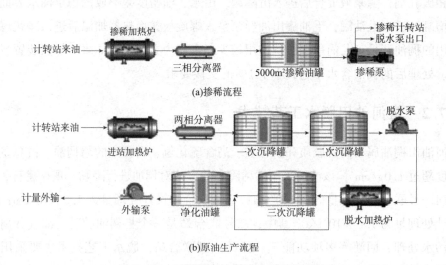

图7-34　三号联合站稠油处理工艺流程

7.7.3　辽河油田脱水工艺技术

辽河油田生产的稠油物性差异较大，各区块根据实际情况，采取了适合各自情况的脱水工艺，主要如下。

(1)两段热化学沉降脱水工艺技术

各小站来油一般含水率为50%~70%，温度为50~60℃，经进站计量后加热至70℃左右，然后进入一段热化学沉降脱水罐，脱出游离水，稠油含水率降到30%以下。低含水油溢流至缓冲罐，经脱水泵加压、脱水炉加热后，温度为80~90℃，然后进入二段热化学沉降罐进行二段沉降脱水，合格油溢流进外输油储罐，经外输泵加压后计量外输。该工艺技术的特点是操作简单、可靠性高，主要应用于曙光油田、高升油田、海外河油田、欢喜岭油田等集中处理站。

(2)热化学沉降加电化学脱水两段脱水工艺技术

热化学沉降加电化学脱水两段脱水工艺技术的关键是一段脱水位置和二段电脱水器能否建立起稳定的电场，其特点是脱水精度高，主要应用于曙光油田、兴隆台油田、小洼油田、锦州油田及冷家坨子里等集中处理站。

7.8　国外主要稠油油田脱水工艺技术

国外稠油脱水一般采用的脱水工艺技术有：掺轻质(或轻烃)油加热电脱水、掺凝析油热化学沉降脱水、热化学脱水、稠油蒸发脱水以及稠油裂解改质等。脱水后的稠油含水率小于0.2%，排放处理过的水含油量小于0.0005%。

(1)加拿大阿尔伯达省集中处理站的稠油脱水工艺技术

加拿大阿尔伯达省集中处理站的稠油脱水工艺技术：含水稠油进入脱气罐进行油气分离，然后将分离出的稠油温度换热到100℃左右，再进入游离水脱除罐，经处理后的稠油含水率为2%~5%，再加入稀释剂进入电脱水器，处理后的稠油含水率小于0.5%。

(2)掺稀油加热电脱水工艺技术

掺稀油加热电脱水工艺技术：进站稠油含水率为11%，油温为60℃，掺入站内循环使用的稀油，油温达32℃，相对密度为0.72，混合油经加热升温到71℃，进换热器再升温，达到135℃，进入电脱水器，脱水后的稠油含水率为2%，油温为127℃，进入闪蒸塔，从塔内出来的稠油含水率小于0.5%，油温为121℃，闪蒸塔回收的稀油回掺到进站稠油中。

7.9　稠油脱水时应注意的问题

1)脱水工艺应根据油田开发方案、采油工艺、稠油物性、集输系统工艺流程等因素，经技术经济论证合理选择。

2)根据本油田稠油性质试验筛选出最优的化学药剂。随着油田生产期的延长，稠油物性也有所变化，故化学药剂的品种也应及时调整。化学药剂应选用多功能复合型药剂。

3)有些稠油易起泡，因此，在稠油脱水过程中，应具备消除气泡和泄放气体的措施。

第8章　稠油脱气技术

原油和天然气的主要成分都是烃类化合物，两者往往是共生的。天然气在地底储层高压环境下，会溶解在原油中，若天然气含量较大，则会聚集在油气藏顶部。在油井的开采过程中，原油从地底储层上升到地面，压力逐渐降低，溶解在原油中的天然气逐渐析出，两者形成气液两相混合物。由于原油和天然气性质差距较大，因此需要将两者分离开来，以便于前期的计量与输送，以及后期的储存与加工。

本章主要介绍原油和稠油常见的脱气技术以及相关国内外脱气现状。常用的原油脱气技术包括重力分离、惯性分离、离心分离、过滤分离、碰撞分离等，常用的稠油脱气技术包括重力式脱气、旋流预脱气、超声波脱气、多级分离脱气、分馏脱气等。这些脱气方法主要利用油气密度差的特点，对油气进行分离。

8.1　原油脱气技术

8.1.1　重力分离

重力分离主要利用油气两相的密度差异对油气进行分离。在两相流动的过程中，油珠会受到重力作用产生一个向下的速度，而气体仍朝着原先的方向运动，经过一段时间后，气相中的液体沉降下来，从而实现气液的分离。重力沉降具有设备制造工艺简单、流动阻力小、处理量大等优点，但不足之处在于分离效率较低、分离液滴的粒径极限值为 $100\mu m$。此外，重力沉降分离器体积大、制造成本高，不适合用在某些操作空间狭窄的场合。

重力沉降分离器一般分为立式重力沉降分离器和卧式重力沉降分离器两种，如图 8-1 所示。相比立式重力沉降分离器，卧式重力沉降分离器具有更大的气液界面，气体在卧式重力沉降分离器中的停留时间更长，油滴的沉降方向和气体的运动方向垂直，这就使液相区的原油中所含的气泡更易析出上升至气相区，而气相区中的油滴也能更好地沉降至液相区。卧式重力沉降分离器往往适用于分离气油比较大，存在乳状液和泡沫的油井产物。此外，卧式重力沉降分离器还具有单位处理量成本较低，易于保养、安装、检查等优点；缺点是占地面积较大、排污困难，往往需要在分离器的底部沿长度方向设置多个排污孔。

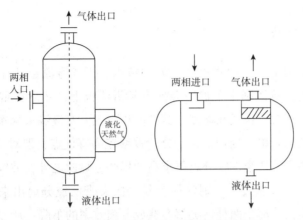

图 8 - 1　立式和卧式重力沉降分离器简图

经过几十年的发展，设计制造重力沉降分离器的技术已基本成熟，目前研究的重点集中在寻找高效的内部填料以提高其分离效率。刘承昭对传统的卧式重力沉降分离器进行了改进，将其分成了粗分段和精分段两个部分，粗分段采用重力沉降，以去除粒径大于 $100\mu m$ 的油滴，精分段安装了多列流线型叶栅，通过碰撞分离，使气体中粒径更小的油滴分离出来。在川中矿区的测试情况表明，该设备在最佳工况范围内，油滴分离效率接近 100%。梁政等针对传统重力沉降分离器中气体停留时间过短，油滴无法沉降便被气体带走的情况，设计了斜板式重力沉降分离器，如图 8 - 2 所示。这种分离器采用数块斜板将沉降分离室分隔成若干小分离室，减少了液滴沉降所需时间。通过计算发现，在一定的操作参数和有效分离长度的条件下，常规卧式重力沉降分离器仅能够分离粒径在 $300\mu m$ 以上的油滴，而斜板式重力沉降分离器则能够分离粒径在 $7\mu m$ 以上的油滴，大大提高了分离效率。

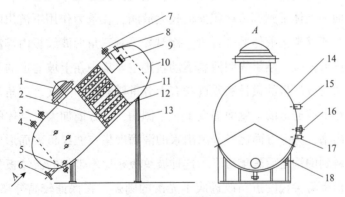

图 8 - 2　斜板式重力沉降分离器结构

1—人孔；2—分布器；3—安全阀；4—进液口；5—排污口；6—出液口；
7—出气口；8—压力表；9—捕雾器；10—封头；11—分层室；12—捕雾网；
13—底座；14—筒体；15—压力表；16—液位计；17—压力表；18—液位计

8.1.2　惯性分离

油气惯性分离利用了油气两相密度差异的特点。当气雾流急速冲向挡板后再急速转向，气体会折流而走，液体则由于惯性会撞击到折流板上，然后在重力作用下沿壁面流下。这类分离器主要指波纹板式除雾器，其性能指标主要有液滴去除率、压力降以及最大允许气速等，具有结构简单、处理量大、分离效率较高等优点，但对于直径在 25μm 以下的液滴分离效果较差，不适合一些分离要求高的场合。除此之外，波纹板式除雾器对于气速的要求比较严格。若气速过快，则气体容易二次夹带已经分离出来的液滴；若气速过慢，则不利于液滴惯性分离，两种情况都会造成分离效率的下降，所以选择合适的流速对分离效果影响很大。

波纹板式除雾器的核心构件就是一组金属波纹板，常用的波纹板如图 8-3 所示。

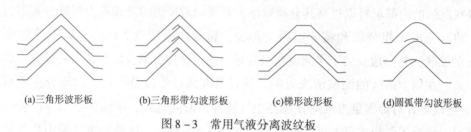

(a)三角形波形板　　(b)三角形带勾波形板　　(c)梯形波形板　　(d)圆弧带勾波形板

图 8-3　常用气液分离波纹板

三角形波纹板和梯形波纹板是两种最常见的波纹板。高志昌等对三角形波纹板和梯形波纹板的分离效果进行了试验，结果表明在除雾器厚度相同的情况下，梯形波纹板除雾效率明显高于三角形波纹板，气速适用范围也更宽。其原因主要在于：当气雾流通过梯形波纹板之间的斜向通道时，截面减小，气速增加；当气雾流经过平直段时，气速减慢，并将积聚到波纹板表面的液体带到调流区积聚成较大液滴，在重力作用下流出除雾器。而三角形波纹板则不具有能够聚集液体的平直段。徐君岭等对三角形波纹板内雾滴的运行轨迹采用 Phoenics 软件进行模拟，结果表明液滴运动轨迹主要集中在上坡通道的下壁面以及下坡通道的上壁面，这对波形板的设计和改进具有十分重要的指导意义。三角形带钩波纹板利用了这一规律，在上坡通道的下壁面加设了一个倒钩，一方面加大了气体的折流程度使得液滴更容易分离出来，另一方面已经分离出来的液滴聚集在波纹板表面形成液膜，被气体带着向前流动，碰到倒钩之后聚集流下。这种波纹板相比不带勾的波纹板分离效率大大提高。圆弧带钩波形板将尖锐的折角改进成了光滑的圆弧，在保证较高分离效率的前提下，能够使分离阻力降低。

8.1.3　离心分离

离心分离主要是指气液旋流分离，也是利用油气两相的密度差异进行分离。在气雾流高速旋转的过程中，液滴受到很强的离心力作用，从气流中分离出来撞击到旋流分离器的壁面并聚集流下，如图 8 - 4 所示。液滴在旋转过程中受到的离心力加速度远远大于重力加速度(几十倍甚至更多)，因此旋流分离比重力分离具有更高的效率。气液旋流分离器具有停留时间短、分离效率高、设备占地空间小、无易损件、容易维修、安装操作较灵活等优势，往往可以应用在一些空间狭小的场合，如海上平台等。由于气液两相流在旋流分离器内高速旋转，与壁面的摩擦阻力比较大，因此进出口压降损失较大，相应的运行能耗会增加。

气液旋流分离器主要的结构类型有管柱式、螺旋式、旋流板式、轴流式、管道式等。

8.1.3.1 管柱式旋流分离器

常见管柱式气液旋流分离器(Gas - Liquid Cylindrical Cyclone，GLCC)的结构如图 8 - 5 所示。正常工作情况下，气液两相流从入口管道切向进入筒体，并沿着筒体旋流向下。密度较大的油滴受到离心力作用从气相主体中分离出去，碰撞到壁面上流下并聚集在分离器底部，通过控制液体排放阀保证液位处于合理的高度形成液封。外旋流的气体到达管柱底部后由于液封无法排出，形成内旋流从管柱中心向上通过气体排放口排出。曹学文等在气液两相旋流分析的基础上，建立了预测分离机理的模型，根据机理模型提出了 GLCC 的工艺设计技术指标及设计步骤。Movafaghian 等对 GLCC 内气液两相流的流动进行了建模，考察了入口形状、液体性质、压力等因素对流动及分离效率的影响，并通过试验进行了验证。

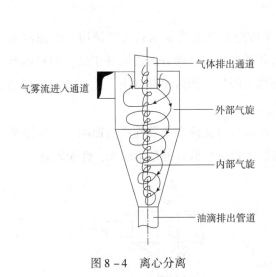

图 8 - 4 离心分离

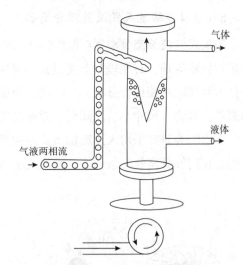

图 8 - 5 常见管柱式气液旋流分离器结构图

8.1.3.2 螺旋片导流式气液分离器

螺旋片导流式气液分离器(见图 8 - 6)是一种结构简单、紧凑高效的气液分离装置，在 1996 年由 Franca 等人研制，后被广泛应用于油田采油和天然气开发过程中的油水分离和油气分离，尤其在海上、偏远地区油气井及远距离油气运输方面应用前景广泛。该分离器主要利用气液两相的密度差异，通过螺旋流产生的离心运动将气液两相分离，适用范围

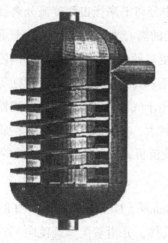

图 8-6 螺旋片导流式气液分离器

广，能够在高温、高压、高负荷的工况下稳定运行，且制造维修成本低。

螺旋片导流式气液分离器的分离性能主要取决于入口流量及螺旋片的结构参数，目前对此类分离器的研究主要集中在对其内部流场的分析，通过 CFD 等软件对流场进行模拟，分析影响性能的参数得出最优解。

8.1.3.3 旋流板式气液分离器

旋流板式气液分离器中部放置锥形旋流板，通过旋流板叶片强迫气体做离心旋流运动而产生离心力，旋流板由许多倾斜叶片构成，当气流穿过叶片间隙时变成旋转气流，气流中夹带的液滴以一定仰角被甩向外侧，达到气液分离的目的。常见的主要是双层旋流板气液分离器，如图 8-7 所示。

此分离器适用于气速较高的介质，操作简单、体积小、压降低、应用广泛。叶片数量、仰角和径向角是考察旋流板式气液分离器性能的主要参数。魏伟胜等针对这 3 种参数进行试验，分析其对分离效率和压降的影响，最终得到旋流板适宜的安装位置并建立了预测分离器压降的关系式，为工业设计提供了参考。

8.1.3.4 轴流式气液旋流分离器

轴流式气液旋流分离器(见图 8-8)改变了传统的切向或斜切式入口结构，由轴向入口进行旋流运动，其原理与上文提到的管柱式和螺旋片式气液分离器原理相似，均利用离心技术对气液两相进行分离，最终液体由底部排出而气体则由顶部排出。此分离器具有结构简单、紧凑、尺寸小、压降低、效率高等优点。

丁旭明等研究了切入式和轴流式两种类型的入口对旋流分离器性能的影响，试验结果表明，在同等分离效率条件下，轴流式旋流器压力损失较低且处理量较大，性能较好。

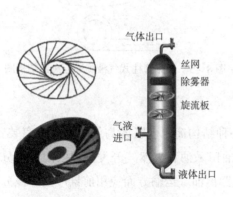

图 8-7 普通旋流板和旋流板式分离器

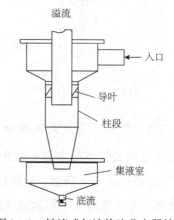

图 8-8 轴流式气液旋流分离器结构

8.1.3.5　管道式气液旋流分离器

管道式气液旋流分离器用法兰直接安装在石油或天然气的输送管道上，具有高效率、撬装化、可移动与小型化等优点，并且可以降低输送成本，解决了气液两相流输送时容易产生断续流、管道堵塞、沉积等多相流输送的典型问题。

8.1.4　过滤分离

过滤分离是利用过滤介质将气体中的油滴分离出来的一种技术。最常见的过滤介质是丝网滤芯，其主要材质有金属和玻璃纤维等。图 8 - 9 是金属丝网填料的微观结构。当气液两相流通过丝网时，受到滤层丝网网格的阻碍，使气液两相流数次改变运动方向和运动速度绕过丝网前进，这些改变引起液滴对滤层网丝产生惯性冲击、重力沉降、直接拦截、布朗扩散、静电吸引等作用从而实现聚并分离。Davies 认为丝网总的除雾效率近似于惯性撞击除雾效率、直接拦截除雾效率以及扩散拦截除雾效率三者之和。丝网气液分离器具有结构简单、体积小、分离效率高、阻力小、质量轻及安装操作方便等优点；对于粒径不小于 5μm 的液滴，丝网气液分离器的分离效率为 98% ~ 99.8%，且气体通过分离器的压降很小，只有 250 ~ 500Pa。但若气速增大或气体中携带液滴量增多，则会导致丝网孔隙堵塞，操作阻力增大，严重时会使滤芯失效无法正常生产。除此之外，金属丝网存在清洗困难、运行成本高的问题，使其应用受到了限制。

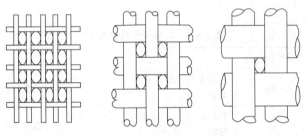

图 8 - 9　金属丝网填料微观结构

如图 8 - 10 所示，过滤式气液分离器主要通过过滤元件实现分离，气液混合物进入分离器后穿过滤芯，气体从外向里经过聚结滤芯，液滴被过滤介质截留，在滤芯的内表面逐渐聚结长大，并沉降到容器底部。

对丝网的研究始于 20 世纪五六十年代。Robinson 和 Hombhn 的试验结果表明，在达到相同分离效果的情况下，丝网除雾器相比旋风分离器、纤维丝床、叶

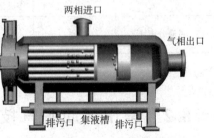

图 8 - 10　过滤式气液分离器

片式惯性分离器压降最小。Contal 等研究了过滤式气液分离器表面滤速、分离器本身物性以及液滴物理化学特性等因素对分离性能的影响。史永红对丝网气液分离器的分离机理进行了详细分析,在此基础上给出了丝网气液分离器的分离效率和压降计算公式。

8.1.5 碰撞分离

碰撞分离一般将导流挡板设置于两相进口处,当气液混合物进入时冲击导流挡板,造成雾化和气泡破碎,实现分离。气流通过障碍物改变流向和速度使气体中的液滴不断在障碍面内聚结,在表面张力作用下形成液膜。经过气流不断地碰撞,气体中小液滴聚结成大液滴依附挡板沉降下来。碰撞式分离效率比重力式高,因为液滴破碎聚结膨胀过程加速了分离。经过大量的研究,设计出分离效率高、压降较小的导流挡板结构,如图 8-11 所示。

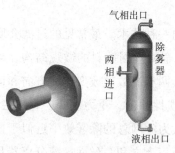

图 8-11　导流板和碰撞式气液分离器

8.1.6 原油脱气技术对比

以上 5 种常见的脱气技术各有其优缺点及适用范围,表 8-1 对这些优缺点进行了汇总(除碰撞分离)。在实际应用中,为达到理想的分离效果,往往需要同时使用 2 种及 2 种以上的脱气技术。

表 8-1　4 种脱气技术对比

脱气技术	去除粒径/μm	优点	缺点
重力分离	>100	制造工艺简单、流动阻力小、处理量大	分离效率低、体积大、制造成本高
惯性分离	>25	结构简单、处理量大、分离效率较高	工况范围小、流动阻力大
离心分离	>8	分离效率高、体积小、易维修、操作灵活	流动阻力大
过滤分离	>5	分离效率高、体积小、结构简单、操作方便	对工况要求较严格、滤芯清洗困难

8.2 常用稠油脱气技术

目前,国内外常用的脱气技术主要有多级分离、负压闪蒸、提馏、旋流预脱气和超声波脱气技术等。

8.2.1　常规重力式脱气技术

当稠油中伴生气含量比较高且容易分离时，一般采用常规的气液两相分离器进行脱气。采出气液混合物温度较高时，气体较易脱除，也可以考虑采用常规气液两相分离器进行脱气，设计计算过程可参考设计规范 API SPECIFICATION 12J《Specification for Oil and Gas Separators》。

8.2.2　旋流预脱气技术

长期以来原油预脱气的实现一直采用重力式油气分离设备，近年来旋流预脱气技术得到了发展和重视。图 8 – 12 所示的轴流式气 – 液旋流分离器就是一种十分有效的脱气装置。

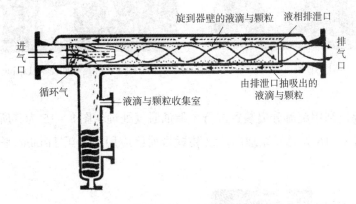

图 8 – 12　轴流式气 – 液旋流分离器结构

旋流预脱气技术由美国 Porta-test 公司研制，工作过程是：油井来液首先沿轴向进入设备的内旋流筒，在导向叶片的约束下产生高速旋流，气相因密度较小而向轴心运移并沿轴向流至设备的气相出口；液相及其所携带的固相因密度较大而沿内旋流筒器壁做螺旋运动；在内旋流筒的排料端设有液相排泄口，从气相中分离出的液相及其所携带的固相在离心力场的作用下由此口进入外旋流筒，然后在惯性作用下流至进料端的集液室中，溢出的部分气体经设备进料端的开口再次进入内旋流筒进行二次分离，从而实现气 – 液相间较为彻底地分离。其分离效果因介质特性、工况条件及设备结构尤其是导向叶片技术状态的不同而不同，总体上相对常规重力脱气技术具有压降小、分离效率高的特点，是实现原油旋流预脱气的有效技术方案之一。

下面将简单介绍几种常用的旋流分离器装置：ASCOM 曾提出了利用旋流作用分离的在线脱气器 TWINLINE，气、液在旋流式脱气器分离腔内基于离心分离原理而进行分离。

图 8-13 为 TWINLINE 脱气器外形结构，图 8-14 为应用 TWINLINE 的墨西哥湾 Lucius 油田平台。

图 8-13　TWINLINE 脱气器外形结构

图 8-14　墨西哥湾 Lucius 油田平台

FMC 也曾提出利用旋流分离装置进行了稠油脱气处理，图 8-15 为其所设计的旋流分离脱气装置，图 8-16 为脱气原理图。该装置目前已应用于泰国 Jasmine 平台的脱气处理过程。

图 8-15　旋流分离脱气装置

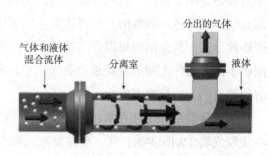

图 8-16　脱气原理图

8.2.3　超声波脱气技术

超声波脱气是超声化学的重要应用领域之一，它利用高强度超声波振动产生空化气泡，气泡在振荡压和定向扩散的作用下不断生长，大的气泡聚集和漂浮到液体表面崩溃，于是溶液中的气体被脱除。超声波脱气与常规的化学试剂脱气、减压脱气相比具有能在常温常压条件下进行且对环境友好、价格低廉等特点，具有广泛的发展前景。

20 世纪 90 年代，超声波脱气在化工和环境领域的研究和应用范围越来越广泛，其中液态超声场中气泡的运动规律和脱除成为国内外专家和学者致力研究的问题；进入 21 世纪后，超声波液相脱气技术研究已经成为世界超声化学领域研究的重要课题。在我国，超声波液相脱气的相关研究和报道都较少，目前研究工作也只是局限在技术使用上，尤其对超声波液相脱气的机理以及不同超声特性的脱气效果等方面研究甚少。

超声波液相脱气原理：超声波引入溶液中，会产生交替压力，高于空化阈值的声波在液体中传播时能够产生空化气泡，并且能显著提高气体从溶液中到气泡的传质速率。空化气泡由溶液中微小气核产生。在声波的稀疏相内由于张应力的作用会产生空化气泡，如果张应力（即负压力）在空化气泡形成后继续存在，此时空化气泡就会扩大到初始尺寸的许多倍，在这种情况下，空化气泡保持球型结构，之后不断地增长、振动、破碎。

超声波在液相中作用时，溶液中气体成分可通过气 – 液界面"定向扩散"进入空化气泡，空化气泡进入生长阶段，当空化气泡上升到溶液表面崩溃时，气体会从气泡中逸出，这就造成了脱气现象。大体上，超声波液相脱气作用主要分为 3 个阶段：①空化气泡成核阶段，即气体分子从溶液中到气泡扩散生长的阶段；②气泡聚集形成大气泡的阶段；③大气泡漂浮到液体表面崩溃逸出的阶段。

8.2.4　录井脱气器脱气技术

录井脱气器的作用是将钻井液中所含的混合气部分或接近全部地分离出来，通过一定方式送入气测录井仪进行组分分析。虽然其作用与稠油处理工艺中脱气器稍有不同，但均是从液体中将气体分离出来，对于稠油脱气具有一定的借鉴意义。因此，下面对 4 种录井脱气器进行简要介绍。

8.2.4.1　不间断浮子脱气器

不间断浮子脱气器（见图 8 – 17）的工作原理是钻井液流入脱气器，撞击内部的金属条，使得钻井液表面的气泡破碎。气测录井仪内安装有给气管线造成负压的样气泵，样气泵将脱气器脱出的气体送入气体分析仪进行分析。

8.2.4.2　不间断电动防爆脱气器

不间断电动防爆脱气器（见图 8 – 18）将进入脱气室的钻井液用搅拌棒搅动，从而获取钻井液内的气体。脱气器包括：一个圆柱形的外壳，其下部有一个流通孔，流通孔连通钻井液排出管线；安装在圆筒内部的锥形搅拌棒；防爆电动机安装在圆筒顶部，用以带动搅拌棒轴转动；位置调节装置用以调节脱气器没入钻井液的深度；脱气室可安装在敞口的架空槽或振动筛前的缓冲罐内。在黏稠的钻井液液面波动的情况下，虽然允许脱气器有微小振动，但总体要求脱气器平稳运行。

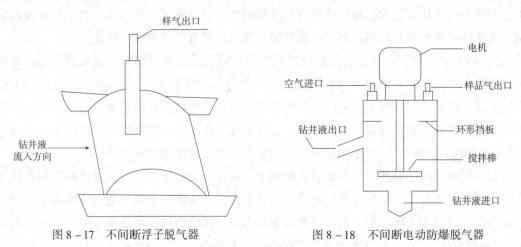

图 8 – 17　不间断浮子脱气器　　　　图 8 – 18　不间断电动防爆脱气器

8.2.4.3　不间断气压传动脱气器

不间断气压传动脱气器（见图 8 – 19）的脱气方式与不间断电动防爆脱气器相同，只不过其动力由气动装置提供。脱气器主要部件包括：一个小舱室，小舱室内有两个靠气压传动的安装在垂直传动轴上的涡轮；传动轴上装有转速传感器；安装在传动轴底端的搅拌棒；油水分离器；安装在压缩空气管线上的电磁阀；脱气器位置调节装置。脱气器安装在敞口的架空槽或在振动筛前的缓冲罐内。整个脱气器还包括一个控制台，用于控制气动阀门，阀门带有气压传动轴的转速显示仪。该控制台在仪器房内就可以调节。在工作中，压缩空气由钻井设备中的压缩空气系统提供，操作人员可以对压缩空气的流量和压力进行选择，在钻井液停止循环时，气压传动自动停止；钻井液重新循环时，气压传动再重新开启。该脱气器的工作原理是：钻井液在离心力的作用下作锥形旋转，破坏钻井液中的气泡，将脱出的气体送入气体分析仪进行分析。

8.2.4.4　热真空脱气器

热真空脱气器（见图 8 – 20）用于收集钻井液和岩屑样品内的游离气体和溶解气，以便测定钻井液和岩屑样品内的含气饱和度，可在录井现场使用，也可用于试验室分析。该脱气器由恒温加热装置、电路控制装置、气体控制阀门、气体选择系统、真空发生装置和 2 个不锈钢取样器组成。整个装置可以实现对钻井液样品的密封取样。该脱气器的工作原理是：预先设定某一温度，对岩屑或钻井液样品进行恒温加热，在真空状态下破坏热力平衡，使气体从岩屑或钻井液样品中析出，将该气体收集后进行分析。

8.2.5　多级分离脱气技术

多级分离是常用的一种稠油脱气技术。稠油在沿管路流动的过程中，压力会降低，当压力降到某一数值时，稠油中会有部分气体析出，在油气两相保持接触的条件下，把压降过程中析出的气体排出，剩余的液相原油继续沿管路流动；当压力再次降低后，再把该降压过程中析出的气体排出，如此反复实现脱气，最终产品进入储罐，系统的压力降为常压。多级分离法在国外部分油田得到了应用。由于多级分离技术的分离程度不深，主要将其用于气体含量少的稠油，且技术要求油气藏的能量高，井口有足够的剩余压力，然而我国的高压油田不多，因此该技术的应用并不多。图 8 - 21 所示为二级分离工艺流程。

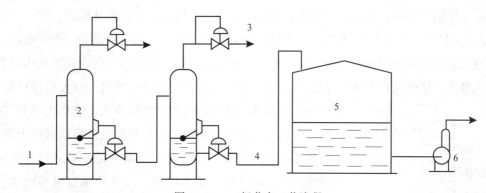

图 8 - 21　二级分离工艺流程

1—油气混合物；2—分离器；3—平衡气；4—油；5—储罐；6—泵

8.2.6　负压闪蒸脱气技术

图 8 - 22 所示是稠油的 P-t 相图，点 C 是临界点，B 段是稠油的泡点线，D 段是露点线。泡点线上方的区域是液相区，露点线下方的区域为气相区，泡点线和露点线包围的区域为气液两相混合区。从稠油 P - t 相图可知，在压力不变的条件下升高饱和稠油温度，或在温度不变时降低饱和稠油压力，都可使稠油部分汽化，稠油状态点移至气液两相区内，稠油中的气会部分闪蒸进入气相，实现原油脱气的目的，负压闪蒸就是靠降低分离压力的原理进行稠油脱气的。

负压闪蒸技术主要耗能单元是压缩机和冷凝器，该技术的优点是闪蒸温度和闪蒸压力低、流程简单，难点在于负压压缩机的运行和操作难度较大。

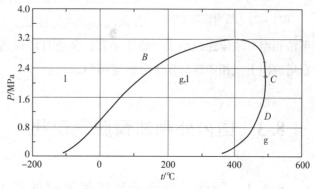

图 8 - 22　稠油的 P-t 相图

8.2.7　分馏脱气技术

分馏可用作原油脱气稳定处理的手段，是利用精馏原理对原油进行处理的过程。精馏过程实质上是多次平衡汽化和冷凝的过程。它对物料的分离较为精细，产品收率高，分离较完善。精馏过程主要是利用混合物中各组分挥发能力的差异，通过塔底气相和塔顶液相回流，使气、液两相在分馏塔内逆向多级接触，在热能驱动和相平衡关系的约束下，各接触塔板上易挥发的轻组分不断从液相往气相中转移，与此同时，难挥发的重组分也不断由气相进入液相，从而实现脱轻组分的目的，该过程中传热、传质同时进行。精馏过程的热力学基础是体系各组分之间的相对挥发度，而多级接触蒸馏为精馏过程提供了实现的手段。在一个精馏塔内自上而下温度逐级升高，塔顶温度最低，塔底温度最高。

图8-23是一个精馏装置简图。塔内有若干层塔板，每一层塔板就是一个接触级，它是实现气液两相传质的场所。塔顶设有冷凝器将顶部蒸汽中的较重组分冷凝成液体并部分回流入塔内，塔底设有再沸器将底部的部分液体汽化后作为塔底回流。该流程描述如下：

图8-23　精馏装置简图

物料由塔中部某一适当塔板位置连续流入，在塔内部分汽化，汽化部分在塔上部进行精馏，分离出的气体自塔板向上流动，从塔顶流出，经冷凝器冷凝后，冷凝液的一部分作为塔顶产品连续产出，其余回流进入塔顶，为塔顶提供液相回流；塔底出来的液体经再沸器部分汽化后，气体作为塔底回流，为塔提供分馏所需的热能并提供气相回流，液体作为塔底产品连续排出。

在加料位置之上的精馏部分，不断上升的蒸汽与顶部下来的回流液体逐级逆流接触，在每一级塔板上进行多次气液传质，因此在塔内塔板位置越高，气相易挥发组分的浓度越大；在加料位置之下的提馏部分，下降液体与底部回流的上升蒸汽逐级逆流接触，进行多次接触蒸馏，因此塔内自上而下液相组分浓度逐级增大。总体来看，全塔自塔顶向下液相中难挥发组分浓度逐渐增大；自塔底向上气相中难挥发组分浓度逐渐减小。

8.3　国内外稠油预脱气现状

8.3.1　国外油砂沥青预脱气地面处理工艺流程

油砂亦称稠油砂，是被又黏又重的稠油所浸润、包裹的油砂粒或岩石，是一种沥青、砂、富矿黏土和水的混合物。每单位的沥青含量为 10% ~12%，砂和黏土等矿物含量为 80% ~85%，余下为 3% ~10% 的水。其中，沥青即为油砂内所含的原油，它比常规原油黏稠，属于超稠油。油砂沥青具有高密度、高黏度、高碳氢比和高金属含量等特点，密度为 0.97 ~1.015g/cm³(14 ~8°API)，常温下黏度大于 10000mPa·s，流动性极差。下面简要介绍几种 SAGD 开发方式的油砂沥青预脱气处理工艺流程。

（1）Husky 公司工艺流程

Husky 公司处理工艺设计中采用了稠油预脱气工艺。Husky 公司开发的 SAGD 油砂油水处理工艺流程如图 8 - 24 所示。

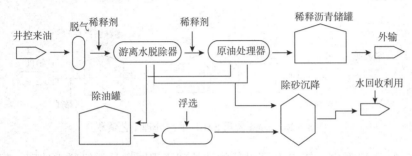

图 8 - 24 Husky 公司 SAGD 油砂处理工艺流程

可以看出，该流程包括了油处理流程及水处理流程，在油处理流程中井排乳状液进入处理站后先脱气，液相进入游离水脱除器前先加入稀释剂掺稀脱水，在进入二级处理器(原油处理器)前又进行了一次掺稀，二级处理器出口的稀释沥青可满足外输沥青的要求而储存于储罐中。

（2）BHI 公司工艺流程

BHI 公司 SAGD 油砂处理工艺流程如图 8 - 25 所示。

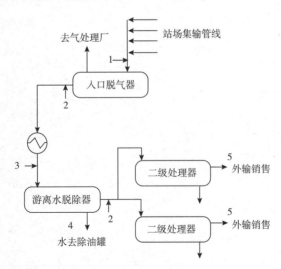

图 8 - 25 BHI 公司 SAGD 油砂处理工艺流程
1—破乳剂；2—稀释剂；3—反相破乳剂；4—水；5—稀释沥青

BHI 公司设计的油处理流程中在井口破乳, 进站后先脱气, 液相进入游离水脱除器前掺稀并添加反相破乳剂, 处理后再掺稀进入二级处理器, 二级处理器出口的原油即可满足外输销售的要求。因此, 在掺稀工艺的设计方面, BHI 公司与 Husky 公司相同, 并且同样在进站后先进行脱气处理工艺。

(3) Shell 公司工艺流程

Shell 公司 SAGD 油砂处理工艺流程如图 8 – 26 所示。

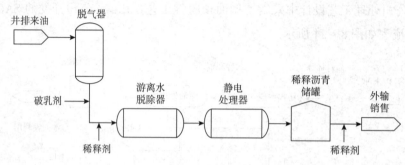

图 8 – 26　Shell 公司 SAGD 油砂处理工艺流程

由图 8 – 26 可以看出, Shell 公司设计的油处理流程同样是两级脱水处理, 其在进站后先脱气, 液相乳状液破乳掺稀进入游离水脱除器。Shell 工艺同样在进站后先进行脱气处理。

8.3.2　国内稠油预脱气处理工艺现状

国内大部分稠油区块开采中, 因稠油伴生气较少, 基本上采用油气水三相分离的方式先预脱出部分天然气, 然后用大罐沉降和大罐抽气相结合的方法脱除伴生气。

第9章　稠油污水处理技术

在油气田勘探开发过程中，随着原油和天然气的采出，通常会产生大量的含油污水。这部分污水国外统称为油气田采出水(Produced Water)，国内则称之为油气田污水或油气田含油污水。根据油气田所处位置的不同，油气田污水又可细分为陆上(Offshore)油气田污水和海上(Onshore)油气田污水。根据油品性质的不同，油气田污水又可分为稠油污水、稀油污水和高凝油污水等。

在所有油气田污水处理中，稠油污水因其水质成分复杂、油水密度差小、乳化严重，处理难度最大，是目前各大油田面临的一个非常严峻的经济和技术问题。本章主要介绍稠油污水的基本特征，包括污水的来源和组成，污水水质特性对处理工艺的影响，以及污水处理技术的研究现状等。

9.1　稠油污水的基本特征

9.1.1　稠油污水的来源

在稠油的开采过程中，通常会产生大量的采出液，它是原油、砂和水的多相混合液。采出液中水与油的比例变化很大，这取决于很多因素，包括油藏地质、油井年限以及油井和注蒸汽之间的关系。在大多数情况下，采出液中水的体积是油的 2~20 倍，通常为 4 倍左右。注蒸汽开采的含水稠油中分离出的含油污水通常称为稠油污水或稠油采出水。稠油开采及处理的典型工艺流程如图 9-1 所示。

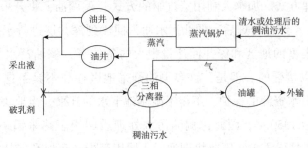

图 9-1　稠油开采及处理的典型工艺流程

9.1.2 稠油污水的组成

稠油污水不仅含油且在高温高压的油层中还溶解了地层中的各种盐和气体，在采油过程中，还从油层里携带了许多悬浮固体(Suspended Solids，SS)，另外，在油气集输过程中还掺进了各类化学药剂，因此，稠油污水水质十分复杂。世界上许多地区，稠油污水都是经过处理后回用于热采锅炉或回注地层。而在海上平台或其他地方，稠油污水一般是经过处理达标后直接排海或排到周围环境，不经处理就直接排放的稠油污水会严重污染周边的自然环境。

不同区块的稠油污水成分千差万别，十分复杂，但都是由无机化合物和有机化合物两大部分组成。无机化合物中的离子主要包括 Na^+、K^+、Ca^{2+}、Mg^{2+}、Sr^{2+}、Fe^{2+}、Li^+、Mn^{2+}、HCO_3^-、Cl^-、Br^-、NO_3^-、PO_4^{3-}、SO_4^{2-}、S^{2-} 等；有机化合物主要包括油以及各类化学药剂。根据稠油污水出路的不同，其处理的要求也不同。比如，处理后的稠油污水回用于热采锅炉，去除的主要目标是油、悬浮物、硬度、二氧化硅和总溶解固体(Total Dissolved Solids，TDS)；稠油污水用于回注地层，去除的主要目标是油和悬浮物；稠油污水外排，去除的主要目标就是化学需氧量(Chemical Oxygen Demand，COD)，但所有指标都要达到国家或行业标准。

9.1.3 稠油污水的出路

我国稠油开发大多采用蒸汽吞吐或蒸汽驱开采的方式，这就必然导致大量含油污水产生，如何经济合理地处理大量稠油污水，已成为当今稠油生产中的一大难题。目前，国内外对稠油污水合理处理的方法有3种：一是将其做深度处理，回用于注汽锅炉；二是在除油工艺的基础上，增加生化处理，达标排放；三是将其外输至邻近稀油区，处理合格后回注。

9.1.3.1 回用于注汽锅炉

对稠油污水进行深度处理，使水质达到高压蒸汽锅炉给水标准，作为供给注汽锅炉用水，可充分利用稠油污水水源和水温，防止对水体的污染。在美国、加拿大、德国等一些国家已采用这种处理方式。加拿大利用蒸汽驱的方式开采稠油，每开采 $1m^3$ 稠油将产生大约 $2\sim20m^3$ 稠油污水。经过处理后，稠油污水通常回注到深井层进行永久处理。Somani 等人认为，在水资源丰富的地区和深井回注量很大的条件下，稠油污水的深井回注在经济和环境方面都是可以接受的。但是，许多稠油开采地区往往不具备这些条件。比如，在Alberta 油田，出于对水资源的保护，不得不限制地下水的开采，当地法律规定油田每天允许开采的地下水仅为 $1350m^3$。因此，稠油污水处理后回用于热采锅炉就变得十分迫切。由于蒸汽开采需要大量优质水，因此将稠油污水回用至少在环保和能耗方面具有三大明显

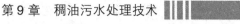

的优势：①减少清水资源的消耗；②减少深井回注处理的污水量；③回收热能。

9.1.3.2　达标外排

GB 31571—2015《石油化学工业污染物排放标准》对石油开发工业废水中有毒有害物质和一般有害物质最高容许排放浓度做了规定。标准还规定：根据环境保护工作的要求，在国土开发密度已经较高、环境承载能力开始减弱，或水环境容量较小、生态环境脆弱，容易发生严重水环境污染问题而需要采取特别保护措施的地区，应严格控制企业的污染排放行为。20 世纪 70 年代，环境法规禁止油田污水外排，其主要原因是当时的常规处理技术是重力撇油和重力沉降，导致含油指标不达标，因此，环境法规对油田污水排放标准和处理技术的发展影响很大。现在其他指标也变得越来越重要，如毒性、放射性和处理药剂等。1991 年 4 月美国 EPA 规定在Ⅵ类地区的油田污水排放指标中增加水体毒性限值。

GB 31571—2015《石油化学工业污染物排放标准》的一些具体规定如下：

（1）石油化学工业生产过程中产生的废水，包括工艺废水、污染雨水（与工艺废水混合处理）、生活污水、循环冷却水排污水、化学水制水排污水、蒸汽发生器排污水、余热锅炉排污水等。石油化学工业污水排放限值分为直接排放和间接排放，直接排放意为排污单位直接向环境水体排放水污染物，间接排放意为排污单位向公共污水处理系统排放水污染物。相关的水污染物排放限值见表 9 − 1。

表 9 − 1　石油工业水污染物排放限值　　　单位：mg · L⁻¹（pH 值除外）

序号	污染物项目	排放限值		污染物排放监控位置
		直接排放	间接排放	
1	pH 值	6.0 ~ 9.0	—	企业废水总排放口
2	悬浮物	70	—	
3	化学需氧量	60	—	
4	氨氮	8.0	—	
5	总氮	40	—	
6	总磷	1.0	—	
7	石油类	5.0	20	
8	硫化物	1.0	1.0	
9	总氰化物	0.5	0.5	
10	苯并（a）芘	0.0003		车间或生产设施废水排放口
11	总铅	1.0		
12	总镉	0.1		
13	总砷	0.5		
14	总汞	0.05		
15	总铬	1.0		

（2）企业应根据使用的原料、生产工艺过程、生产的产品和副产品筛选并上报需要控制的废水中有机特征污染物的种类及排放浓度限值，经环境保护主管部门确认执行，部分有机特征污染物及排放限值见表9-2。

表9-2　废水中部分有机特征污染物及排放限值　　　　单位：mg·L⁻¹

编号	污染物项目	排放限值	编号	污染物项目	排放限值
1	一氯二溴甲烷	1	7	甲醛	1
2	二氯二溴甲烷	0.6	8	乙醛	0.5
3	苯	0.1	9	环烷酸	10
4	甲苯	0.1	10	苯胺类	0.5
5	硝基苯类	2	11	吡啶	2
6	氯苯	0.2	12	四氯化碳	0.03

9.1.3.3　开发注水或回灌地层

当热采区附近其他油田需要注水水源时，可将稠油污水处理至达到注水水质标准进行回注。但是，必须做好注水区水量平衡计算，若采出水量大于回注水量，还需对多余水量安排别的出路。例如，胜利油田单家寺稠油脱出的含油污水送往31km外的滨二首站进行污水处理，将处理合格的采出水注入油层，多余污水需送往滨四区。然而，由于多种原因，回注往往无法实现，这些原因主要包括：①稠油污水与地层水之间的化学配伍性差；②地层可供大量污水注入的空隙体积小；③注入水有可能串入清水层；④回注地层的清水资源缺乏。

总之，稠油污水出路不同，要求达到的水质标准也不一样，所以处理流程、处理方法也不相同。稠油污水回用于注汽锅炉，主要是去除水中的杂质（油、悬浮物、二氧化硅等），保持水质稳定。该方法无论是从环境保护，还是从水资源和能源的充分利用等方面来看，都被认为是最佳方案。达标外排主要是去除水中的有害物质，去除妨碍水生生物生长的物质。随着稠油污水量的增加，注汽锅炉或注水量却没有太大的增加，所以越来越多的污水必须外排，因此外排只是回用方法的补充和完善。而注水或回灌废地层是以满足油田生产和环境保护为目的而采取的应急措施，绝非长久之计。

9.2　稠油污水水质特性及对处理工艺的影响

9.2.1　稠油污水水质特性

9.2.1.1　普遍性

稠油污水与稀油污水相比，具有以下特征：①稠油污水的油水密度差小。稀油即低密度原油的密度在 880kg/m³ 以下，通常约为 840kg/m³，而稠油平均密度为 900kg/m³ 以上，一些特超稠油的密度甚至在 990kg/m³ 以上，其原油的微粒有时可长期悬浮在水中；②稠油污水具有更多的杂质，除自身的胶质、沥青质外尚携带较多的泥砂，在开发过程中又往往加入各种化学剂，使其成分更复杂；③稠油污水中的胶质和沥青质具有天然乳化剂性质，易形成以微小的油粒为中心的 O/W 型乳状液，给破乳增加困难；④稠油污水具有较高的黏滞性，在水温低时更显著；⑤稠油污水具有较高的温度，在开发过程中为降低稠油黏度往往将温度提高到 70~80℃，而稀油的输送温度在 50℃ 左右。由于稠油密度高、黏度大、胶质和沥青质含量高，造成原油与水的密度差异小；胶质和沥青质是天然乳化剂，给水中油珠凝聚增加困难；从水中分离出的原油黏度高、流动性差，给原油回收也造成困难，因此稠油污水的处理比较困难。

目前，油田污水中油的处理主要是根据 Stocks 公式进行设计的，油珠上浮速度与油水密度差成正比，与油珠直径平方成正比，而与水的黏度成反比。因此，稠油污水处理难易程度还与生产过程中对油珠分布状况的改变以及对油、水的密度、黏度的改变等因素有密切的关系。在生产过程中，当含水原油通过地层孔隙向油井流动时；当含水原油沿着井筒向上流动，受到油嘴节流时；当含水原油进入流程，经过输油泵、脱水泵、污水泵多次提升，再经过管道紊流输送时，都不同程度地将原油剪切分散在污水中，无疑增加了含油污水的处理难度。同时，原油生产过程中要投加不同种类的化学药剂，其中有些投加了乳化液稳定物质。此外，几乎在各种原油中都存在着乳化剂，特别是稠油所含的大量胶质、沥青质都是很好的天然乳化剂。因此，在采油、原油集输、原油脱水和含油污水处理过程中都要充分考虑减少对含水原油、含油污水的搅动，尽量采用容积泵或低转速输送泵，减少泵的剪切，并且选择投加有利于破乳的化学药剂。

原油集输、原油脱水工艺需要降低原油黏度和密度，常采用对稠油掺稀油或对原油加温的方法达到这一目的，以改善工艺条件。稀油与稠油以 1:1 的比例混合后，原油黏度可降低 10 倍，油水密度差可增大近 6 倍，从而油珠上浮速度可提高 6 倍。由于温度升高，液体体积膨胀，油和水的密度都要减小，但在同样温升下，油的密度下降值比水的密度下降值更大，因此随着温度升高，油水密度差加大。同时，稠油污水的黏度却随着水温的升高而减少，所以稠油污水水温的升高使油水密度差值增大，降低稠油污水的黏度，无疑可以加快油水的分离速度。然而，在高矿化度的情况下还要考虑流程密闭，配伍的各种水质处理剂要合理地投加。稠油污水的处理是稠油开采工艺的一个组成部分，应该从系统工程角度来处理好稠油污水处理的各个环节。

9.2.1.2　多变性

采油过程以及管理等方面的原因，使得稠油污水水质、水量变化较大，具有多变性。每天污水中的油、悬浮物等指标都在变化，即使是在同一天，不同时段稠油污水中的油、悬浮物等指标也会发生变化。变化最大的是油含量,油含量变化较大的原因也很多,如生产管理、化验分析以及水中的浮油和分散油等。水中的浮油以及分散油可能是导致油含量变化较大的主要原因,如果将它们通过斜板隔油池去除,水中油含量将会更加稳定。另外,水中的浮油和分散油会明显干扰化验分析的结果,导致油含量变化不定。

9.2.1.3 复杂性

(1) 无机化合物

稠油污水中不仅含有大量的阳离子(如 Na^+、K^+、Ca^{2+}、Mg^{2+}、Ba^{2+}、Sr^{2+}、Fe^{2+} 等)和阴离子(如 Cl^-、SO_4^{2-}、CO_3^{2-}、HCO_3^- 等),它们会影响稠油污水的缓冲能力、含盐量和结垢倾向,而且还含有少量不同的重金属元素,如 Cd、Cr、Cu、Pb、Hg、Ni、Ag 和 Zn 等,见表 9-3。另外,有些稠油污水中还含有微量的放射性化学物质,如 K^{40}、U^{238}、Th^{232}、Ra^{226} 等。Ra 可以与 Ca、Ba、Sr 等离子形成碳酸盐和硫酸盐垢。有关稠油污水中放射性化学物质的文献和报道很少,但稠油污水中重金属含量报道较多。

表 9-3　稠油污水中重金属的含量

重金属	典型数据/$(\mu g \cdot L^{-1})$	范围/$(\mu g \cdot L^{-1})$
Cd	50	0~100
Cr	100	0~390
Cu	800	0~1500
Pb	500	0~1500
Hg	3	0~10
Ni	900	0~1700
Ag	80	0~150
Zn	1000	0~5000

(2) 有机化合物

稠油污水中自然存在的有机化合物主要分为 4 类,即脂肪烃和环烷烃、芳香烃、极性化合物、脂肪酸。在不同的油田,这些化合物的相对含量和相对分子质量变化很大。表 9-4 给出了稠油污水中溶解性有机物含量的典型数据。

表 9-4　稠油污水中溶解性有机物含量的典型数据

有机物	典型数据/$(mg \cdot L^{-1})$	范围/$(mg \cdot L^{-1})$
脂肪烃($<C_5$)	1	0~6
脂肪烃($\geqslant C_5$)	5	0~30
BTEX[①]	8	0~20
环烷烃	1.5	0~4
酚类	5	1~11
脂肪酸	300	30~800

①指苯、甲苯、乙苯和二甲苯。

稠油污水中脂肪烃和环烷烃的含量范围较宽，碳原子数低于5的脂肪烃极易溶解于水中，是主要的挥发性有机碳。芳香烃化合物和脂肪烃化合物构成了稠油污水中所谓的碳氢含量，而极性化合物和脂肪酸化合物通常称为其他有机物。芳香烃化合物特别是苯、甲苯、乙苯和萘，它们溶解于水中，构成了稠油污水中的溶解性化合物。同时，也发现稠油污水中含有少量的聚核芳香烃。极性化合物如酚类通常溶于水，但在原油或冷凝液中通常含量不高，因此稠油污水中的极性化合物含量通常要低于芳香烃含量。脂肪酸特别是乙酸极易溶于水，因此稠油污水中含有较高浓度的脂肪酸。

（3）化学药剂

在油田生产过程中投加了大量的化学药剂，这些化学药剂起到重要的作用，如降黏、缓蚀、阻垢、防泡、防蜡、杀菌、破乳、混凝、脱水等。不同的油田，即使是同一个油田，不同时期所采用化学药剂的类型和添加量都不同。有些化学药剂为纯净化合物（如甲醇），另外一些为溶于溶剂的或共溶的表面活性剂。化学药剂在油、气和水三相中都有一定的溶解度，因此都会溶入油、气、水三相，只不过其浓度不同而已。在生产过程中，有些表面活性剂要被消耗，因此，要准确评估这些化学药剂的数量和类型非常困难。表9-5给出了油气田所采用的典型化学药剂的类型和浓度。

表9-5 油气田采出水中的化学药剂

化学药剂	油田浓度/(mg·L⁻¹)		气田浓度/(mg·L⁻¹)	
	典型数据	范围	典型数据	范围
缓蚀剂①	4	2~10	4	2~10
阻垢剂②	10	4~30	—	—
破乳剂③	1	0.1~2	—	—
聚电解质④	2	0~10	—	—
甲醇	—	—	2000	1000~15000
己二醇	—	—	1000	500~2000

①指酰胺化合物和咪唑啉化合物。
②指磷酸酯化合物和磷酸化合物。
③指烷氧基树脂、聚己二醇脂和烷基苯磺酸盐。
④指聚酰胺化合物。

9.2.2 稠油污水水质特征对处理工艺的影响

针对稠油污水黏度大、油水密度差小、乳化严重、水温高、水质水量变化大、处理难度大的特点，高效净水药剂的研制和开发是稠油污水深度处理的基础和关键。强化前段除油效果，减轻后段过滤系统的压力，使整个工艺技术合理、紧凑和高效；同时，必须充分考虑污水的均质均量，避免来水对整个工艺流程造成冲击。基于稠油污水的多变性和复杂性，稠油污水处理应充分考虑和研究以下几个方面。

1）强化调节池的功能。由于稠油污水油水密度差小以及水质水量变化较大，因此强化调节池的功能显得非常重要。可以在调节池中布置曝气装置，对稠油污水进行预曝气，这将有利于提高油水密度差、去除浮油、稳定水质、去除稠油污水中挥发性的有机物。

2）加强高效净水药剂的开发和研制。稠油污水乳化严重，为使油、水分离，破乳是先决条件。因此，高效净水药剂的开发和研制是稠油污水深度处理的基础和关键，为使高效净水药剂发挥其高效的破乳功能，应通过试验来确定最佳投药量、加药点、搅拌方式以及反应时间等。

3）选择适合稠油污水处理的装置。为强化稠油污水处理效果，工艺流程中必须采用高效的油水分离设备，如斜板隔油和溶气气浮等设备，但它们必须在投加高效的净水药剂以及保持良好的水力条件下才能发挥预期的作用。

4）稠油污水处理流程与原油脱水工艺应统筹考虑。原油脱水水质对稠油污水处理效果的影响很大。原油脱水用的破乳剂与污水处理所采用的药剂应有良好的配伍性。另外，应保证脱水中油含量的稳定性。

5）稠油污水处理工艺流程应紧凑、合理、高效以及耐冲击。由于稠油污水水质水量变化较大，因此高效、紧凑、合理以及耐冲击的工艺流程就显得极为重要。

9.3 稠油污水处理工艺流程

稠油污水的妥善处理和管理对于减少其对环境的影响和控制开采成本至关重要。目前，各国稠油污水处理的研究主要集中在水质特性、检测技术、处理方法和信息包等方面。在水质特性研究方面，已建立了稠油污水水质数据库；在检测技术研究方面，主要是油脂的分析方法、油含量测定仪等；在处理技术研究方面，主要是油和悬浮物的去除、二氧化硅的去除和 TDS 的去除等；在信息包研究方面，以设计手册的形式，汇编了所有相关的稠油污水处理信息，形成了稠油污水处理工艺设计的计算机专家系统的核心内容。

9.3.1 油和悬浮物的去除

9.3.1.1 斜板（管）分离技术

斜板除油的基本理论是"浅池理论"，但这种理论忽略了紊流、进出口水流的不均匀性、油珠颗粒上浮中的絮凝等因素，认为油珠颗粒是在理想状态下进行重力分离。"浅池理论"认为在沉淀池有效容积一定的条件下，重力分离除油设备的除油效率是其水平横截面面积的函数，而不是水深的函数。因而从原理上讲，沉淀池宜采用较大的表面积以及较浅的水深。减小除油设备的分离高度，可以提高除油效率。在其他条件相同时，除油设备的分离高度越小，油珠颗粒上浮到表面所需要的时间就越短。因此，在油水分离设备中加设斜板，增加分离设备的工作面积，缩小分离高度，可提高油珠颗粒的去除效率。理论上加设斜板不论角度如何，其提高去除效率的倍数相当于斜板总水平投影面积比不加斜板水面面积所增加的倍数。当然，实际效果不可能达到理想的倍数，这是因为斜板的具体位置、进出水流的影响、板间流态的干扰和积油等因素。但是，由于斜板的存在，增大了湿周，缩小了水力半径，因此雷诺数 Re 较小，这就创造了层流条件，水流较平稳。同时，弗劳德数 Fr 较大，更有利于油水分离。

斜板除油装置基本上可以分为立式和平流式两种，分别称为立式斜板除油罐和波纹板隔油池(CPI)，如图 9-2 和图 9-3 所示。在我国油田污水处理中常用的是立式斜板除油罐。

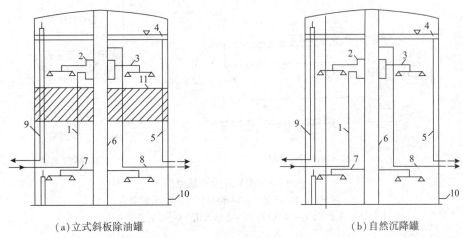

(a)立式斜板除油罐　　　　　(b)自然沉降罐

图 9-2　立式斜板除油罐和自然沉降罐结构对比

1—进水管；2—配水室；3—配水管；4—集油槽；5—出油管；6—中心柱管；7—集水管；
8—出水管；9—溢流管；10—排污管；11—斜管(板)

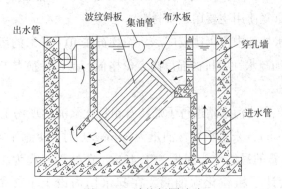

图 9-3　波纹板隔油池

9.3.1.2 粗粒化技术

所谓粗粒化，就是使含油污水通过一个装有填充物(也叫粗粒化材料)的装置，污水流经填充物时，使油珠由小变大的过程。经过粗粒化后的污水，其含油量及污油性质没有发生变化，只是更容易在重力作用下将油去除。粗粒化处理的对象主要是水中的分散油。粗粒化除油是粗粒化及相应沉降过程的总称。粗粒化除油装置称为粗粒化除油罐，其结构如图 9-4 所示。

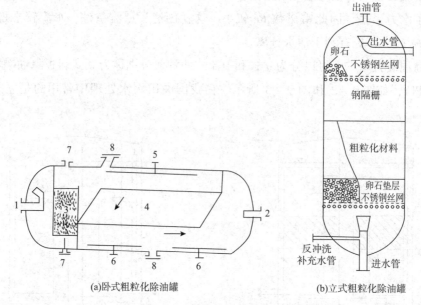

(a)卧式粗粒化除油罐　　　　　(b)立式粗粒化除油罐

图 9-4　粗粒化除油罐结构

1—进水口；2—出水口；3—粗粒化段；4—蜂窝斜管；
5—排油口；6—排污口；7—维修人孔；8—拆装斜管人孔

粗粒化材料从形状来看分为粒状和纤维状两大类，从材质上分为天然材料(如无烟煤、蛇纹石、石英砂等)和人造材料(如聚丙烯塑料球和陶粒等)两类。国外应用的粗粒化材料很多，以各种化工产品居多，如聚酯、聚丙烯、聚乙烯、聚氯乙烯等。作为一次性使用，主张用纤维状材料，重复使用主要用粒状材料。

蛇纹石在油田污水处理中应用比较广泛。蛇纹石在 40~60℃的污水中与原油的接触润湿角 $\theta < 90°$，具有亲油疏水性，机械强度高，价格低，是一种很有工程实用价值的油田污水处理的粗粒化材料。

胜利油田设计院在辛一污水站进行了蛇纹石粗粒化除油的现场工业试验。当粗粒化表面负荷 $q = 50\text{m}^3/(\text{m}^2 \cdot \text{h})$，来水平均含油量为 346mg/L 时，出水平均含油量为 3.4mg/L，除油率为 99%。蛇纹石的最终水头损失为 1.45m。在处理规模为 $2 \times 10^4 \text{m}^3/\text{d}$ 的坨二污水站和辛一污水站设计了粗粒化除油罐，在配水筒内设上下 2 个粗粒化段，高度为 1.2m×2，粗粒化面积为 20.37m²，粗粒化表面负荷为 $50\text{m}^3/(\text{m}^2 \cdot \text{h})$，采用直径为 5~

10mm 的蛇纹石作为粗粒化材料。粗粒化除油罐与过去的自然除油罐相比，除油效率提高了 1.5 倍，除油率为 85% ~92%。

9.3.1.3　气浮分离技术

气浮分离技术就是设法往水中通入或在水中产生微细气泡，使其附着到油珠和固体颗粒表面后一起上浮到液面，然后采用机械的方法撇除。气浮分离技术由于除油效率高、停留时间短，在世界各油田得到广泛应用。根据制取微细气泡的方法不同，气浮分离技术主要分为电解气浮、机械碎细气浮和溶气气浮。

（1）电解气浮

电解气浮的基础是将正负相间的多组电极安装在水溶液中，在直流电的作用下，在正负两极间产生氢和氧的细小气泡。为了产生气泡，最初是用铝或钢制的耗损电极，维修工作量大，更换电极费用高，同时还会造成长时间停工。近年来，已研制了用二氧化铅覆盖钛板制成的具有耐久性的电极。电解气浮法所需的电压为 5~10V 的直流低压，由高压交流电源经过变压器和整流器整流后为其提供。电解气浮所需的电能大部分取决于溶液的导电率和极板之间的距离。电解气浮最大的费用在于变压、整流装置和电能的消耗。电解气浮产生的气泡尺寸非常小，比分散空气气浮，甚至比溶气气浮的气泡都要小，因为在电极上产生的细微气泡上升时没有引起紊动，故该法特别适用于脆弱絮状体的情况。电解气浮的表面负荷通常低于 $4m^3/(m^2 \cdot h)$。电解气浮到目前为止主要用于工业废水处理方面，处理水量约为 $10~20m^3/h$。由于存在电耗、操作运行管理难和电极结垢等问题，因此较难适用于大型稠油污水处理。

（2）机械碎细气浮

机械碎细气浮在油田污水处理中应用较晚，但却是应用比较广泛的污水处理技术。机械碎细气浮处理油田污水时，采用机械混合的方法把气泡分散于水中。机械碎细气浮装置主要分为叶轮式气浮装置和喷嘴式气浮装置两种，分别如图 9-5 和图 9-6 所示。叶轮式气浮是近几年国外采用最多的气浮污水处理技术。

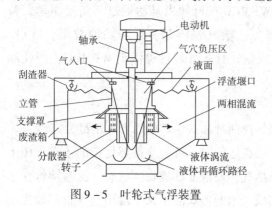

图 9-5　叶轮式气浮装置　　　　　　　　图 9-6　喷嘴式气浮装置

叶轮式气浮装置运行时，污水流入水箱，叶轮旋转产生的低压使水流入叶轮。叶轮旋转，把水通过叶轮周围的环行微孔板甩出，于是安装叶轮的立管形成了真空，使气从水层逸出进入立管，同时水也进入立管，水气混合，被一起高速甩出。当混合流体通过微孔板时，剪切力将气体破碎为微细气泡。气泡在上浮过程中，附着到油珠和固体颗粒上。气泡通过水面冒出，油和固体留在水面，形成浮渣，用刮渣板撇除，气体又开始循环。叶轮式气浮装置有两个流体通路：气体通路和液体通路。另外，它分为 3 个不同的区：混合区、气浮区和浮渣区。气体从气浮室的上部气顶进入液体中，这就是气体通路。同时，液体从气浮室下部向上循环，这就是液体通路。液体向上循环到两相混合区与气体混合，混合区对于该工艺非常重要，必须注入足够的气体，在足够大的剪切力作用下破碎为微细气泡，使气泡与油珠和固体颗粒附着，即气泡在混合区与液体充分接触，形成附着有气泡的油和固体絮凝体。气浮区要充分平衡，这样絮凝体才可上浮并从液体中分离出来。气浮区紊流过大会使气泡与絮凝体分离，甚至使污染物重新乳化到水中去。因此，在气浮区要把紊流降到最低程度，形成适于絮凝体上浮并将其从装置中去除掉的流型。

在叶轮式气浮装置中，实际上仅有一部分用于气浮和分离。在气浮区，油珠和气泡的有效密度和直径必须适合快速分离，因此要在混合区达到要求的密度直径。也就是说，油珠直径必须充分大，油珠与气泡的接触率要高。由于气泡与油珠和固体颗粒之间的相互作用受到表面化学的影响，因此通常通过添加混凝剂、浮选剂和发泡剂的办法，加快油珠和固体颗粒的絮凝效果，提高絮凝体与气泡的附着力。

WEMCO 和 PETRECO 是世界各油田污水处理中采用得比较多的两种叶轮气浮装置。与 WEMCO 相比，PETRECO 具有以下优点：①PETRECO 只安装了 3 个固定且不用马达驱动的撇油装置，每个撇油装置仅由刮渣板和可调阀门组成，使用中基本上不用更换和维修，而 WEMCO 的撇油装置则由 20 个组件组成，造价较高，容易损坏，因此还要备件；②PETRCO 的叶轮直接由马达驱动，运行安全可靠，即使需要保养，也可将整个转子包括马达和叶轮取出，非常方便，而 WEMCO 的叶轮由马达通过三角带驱动，若不经常保养，三角带会松，因此叶轮转速降低、溶气量不足，影响除油效果；③PE-TRECO 的每个气浮室都装有控制阀，控制进气量，且布气装置也优于 WEMCO，因此除油效率较高，应用比较广泛。

(3)溶气气浮

溶气气浮工艺主要有真空气浮和加压溶气气浮两种形式，其中后者应用最为广泛。

在真空气浮中，气浮池是一个密闭的池子。在运行时，首先将需要处理的水在常压下曝气，让空气达到饱和状态，然后再向气浮池抽气，使池上部成真空状态，这时溶解在水中的空气因气浮池表面的压力低于常压而以细微气泡的形式溢出来，溢出空气量则取决于气浮池表面上负压的大小。真空气浮存在的不足：一是可能得到的空气量受到能够达到的真空度限制，一般运行真空度在40kPa，故可溢出的微气泡数量很有限；二是需要很复杂的设备来保持分离区的真空状态，这给运行与维修都带来困难。因此，该技术已逐步被加压溶气气浮所取代。

加压溶气气浮是目前应用最广泛的一种溶气气浮技术，其实质就是在一定的压力下，将空气溶入水中，并使其达到指定压力状态下的饱和值，然后将过饱和液突然降至常压，这时溶解在水中的空气即以非常细小的气泡释放出来。这些数量众多的细微气泡与欲处理污水中呈悬浮状态的颗粒产生黏附作用，使这些夹带了无数细微气泡颗粒的相对密度小于水而上浮。加压溶气气浮工艺流程如图9-7所示。

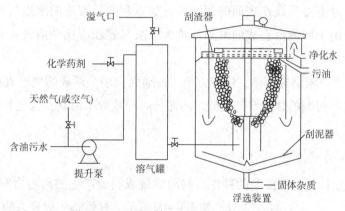

图9-7　加压溶气气浮工艺流程

加压溶气气浮根据采用的溶气方式的不同，可以有两种不同的溶气系统：水泵-空压机加压溶气系统和水泵-射流器加压溶气系统。水泵-空压机加压溶气系统是利用加压水泵提供压力水(压力一般为0.3~0.6MPa)与空气压缩机提供的压缩空气，一起送入压力溶气罐中进行气-水的接触溶解，使空气溶入水中，未溶解的空气由罐上部的放气阀排放。空气在水中的溶解度则取决于压力大小以及溶气罐的内部构造形式。水泵-射流器加压溶气系统是利用加压水泵提供的压力水(压力一般为0.3MPa)流经高效射流器时，由于射流器的高速射流所形成的负压，从大气中吸入空气，在射流器的混合管内高速水流与吸入的空气相互掺混、切割，使气体分散成无数细小气泡，然后气水混合体进入压力容器，在压力容器中进行接触溶解，并将剩余空气与水分离，从而完成溶气过程。空气在水中的溶解度取决于水泵扬程和高效射流器的设计以及在压力罐中的布置。

加压溶气气浮有3种可供选择的基本流程：全溶气流程、部分溶气流程和回流加压溶气流程。全溶气流程是将整个入流液进行加压溶气，再经过减压释放装置进入气浮分离区进行分离的一种流程。该法与其他两种流程相比，缺点为电耗高，但由于未加入溶气水，故气浮池的容积可小些。至于在加压泵前投加化学混凝剂所形成的絮粒是否会在加压及减压释放过程中产生不利影响，目前尚无定论，从分离效果来看并无明显区别，其原因是气浮分离技术对混凝反应的要求与沉淀分离技术不一样，在气浮系统中并不要求将颗粒结大，而只要求化学混凝剂在水中充分混合。部分溶气流程将部分入流液进行加压溶气，而其余入流液则直接进入到气浮池，比全溶气式流程更节省电能，同时因加压水泵所需加压的溶气水量与溶气罐的容积也只为全溶气方式的一部分流量与容积，故可节省一部分设备容积。但是，由于部分溶气系统提供的空气量较少，因此想要提供同样的空气量，就必须在更高的压力下运行。回流加压溶气流程将部分澄清液进行回流加压，而入流液则进入气浮分离区。经加压溶气后的回流水经释放器和絮凝后的水相混合进入气浮分离区进行分离。在压力释放装置中，加压水压力降至常压，溶解于水中的空气将以微细小气泡（直径为 20~100μm）的形式释放出来。这些微细小气泡与悬浮颗粒相黏附，并浮升至水面形成浮渣。浮渣可用设在表面的刮渣装置加以刮除，澄清的水由气浮分离区底部的集水系统引出。由于回流水造成的附加流量大，故其容积应比全溶气式和部分溶气式系统更大。

加压溶气气浮装置结构简单，操作方便，占地面积小，形成的气泡直径小，除油率可高于99%。浮渣和污泥的含水率都较低，污泥长时间放置不流淌，这是其他几种气浮工艺所不能比拟的。

9.3.1.4 水力旋流器

水力旋流器根据油水密度差的特性，利用旋流或涡流产生的离心力对油水进行分离，如图9-8所示。根据蒋明虎等人的研究，水力旋流分离器目前具有两种形式：静态的和动态的。在静态水力旋流器中，旋流是由进口的高流量和高压产生的，而在动态水力旋流器（见图9-9）中，旋流是通过机械转动部件产生的。

水力旋流器产生的加速度可达到2000g，因此它的优势大大超过重力分离设备。与重力分离设备相比，水力旋流器的分离距离仅为几厘米，而重力分离设备的分离距离大于1m。在达到相同的分离效果的条件下，根据 Stocks 公式估算，水力旋流器的停留时间仅为几秒，而重力分离设备要几小时。这一比较充分说明，水力旋流器具有很大的经济优势，在相同的条件下，设备占地面积至少可减少3倍。

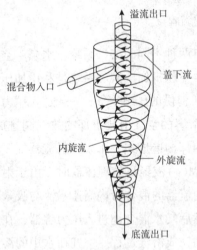

图9-8 水力旋流器工作原理

水力旋流器具有设计紧凑、质量轻、传动部件少、维修费用低和处理效率高等特点，由于其具有高效的分离效率以及设备简单等优势，因此也可用于稠油污水的处理工艺中。

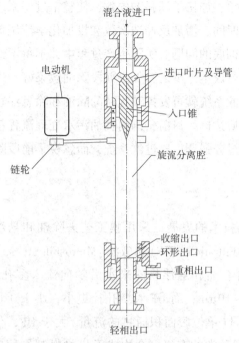

图 9 - 9　动态旋流器结构

9.3.1.5　颗粒过滤技术

颗粒过滤是采用颗粒状滤料介质处理水中悬浮固体和油类等的一种技术，常用的颗粒状滤料有石英砂、赤铁矿石、石榴石、花岗岩、无烟煤和核桃壳等。颗粒过滤最大的特点就是当滤料失效后，可以用反冲洗的方法恢复滤料性能，继续使用。颗粒过滤在给水处理等行业使用已有很长的历史，技术发展已经很完善。在污水处理行业使用历史则较短，特别是油田污水的过滤处理是近几十年发展起来的新技术。由于水中含有原油，使油田污水的过滤处理变得更为复杂，因此使用给水过滤处理的设备往往效果很差。特别是稠油污水中油的特性使这些过滤器往往难于达到理想的技术和经济指标。究其原因主要是稠油污水中的原油对滤料产生污染。过滤不仅能去除悬浮固体，也会使原油颗粒直径变大，即"粗粒化"聚结过程。稠油污水中含有较高的蜡质、沥青质、胶质成分等，过滤时这类物质会附着在滤料上。生产实践证明，要清除这类物质很困难，用一般的水反洗方法不能达到滤料再生的目的，因而随着过滤时间的推移，反洗效果越来越差。最后，过滤罐不再是一级处理设备，失去了处理能力。传统的油和悬浮物去除系统存在的主要问题是：①对油含量变化的冲击适应能力较差；②出水质量不稳定。因此，人们一直在研究如何提高颗粒过滤器性能。

需要指出的是，颗粒滤料过滤器一般都是与重力油水分离器如斜板隔油池和气浮池等结合使用，任何颗粒滤料过滤器的进水水质都有一定的范围，如果前段除油效果不好，即使后段过滤系统很长，稠油也会逐渐吸附在各个过滤器中的滤料上，造成滤料板结、滤速降低、出水水质变坏等现象，加快了滤料的失效，使整个过滤系统失灵。尽管可采取加大反冲洗强度、延长反冲洗时间、增加反冲洗次数和投加化学清洗剂等技术措施，但还是不能从根本上解决反冲洗不彻底的问题。实际生产过程中，不得不经常更换滤料，给生产管理带来了麻烦，增加了运行成本。反之，如果前段除油效果好，进入后段过滤系统的油和悬浮物含量较低，那么过滤系统就可发挥其优越的除油和除悬浮物的功能，同时可简化后段工艺流程，确保出水水质达标。目前，国内稠油污水处理流程都比较长，去除效果也不理想，其根本原因就在于过分强调后段过滤系统，而忽视了前段除油系统，盲目增加过滤设备，导致流程较长。

9.3.1.6　膜技术

近年来，随着膜材料技术的发展，采用膜工艺去除油和悬浮物已引起较高的重视。特别是横向流超滤(Ultra-Filtration，UF)和微滤(Micro-Filtration，MF)最适用于油田污水中油和悬浮物的去除。含有油和悬浮物的来水沿轴向流入多孔管，清水沿管壁径向流出。MF管壁孔径为 $0.1 \sim 10 \mu m$，而 UF 管壁孔径更小，小于 $0.01 \mu m$，它们的出水基本不含悬浮油。MF 的膜通量(单位膜面积通过的流量)大于 UF，但 MF 比 UF 更易受到污染。UF 与 MF 膜是由不同种类的有机聚合物或无机材料制作而成的，包括醋酸纤维素、纤维素三酯、聚砜、聚丙烯、聚酰亚胺、氧化铝、锆氧化物、钛氧化物、不锈钢和玻璃钢等。另外，可提供不同类型的膜，包括平板式和管状式等。在加拿大只有管状膜在稠油污水处理试验中用过。这些膜比较适合做成模块，模块是由几根管子组合在一起形成的，可提供单位体积最大表面积。典型的处理系统包括几个模块：循环泵、进水箱、浓缩物箱、出水箱等。

随着微滤和超滤技术的发展和采出水处理要求越来越高，采出水的膜处理技术特别是微滤和超滤技术越来越受到各国的重视。微滤和超滤技术可提供高质量的出水，通常比传统技术更稳定，并且在设备占地面积、质量以及处理成本方面占有一定的优势。但膜技术的研究同时也指出：采用膜技术处理采出水存在几个大的困难，如膜通量较低、出水水质经常恶化和高频率的清洗。迄今为止，有关油田污水膜处理中膜通量下降的原因和机理还了解得不够深入。有关膜处理油田污水的膜通量、出水水质和清洗频率在设计上还没有明确规定。将膜工艺与现有污水处理系统相结合还有很多技术障碍，如需要很好的预处理等。近期的研究主要集中在采用动力膜和不同水力技术来降低膜污染和提高膜通量，使膜的清洗频率降到最低。企业、研究人员和生产厂家之间还没有进行良好的合作，应联合解决一些技术难题，如膜通量低、流速下降很快、运行成本和基建投资高等。以上这些都是将来研究的重点。国外膜分离技术发展情况见表9-6。

表 9 - 6　国外膜分离技术发展情况

膜分离过程	国家	年份	应用
微滤	德国	1920	试验室规模
超滤	德国	1930	试验室规模
血液渗析	荷兰	1950	人工肾
电渗析	美国	1955	脱盐
反渗透	美国	1960	海水淡化
超滤	美国	1960	大分子浓缩
气体分离	美国	1979	氢气回收
膜蒸馏	德国	1981	水溶液浓缩
渗透气化	德国/荷兰	1982	有机溶液脱水

9.3.2　硬度的去除

9.3.2.1　离子交换技术

（1）两级强酸钠离子交换树脂串联

离子交换技术在油田高含盐采出水软化工艺中得到了广泛的应用，大多数处理系统都采用两级强酸钠离子交换树脂串联，第一级树脂床去除大部分硬度，第二级树脂床将第一级树脂床出水中处于痕量的 Ca^{2+}、Mg^{2+} 全部去除，确保出水硬度为 0。强酸钠离子交换树脂的化学结构通常为苯乙烯和二乙烯基的磺化聚合物，水中的 Ca^{2+}、Mg^{2+} 与树脂上的 Na^+ 进行离子交换而得以去除，采用 NaCl 再生，成本较低。但是，该技术在水中含油量为 0、TDS 小于 5000mg/L 的条件下才能良好的工作。当水中 TDS 过高，采出水中的 Na^+ 将与 Ca^{2+}、Mg^{2+} 发生竞争，这就使得软化水中硬度小于 1mg/L 的目标很难达到。进一步，再生废液的量很大，占整个软化水总量的 10%～15%。如此巨量的再生废液处置也同样是一个难题。

（2）一级强酸二级弱酸

当水中 TDS 为 5000～8000mg/L 时，应采用强酸钠离子交换与弱酸离子交换相结合，才能确保出水硬度小于 1mg/L 的要求。强酸钠离子交换作为第一级处理，去除大部分的硬度且可使再生费用降到最低，然后再进入第二级弱酸离子交换器进行最后处理，确保出水硬度达标。弱酸阳离子交换树脂的化学结构通常为丙烯二乙烯基苯母体的羧酸结构，该树脂对 Ca^{2+}、Mg^{2+} 具有很强的选择性，因此可有效去除强酸钠离子交换树脂不能去除的残余硬度。这种技术运行费用较高，需要两步再生。首先用 HCl 再生，用 H^+ 去除 Ca^{2+}、Mg^{2+}，然后用 NaOH 将氢型转变为钠型。

（3）两级弱酸树脂串联

当采出水中的 TDS 大于 8000mg/L 时，强酸树脂对硬度的去除非常有限，先强酸后弱酸树脂软化也变得不实用，此时可供选择的方法就是两级弱酸树脂串联。尽管该技术可将高 TDS 的采出水中的硬度降至 1mg/L，但再生费用昂贵。虽然离子交换技术可较好地去除水中的 Ca^{2+} 和 Mg^{2+}，但不论是强酸还是弱酸树脂，它们对二氧化硅的去除均没有明显效果。离子交换树脂再生时，树脂上的 Ca^{2+}、Mg^{2+} 就进入再生液中（如盐、酸或碱），这些再生废液可注入地层，但含 Ca^{2+} 和 Mg^{2+} 的再生废液会堵塞地层，因此应严格限制再生废液注入地层。在强酸树脂和弱酸树脂系统中，树脂的再生、反洗和清洗等过程所需的水量分别占处理水总量的 10% ~15% 和 5% ~10%。

9.3.2.2 石灰苏打软化工艺 + 离子交换

石灰苏打软化是最古老的软化工艺之一。采出水中钙盐和镁盐所组成的硬度可通过投加石灰和苏打产生沉淀而得以去除。该工艺不仅可去除硬度，还可降低水中的 HCO_3^- 和 SiO_2 含量，对于高硬度和高 TDS 的大量采出水软化而言，该工艺具有明显的经济优势。然而，该工艺也存在一些不足：处理过程中产生大量的污泥需要处置、石灰的搅拌和储存设备昂贵、石灰的搅拌和操作不当容易引起结垢和堵塞问题等。

石灰 – 苏打软化工艺可分为冷石灰和热石灰两种工艺。冷石灰软化工艺指的是在来水温度不变的条件下进行化学反应，而热石灰软化工艺指的是在提高来水温度（接近或高于沸点）的条件下进行化学反应。两工艺的主要区别在于其反应速度和 $CaCO_3$、$Mg(OH)_2$ 的溶解度。温度越高，反应速度越快，$CaCO_3$ 和 $Mg(OH)_2$ 的溶解度就越低，所以热石灰软化工艺比冷石灰软化工艺的效率更高。但热石灰工艺所需的压力很高，还需要补充热源对来水加温，并且存在一些安全隐患。

当总碱度大于总硬度，出水仅含碳酸盐硬度，这时就不需要投加苏打，只要投加石灰就可将原水硬度降至 50 ~80mg/L。事实上，当 OH^- 碱度保持为 5mg/L 或更大时，残余硬度就可达到 40 ~70mg/L。当总硬度大于总碱度时，就必须投加苏打去除非碳酸盐部分的硬度。

9.3.2.3 NaOH 软化

NaOH 与石灰一样通过提高溶液的 pH 值，使 Ca^{2+} 和 Mg^{2+} 产生沉淀而得到去除。但是，在产生等当量 OH^- 的条件下，NaOH 的价格是石灰价格的 4 倍，这就是石灰普遍应用于大规模软化的主要原因。虽然如此，NaOH 也在油田采出水的软化中得到了广泛的应用。

石灰软化的主要化学反应如下：

$$Ca(OH)_2 + Ca(HCO_3)_2 \longrightarrow 2CaCO_3 + 2H_2O$$
$$2Ca(OH)_2 + Mg(HCO_3)_2 \longrightarrow 2CaCO_3 + 2H_2O + Mg(OH)_2$$
$$Ca(OH)_2 + 2NaHCO_3 \longrightarrow 2CaCO_3 + 2H_2O + Na_2CO_3$$

NaOH 软化的主要化学反应如下：

$$NaOH + Ca(HCO_3)_2 \longrightarrow CaCO_3 + H_2O + NaHCO_3$$

$$2NaOH + Mg(HCO_3)_2 \longrightarrow Mg(OH)_2 + 2NaHCO_3$$
$$NaOH + NaHCO_3 \longrightarrow Na_2CO_3 + H_2O$$

9.3.2.4　热软化/热污泥工艺

当水中含有大量的 HCO_3^- 时，在一定压力下，温度加热到200℃，碳酸氢盐就会分解，释放 CO_2，pH 值上升，Ca^{2+}、Mg^{2+} 等离子产生沉淀。在这样的高温条件下，硬度可降至1mg/L 以下。

热力软化的基本反应过程如下：

$$2HCO_3^- \longrightarrow CO_3^{2-} + CO_2 \uparrow + H_2O$$
$$Ca^{2+} + CO_3^{2-} \longrightarrow CaCO_3 \downarrow$$
$$CO_3^{2-} + H_2O \longrightarrow 2OH^- + CO_2 \uparrow$$
$$Mg^{2+} + 2OH^- \longrightarrow Mg(OH)_2 \downarrow$$

9.3.3　二氧化硅的去除

大部分蒸汽发生器制造商建议油田直通型蒸汽发生器给水中二氧化硅的最大允许浓度为50mg/L，但事实上许多地方的蒸汽发生器给水中的二氧化硅浓度均超过了50mg/L 的标准，高达120～268mg/L。因此，针对锅炉给水中二氧化硅的最大允许浓度范围，厂家与用户还没有达成共识。大多数稠油污水中二氧化硅的浓度都远远超过 50mg/L，因此在过去的十几年中各国研究者针对二氧化硅最大允许浓度的范围进行了广泛研究，主要集中在以下两个方面：一是油田蒸汽发生器在高二氧化硅浓度（≥50mg/L）运行；二是研究开发低污泥产量的二氧化硅去除新技术。

9.3.3.1　蒸汽发生器高浓度二氧化硅给水

20 世纪90 年代，加拿大 Shell 公司和加拿大阿尔伯达省油砂管理局（AOSTRA）共同投资建立了一个中试工业基地，对油田蒸汽发生器采用高浓度二氧化硅给水进行了技术可行性研究，主要研究目的是确定 Alberta 地区靠近 Peace River 的稠油污水在没有任何稀释或二氧化硅没有经过任何去除的条件下是否可以作为油田蒸汽发生器的给水。为此，特别设计和制造了一个功率为 1610kW 的高压蒸汽发生器供中试研究。蒸汽发生器给水中在油、悬浮物、硬度等常规指标完全满足要求的条件下，将二氧化硅浓度提到远远高于 50mg/L，来判断二氧化硅引起结垢的严重性。中试结果表明：给水中二氧化硅浓度接近150mg/L时，蒸汽发生器结垢严重，影响其安全运行。因此，研制开发低污泥产量的二氧化硅去除新技术显得非常重要，否则只能依靠稀释或石灰软化的方法降低二氧化硅浓度。

9.3.3.2　低污泥产量二氧化硅去除技术

低污泥产量二氧化硅去除技术目前主要有两种：活性铝吸附技术和热力软化技术。

(1)活性铝吸附技术

活性铝是 $\gamma - Al_2O_3$ 的统称，在低剂量时可作为分析试剂，高剂量时可作为吸附剂。很多文献均认为活性铝通过吸附作用可去除水中的二氧化硅，一项美国专利认为活性铝可选择性吸附去除工业废水中的二氧化硅。

在加拿大，Shell 公司和废水技术中心（Wastewater Technology Center，WTC）分别独立对有关活性铝吸附去除稠油污水中二氧化硅的效率进行了一些前期基础性的研究工作。Shell 公司的研究是采用活性铝吸附柱进行连续流的试验，所采用的水样为 Peace River 稠油污水，该水样不含油。而 WTC 的研究集中在活性铝的吸附和解吸，为间歇性试验，主要考察活性铝在吸附去除二氧化硅的同时，稠油污水对它的潜在污染。WTC 研究的主要结论是：活性铝可有效去除稠油污水中的二氧化硅，但二氧化硅的解吸很困难，除非研制出一种有效的二氧化硅的解吸方法，否则这项技术并不经济。这些研究对稠油污水中典型存在的不同种类的二氧化硅与活性铝的吸附与解吸之间的关系并未进行深入的调查与研究。WTC 的一个重要发现是稠油污水中典型的有机化合物并不影响活性铝对二氧化硅的吸附，这些典型的有机化合物在稠油污水中的含量都比较高。因此，可以认为有机物的污染并不会降低活性铝对二氧化硅的去除效率。在此研究基础上，WTC 采用三钙氢化铝酸盐作为吸附母体，对稠油污水中溶解性二氧化硅和硅酸盐的去除进行了试验研究。该研究是通过三钙氢化铝酸盐的化学作用，将溶解性的二氧化硅转变为硅铝酸钙沉淀物，通过过滤而得以去除。最后他们认为稠油污水经过以上除硅反应后，可采用弱酸氢型离子交换树脂作为最后的精细处理。

(2)热力软化技术

1983 年，美国 Exxon Mobil 公司根据其下属机构 Esso 公司的研究成果申请了热力软化工艺的专利。该专利的主要内容是在水中注入蒸汽将温度提高到 $190 \sim 210℃$，pH 值提高到 $9 \sim 12$ 时，可以将硬度降至 $1mg/L$ 以下，满足蒸汽发生器的给水水质要求。在此基础上，加拿大 Monenco 公司、AOSTRA 和能源、矿产、资源部共同投资对石灰热力软化工艺对稠油污水中硬度和二氧化硅的去除效率进行了研究。在热力软化工艺和石灰热力软化工艺中，稠油污水中的硬度是在高温和高 pH 值的条件下通过化学沉淀而得到去除的。添加石灰可提高 pH 值，注入蒸汽可提高温度。热力软化工艺的化学机理比较好理解，但有关进水油含量的要求以及沉淀物的分离还要继续研究。1987 年，Thomas 等采用石灰热力软化工艺对沥青砂采出水中二氧化硅的去除进行了研究，二氧化硅含量可从 $400mg/L$ 降至 $50mg/L$，去除率可达到 90% 以上。试验发现，澄清池出水的二氧化硅浓度与出水的 pH 值和 Ca^{2+} 浓度有关。澄清池进水中悬浮油含量不得超过 $5mg/L$。

9.3.4 TDS 去除

TDS 又称溶解性固体总量，指水中全部溶质的总量，包括无机物和有机物两者的含量其测量单位为毫克/升(mg/L),表明 1L 水中溶有多少毫克溶解性固体。TDS 值越高,表示水中含有的杂质越多。

有些地区,如加拿大西部油田、我国的胜利油田等,稠油污水中的 TDS 值太高,以致影响其回用于蒸汽发生器。有关 TDS 去除的研究工作主要包括:①TDS 去除工艺的经济比较;②TDS 去除的小试和中试。WTC 对稠油污水中 TDS 的去除工艺进行了调研,发现最实用的技术为蒸汽压缩蒸发(Vapour Compression Evaporation, VCE)、电渗析(Electrodialysis, ED)和冷冻除盐。近期,膜技术的发展使得膜蒸馏可能也成为一项很有前景的除盐技术。

9.3.4.1 蒸汽压缩蒸发(VCE)

在海水、半咸水及其他污水除盐中,VCE 是一项很好的 TDS 去除技术。与其他工艺相比,VCE 的发展很快,因此 VCE 是稠油污水中 TDS 去除试验的首选工艺。WTC 采用 VCE 对稠油污水中 TDS 的去除进行过小试和中试,这些试验的目的是:①评价该工艺的技术可行性;②鉴别该工艺在稠油污水处理中存在的各种运行问题;③对该工艺的工程应用进行经济评估。中试规模为 55m^3/d。该试验的起始阶段发现有大量的固体物质结垢,导致 VCE 管线堵塞,运行时间很短,随后加强了稠油污水的预处理,可明显降低垢的形成,运行周期明显增加,在管线除垢清洗之前运行时间超过 500h。中试结果表明:采用 VCE 去除稠油污水中的 TDS 在技术上是可行的,其出水水质可满足蒸汽发生器的给水要求。假设污水来液 500m^3/h,VCE 管线清洗一次,出水率为 67%。在这一条件下,当稠油污水处理量为 7000m^3/d 时,如果包括预处理,总投资 2360 万美元,年运行费用为 480 万美元,每立方米处理成本为 1.9 美元。

9.3.4.2 电渗析(ED)

ED 脱盐主要基于含盐水在阴阳离子交换膜和隔板组成的电渗析槽中流过时,在直流电场作用下,发生离子迁移,阴阳离子分别通过阴阳离子交换膜,从而达到除盐的目的。WTC 对 ED 工艺的研究表明,如果 ED 膜的污染能够降到最低和 ED 能够在高温(80℃)条件下运行,那么 ED 工艺对稠油污水中 TDS 的去除也可与 VCE 工艺媲美。

在加拿大西部,WTC、AOSTRA 和油公司采用 ED 工艺对稠油污水中 TDS 的去除进行了小规模的试验,该试验的主要目的是:①采用 UF 和 MF 作为 ED 工艺的预处理,并对它们进行比较;②鉴别膜污染是否会导致严重的操作问题;③观察 ED 在稠油污水的应用过程中,是否还存在其他运行操作问题。试验结果为稠油污水中的 TDS 浓度为 57000mg/L。结果表明:不管采取 MF 还是 UF 进行预处理,ED 工艺的运行效果并无明显的区别。在试验过程中,ED 膜受到轻微的污染,但膜的本质特性(如离子交换能力和选择渗透性)并未受到很大的影响。ED 膜可以在 80℃ 高温下良好运行。

9.3.4.3　冷冻除盐

在冷冻除盐技术中，含盐水冷却至凝固点，一部分水发生冷凝形成冰晶，一部分成为浓缩液，然后这些结晶体从浓缩液中分离出来，通过冷冻和消融实现除盐。可采用真空冷凝、热交换间接冷却和添加冷冻剂直接冷却等不同的技术实现含盐水的冷冻除盐。WTC通过对稠油污水冷冻除盐技术的研究认为，真空冷凝技术是最具吸引力的。该技术是采用真空降低稠油污水的沸点，使其沸点与凝固点相同。当形成蒸汽时，热量从稠油污水中去除，一部分水形成冰晶。蒸汽冷凝成为除盐水，而冰晶从浓缩液中分离经过消融后又成为另一部分的除盐水。WTC采用真空冷凝技术对加拿大西部稠油污水的除盐进行了中试，在中试期间，碰到了一系列问题，主要是两方面：一是设备的设计不合理，如真空冷凝室的空气泄漏和冰晶清洗室失灵；二是稠油污水中的油和发泡剂难于控制。中试结果表明，该项技术应用于稠油污水的除盐还需要做进一步的研究。

9.3.4.4　膜法脱盐技术

膜法脱盐技术主要包括反渗透和电渗析两种技术。

（1）反渗透

反渗透是压力驱动分离过程，即利用压力驱动水和其中的盐等各种杂质至膜表面，通过孔径筛分和溶解扩散等作用使水通过膜而盐等杂质被截留在膜表面。

美国 Bakers、Placerita、San Ardo 等油田采用反渗透法处理油田污水回用作锅炉用水、饮用水或农业灌溉用水，实现了反渗透在实际工程中的应用。国内采用反渗透法处理油田污水尚处于研究阶段，胜利油田近年分别在孤岛、孤东等采油厂进行了反渗透法处理采出水现场试验，处理流程及处理效果分别见表9-7和表9-8。流程中污水站外输水经过生化、介质过滤和超滤三级预处理，反渗透出水除盐率大于90%，主要水质指标满足资源化需求，试验结果证明了反渗透优异的除盐性能。膜污染问题是反渗透技术处理采出水工业化应用的瓶颈。

表9-7　双膜脱盐现场试验流程

试验站场	试验流程
陈庄	陈庄联外输水→生化→保安过滤器→超滤→反渗透组件→出水
孤东	孤东氧化塘(生化)→保安过滤器→超滤→反渗透→出水
孤三污	孤三联外输污水→生化曝氧处理工艺→超滤→反渗透→出水
孤四污	孤四联来水→溶气气浮→两级过滤→超滤→反渗透→出水

表9-8　双膜脱盐现场试验处理效果

测定指标	膜系统进水			处理后水质		
试验站场	陈庄	孤东	孤三	陈庄	孤东	孤三
矿化度/(mg/L)	9500	13798.83	7545	840~1120	280.23	216.2

从反渗透法处理采出水应用案例及现场试验分析,尽管反渗透可以得到浓度非常低的渗透液,但要求严格的化学和/或生物预处理;膜本身成本高,污染后需要化学清洗同时产生化学清洗废液,以及浓缩液的外排或进一步处理,都是其在油田中得以工业化应用需要面临的问题。

(2)电渗析

电渗析是电场驱动分离过程,即利用外加直流电场使水中的离子定向迁移通过具有选择透过性的离子交换膜,但一些有机物、悬浮物和细菌等不能通过电场迁移来去除。

美国 Wind River Basin 油田和国内大庆油田采用电渗析处理油田污水的研究均处于现场中间试验阶段。电渗析的脱盐成本主要由盐的浓度而定,该处理技术对苦咸水(TDS 为 1000 ~ 5000mg/L)的脱盐具有和反渗透竞争的优势,不适合处理胜利油田高矿化度油田污水(TDS > 10000mg/L)。

(3)膜法脱盐预处理技术

由于膜法脱盐技术对进水水质有很高的要求,尤其是反渗透膜比电渗析的离子交换膜更容易受到污染,因此需要更严格地预处理进水,在实践中预处理系统可根据不同原水水质的要求,由数种水处理工艺组成。

应根据水源特点确定预处理技术:当碳酸盐硬度较高时,可使用钠离子软化,弱酸氢离子交换和石灰处理等技术;当水中铁锰含量高或有 H_2S 时,应增加除铁除锰或除硫的措施;当生物活性较高时,应增加杀菌措施;当水中有机物多时,应考虑除去有机物措施;当悬浮物含量超过 50mg/L 时,应采取澄清措施。

9.3.4.5 蒸馏法脱盐技术

蒸馏法是一种最古老、最常用的脱盐方法。目前,大多数工业废水的蒸馏法脱盐技术基本上是从海水脱盐淡化技术基础上发展而来。油田采出水蒸馏法脱盐技术,就是将采出水加热蒸发为水蒸气,水蒸气再被冷凝为淡水,从而达到脱盐目的。与其他脱盐技术相比,蒸馏法脱盐技术具有设备简单可靠、对处理水浓度要求不高和淡化水纯度高的特点。蒸馏法有很多种,如多效蒸发、多级闪蒸、机械压缩蒸发等。

(1)多效蒸发(MED)

多效蒸发是将一定量的蒸汽输入,让加热后的盐水在多个串联的蒸发器中蒸发,前一个蒸发器蒸发出来的蒸汽作为下一蒸发器的热源,并冷凝成为淡水。其中,低温多效蒸馏是蒸馏法中最节能的技术之一。该技术最高蒸发温度低于 70℃,可有效地解决蒸发器结垢问题,对进水条件要求低。该技术由于节能的因素,近年发展迅速,装置的规模日益扩大,成本日益降低,主要发展趋势为提高装置单机造水能力,采用廉价材料降低工程造价,提高操作温度,提高传热效率等。

低温多效蒸馏技术由以色列 IDE 公司开发,该技术已正式应用于工业性的海水淡化装置，实践证明其多方面性能优于多级闪蒸。调研显示，低温多效蒸馏的市场份额约为整个蒸馏脱盐市场的12.5%，多应用于海湾国家。低温多效蒸馏技术可以利用各种形式的低位热源，如火力发电厂蒸汽、柴油发电机的循环冷却水以及各种工业废热等。因此，在大型低温多效蒸馏项目中，常依托电厂、化工厂等有丰富余热源的场址进行建设。中国的低温多效蒸馏技术已经从20世纪的小型装置研制走向了自主技术的工程示范阶段，具备了建立与世界同等水平大型工程的技术条件。

在低温多效蒸发处理油田污水方面，胜利油田2004年在滨南采油厂进行了现场试验，试验装置污水处理能力为3~5m³/h，造水比为3.5，成水率为60%~80%。处理后水的矿化度、总硬度和油含量等指标完全能够满足热采锅炉用水要求。由于周围没有可利用的废热蒸汽，因此试验采用自制蒸汽的方式，制水成本达到了35元/m³，处理费用偏高。可见，低温多效蒸馏技术对热源的依赖性限制了其在油田上的应用。

2010年，中科院物化所联合胜利油田工程设计公司在胜利油田滨南采油厂单家寺稠油首站再次进行了多效蒸发稠油污水深度处理试验。试验流程为：来水→管道混合器→浮选机→核桃壳过滤器→砂滤过滤器→四效蒸发装置→软化水罐→出水。产出水总矿化度小于700mg/L，总硬度小于5mg/L，可以达到锅炉系统的进水指标。中国石油大学于永辉等在胜利油田滨南采油厂也开展了多效蒸发深度处理稠油污水回用热采锅炉的中试研究，预处理单元同样采用斜板式多相气浮→体外反洗核桃壳过滤→自动连续反洗砂滤的组合工艺，核心单元选用低温多效蒸发(LT-MED)处理技术，工艺流程如图9-10所示。试验结果表明，系统产水总硬度为0.1mg/L，矿化度为20mg/L，水质达到热采锅炉用水水质标准，表明采用LT-MED为处理稠油污水回用于热采锅炉工艺可行。

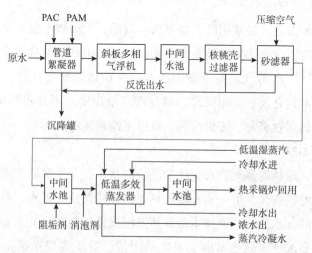

图9-10 滨南采油厂稠油污水低温多效蒸馏处理工艺流程

(2)多级闪蒸(MSF)

多级闪蒸是针对多效蒸发结垢较严重的缺点而发展起来的，将盐水在非沸腾状态下加热至一定温度，随后通过节流使压力降至该温度的饱和压力之下而使部分水分汽化。其主要特点是将盐水加热和蒸发安排在不同的时间和空间内完成，在换热面传热过程中，不发生浓缩(蒸发)，从而使换热面上结垢大为减轻，保证蒸发过程的稳定和简化维护管理。该技术主要在海湾国家应用，因其技术要求，一般都与火电站联合运行，以汽轮机低压抽汽作为热源。对高矿化度油田污水而言，减轻传热面结垢极为重要，因此多级闪蒸较之其他蒸馏法更为适用。

在国外，多级闪蒸设备已经广泛应用在中东、北非和加勒比海，该项技术的装机总容量已占海水淡化市场份额的60%。国内，"九五"期间国家支持了多级闪蒸技术的研究，取得多项试验室研究成果，但没有建设示范工程。国内海水淡化工程基本以反渗透和低温多效蒸馏技术为主，目前对多级闪蒸技术的研究及工程建设基本处于停滞状态。多级闪蒸技术处理油田污水方面，国内外目前没有相关研究报告。同时，与多效蒸发技术一样，多级闪蒸技术对热源的依赖性同样限制了其在油田上的应用。

(3)机械压缩蒸发(MVC)

机械压缩蒸发是将水蒸气通过蒸汽压缩机压缩至一定压力进入蒸发器，在蒸发器释放出潜热给原水加热蒸馏，部分污水蒸发后与原水进行换热后冷凝成纯水；其他含有高浓度的盐和固体物质的污水进蒸发器底部集水池，通过泵升压再循环再处理；浓缩到一定程度的液相成为浓缩水排除；蒸汽再经蒸汽压缩机压缩，再换热，如此反复。该技术全部利用机械压缩机将电能转化为热能，因此，可不需要外部蒸汽的补给，系统独立性强。目前，在国外MVC广泛应用于碱液浓缩、糖液浓缩、化工及造纸废液处理、海水淡化等工艺流程，并实现工业化。迄今为止，机械压缩技术在全世界共有150套的投产业绩。

在油田污水处理方面，2003—2005年，阿尔伯特油田采用机械压缩蒸发技术处理除油后的采出水，将蒸发后的水回用直流注汽锅炉。2005年投产的Suncor Firebag油田处理规模已达到15000m³/d，处理后的采出水直接作为直流注汽锅炉的给水。法国Total投资的Deer Creek Energy Joslyn Phase工程也采用该技术，日处理水量6000m³，处理后的水供给两台110t/h锅筒锅炉。自2006年2月投产以来，出水水质稳定，凝结水中总溶解固体含量只有3mg/L，不需要进行处理就可以进汽包锅炉。机械压缩蒸发技术要求进水中油含量小于20mg/L，处理1m³采出水的平均耗电量为15~17kW·h。

国内，辽河油田开展了降膜蒸发法处理超稠油采出水的先导试验研究。试验装置设计参数：降膜蒸发管直径为50mm；浓缩倍数为30；处理后蒸馏水水量为16L/h；冷凝水流量为22L/h；循环水量为1911L/h。试验装置如图9-11所示，在试验过程中，向原水中投加氢氧化钠调节pH值，以降低换热器、蒸发管内的结垢速度；投加消泡剂，以降低蒸发塔废水槽中的泡沫对蒸发管导热的影响。先导试验得到的净化水部分指标(电导率、二氧化硅含量和pH值)不能满足汽包锅炉用水水质标准。

胜利油田2008年3月选择了孤岛孤五、孤六和垦西具有代表性的3个水样，委托美

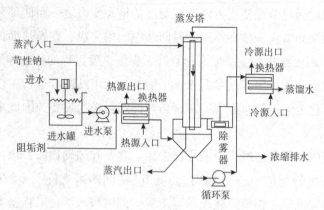

图 9-11　试验装置

国 RCC 试验室进行机械压缩蒸发技术处理采油污水的室内模拟试验。处理后水质各项指标都满足锅炉用水要求，不需要补充蒸汽，但电耗大，投加的药剂数量多。

2013 年 5 月—2014 年 6 月，胜利油田设计院联合新春采油厂开展了产水规模达到 5t/h 的稠油污水 MVC 资源化工艺中试研究。试验工艺流程为污水→陶瓷颗粒除杂→阻截膜除油→MVC，产水率为 80%，工艺采用强制循环蒸发＋离心式压缩机单级压缩。处理 $1m^3$ 污水用电约为 30kW·h，进料污水 TDS 为 15000mg/L，产水水质 TDS 为 113mg/L，硬度为 3.96mg/L，满足注汽锅炉离子软化系统进水要求。国内首次实现了中等规模的 MVC 处理稠油污水工程实例。通过上述中试示范工程，初步形成稠油污水 MVC 资源化成套技术，具备了产业化推广的条件，目前正在进行技术完善和产业化推广。

可见，国内机械压缩蒸发技术与国外水平差距较大，主要原因为该技术的关键——蒸汽压缩工艺对设备材质的要求极高，目前世界上只有以色列、日本、美国等少数国家具有蒸汽压缩机技术，且均已工业化生产。我国在 2003 年才由西安交通大学研制出了国内首台海水淡化配套用离心式蒸汽压缩机，并且刚初步建成了首座日产 60t 低温压汽蒸馏海水淡化中试装置，其核心技术尚未实现国产化；同时，该技术需大量的电能支持。上述 2 个因素限制了该技术在油田污水处理中的应用。

9.3.4.6　膜蒸馏(MD)法脱盐技术

膜蒸馏是膜技术与蒸馏过程相结合的分离过程。膜的一侧与热的待处理溶液直接接触(称为热侧)，另一侧直接或间接地与冷的水溶液接触(称为冷侧)，热侧溶液中易挥发的组分在膜面处汽化，通过膜进入冷侧并被冷凝成液相，其他组分则被疏水膜阻挡在热侧，从而实现混合物分离或提纯的目的。

膜蒸馏过程基本在常压下进行；膜两侧只需维持适当的温差即可进行操作；并可以处理极高浓度的水溶液。但是，膜蒸馏与其他膜过程相比通量较小，膜的材料和制备工艺选择有限，目前尚未实现工业应用。同时，膜污染是其实现工业应用的主要障碍。

目前，膜蒸馏淡化海水及苦咸水试验产水规模取得一定进展，处理油田污水时，出水水质除盐率接近 100%，水质非常优异。由于可充分利用油田废水的热能(多数油田废水温度为 40～50℃，有的甚至更高，如中东地区油田废水温度为 60～70℃，而膜蒸馏的突出优点是操作温度低，热侧水溶液温度一般在 40～50℃，甚至可以在 40℃以下操作)，因此膜蒸馏淡化油田废水基本上无需额外加热即可满足工艺要求。因此，膜蒸馏的研究方向是膜法、蒸馏法等脱盐技术处理油田污水后，副产品浓缩盐水的处理。

9.3.5　国内主要污水处理工艺流程

纵观国内油田采油污水处理技术，大都是以"老三套"为基础，按照主要处理工艺流程可分为重力除油工艺、压力除油工艺、气浮除油工艺、开式生化处理工艺和精细过滤工艺等。

9.3.5.1　重力除油工艺

重力除油工艺流程：自然除油→混凝沉降→压力(或重力)过滤，如图 9 - 12 所示。该工艺的主要特点是利用油、悬浮固体和水的密度差，依靠重力进行分离。重力除油工艺一般分为两级，分别是一次除油罐的自然沉降，将浮油、颗粒较大的固体除去，同时还具有均匀水质和水量的作用；二次混凝沉降罐的去除对象是油田采出水中的分散油等，通过投加水质净化剂形成絮凝体。在重力作用下使油珠悬浮物从水中分离，最后经多级过滤，出水水质基本可满足高渗透油藏注水需要。该工艺简单，处理效果稳定，运行费用低，对原水含油量变化适应性强，自然除油回收油品好，投加净化剂混凝沉降后净化效果好；但当处理水量大时滤罐数量多，流程相对复杂，操作量大，自动化程度稍低，沉降时间长，一次投资高，仅适用于对注水水质要求低的油田。当对净化水质要求较低，且处理规模较大时，可采用重力式单阀滤罐提高处理能力。

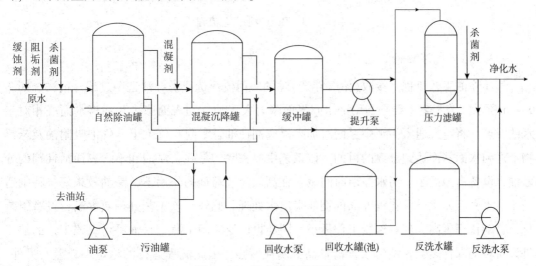

图 9 - 12　重力除油工艺流程

9.3.5.2 压力除油工艺

压力除油工艺流程：旋流（或立式除油罐）除油→聚结分离→压力沉降→压力过滤，如图 9 - 13 所示。该工艺将聚结除油、斜管沉降分离及化学混凝除油技术联合应用于压力除油罐，从而提高除油效率，强化了工艺前段的除油和工艺后段的过滤净化。压力除油工艺的特点是除油效率高，效果良好，停留时间短，系统自动化程度高于重力除油工艺，运行管理较为方便，正常出水含油浓度小于 30mg/L；但适应水质、水量波动能力稍低于重力除油工艺。旋流除油装置可高效去除原水中含油，聚结分离可使原水中微细油珠聚结变大，缩短分离时间，提高处理效率。该工艺现场预制工作量大大降低，且可充分利用原水来水水压，减少系统二次提升；但设备内部结构较为复杂，受聚结、斜板材质的限制，使用一段时间后出现填料堵塞、内部构件腐蚀损坏等情况，且运行稳定性不如重力除油工艺。

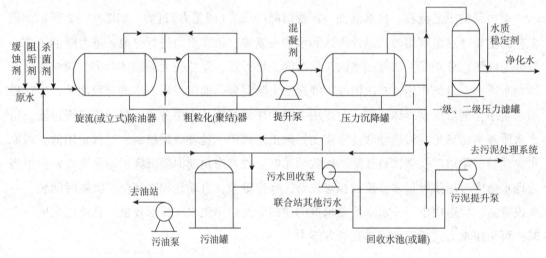

图 9 - 13 压力除油工艺流程

9.3.5.3 气浮除油工艺

气浮除油工艺流程：接收（溶气浮选）除油→射流浮选或诱导浮选→过滤、精滤，如图 9 - 14 所示。该工艺主要是利用油水间界面张力大于油气间表面张力，油疏水而气相对亲水的特点，将空气通入污水中，同时加入浮选剂使油粒黏附在气泡上，气泡吸附油及悬浮物上浮到水面从而达到分离的目的。该工艺主要去除的是残余浮油和不含表面活性剂的分散油，设备占地面小、污水停留时间短，在高效浮选药剂的作用下，除油效果好，特别适用于油水密度差小、乳化程度高的稠油采出水处理。此外，该工艺处理效率高，设备组装化、自动化程度高，现场预制工作量小，因此也广泛应用于海上采油平台。该工艺的缺点是设备转动部件多，含油污水含盐量高，腐蚀性强，因此流程运行的稳定性较差。另外，该工艺动力消耗大，维护工作量稍大。

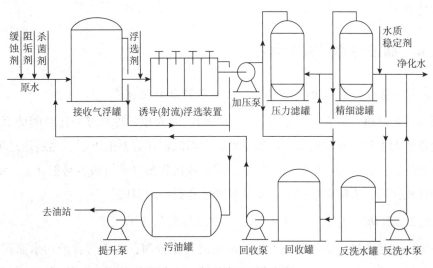

图 9 - 14　气浮除油工艺流程

9.3.5.4　开式生化处理工艺

开式生化处理工艺流程：隔油→浮选→生化降解→沉降→吸附过滤，如图 9 - 15 所示。开式生化处理工艺是针对部分稠油油田污水采出量较大，回用量不够大，必须处理达标外排而设计的。一般情况下，通过上述工艺流程净化，排放水质可以达到 GB 8978—1996《污水综合排放标准》要求。对于少部分温度过高的油田污水，若直接外排，将引起受纳水体生态平衡的破坏，需在排放前进行淋水降温处理；对于少部分矿化度高的油田污水，有必要进行除盐软化，适当降低含盐量，以免引起受纳水体盐碱化。

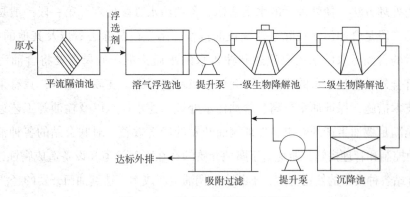

图 9 - 15　开式生化处理工艺流程

9.3.5.5　精细过滤工艺

精细过滤工艺位于前 4 项工艺完成之后，采用了高分子材料制成的多孔性滤膜(孔径范围较广)，能有效地去除悬浮物质微粒和大分子有机物及微生物，进一步净化出水中污染物，作为后续超滤的保护措施，以满足低渗透油藏的注水要求。但是，这项工艺费用高，使用效果不佳。

9.3.6 稠油污水分段处理技术

9.3.6.1 隔油－生物膜酸化水解－生物膜接触氧化技术

将稠油联合站进口的含油污水经过隔油池的隔油处理，再经过一定时间的沉降分离，油因密度较小而上浮，水和机械杂质因密度较大而沉积在容器的下层，然后通过生物膜的酸化水解作用，使含油污水中的有机大分子成分转化为小分子，很容易被除去，最后经过生物膜的氧化作用，去除多余的氧，降低对管道和设备的腐蚀。

9.3.6.2 隔油－气浮－悬浮生长生物膜接触氧化技术

首先将含油污水进行隔油处理，进行油水的初步分离，然后将含油污水通入浮选机，经过气浮选的作用，使大量的油滴上浮，经过收油的方式将其回收，最后再经过悬浮生长的生物膜的氧化作用，去除其中的有害成分，达到注入水的水质标准后，注入地层。

9.3.6.3 隔油－絮凝－生物膜接触氧化技术

隔油技术处理后的含油污水，经过絮凝剂的作用，携带大量的油珠颗粒上浮，进一步去除含油污水中的油，使含油污水中的含油量小于 10mg/L。之后，进行生物膜的氧化作用，去除其中的悬浮颗粒及大量有害成分，达到水质标准。

9.3.6.4 稠油联合站污水分段处理技术的应用

实施含油污水处理时，必须采取切合实际的处理方式，充分考虑稠油黏度高的特点，选择合适的处理方法，使处理后的水质达标。含油污水分段处理，第一段一般是含油污水的除油，第二段是含油污水去除悬浮颗粒的过程，第三段是除去氧以及其他的有害成分，经过处理后的含油污水的水质必须达到注入水的水质标准。如果需要将含油污水进行外排，必须符合外排含油污水的指标，不允许造成环境污染。在联合站内，只有采用自动控制和管理技术措施，保证油水分离、含油污水处理、注水加压以及输油等工艺过程地顺利实施，才能满足稠油生产的需求，保证稠油开发的经济效益。对联合站的各种油气集输管道实施自动控制和管理措施，避免由于腐蚀介质的存在而对管道和设备造成腐蚀，有效地提高稠油联合站各种设备的使用寿命，不断降低稠油生产成本，达到油田开发的经济指标。

9.4 河南油田污水处理技术

自 1978 年以来，河南油田共有集油站 14 座，稠油联合站 1 座，污水处理站 8 座，污水处理量 $8 \times 10^4 m^3/d$，处理后污水用于回注或外排。

为了节水减排和达标外排，河南油田对含油污水进行了综合利用，主要有污水深度处理回用锅炉、污水深度处理配制聚合物母液和污水精细处理等替代清水技术。河南油田目前共有污水处理站 8 座(见表 9 - 9)，总污水处理能力为 $8.3 \times 10^4 \mathrm{m}^3/\mathrm{d}$，实际处理污水量为 $7.49 \times 10^4 \mathrm{m}^3/\mathrm{d}$。其中，回灌 $0.2 \times 10^4 \mathrm{m}^3/\mathrm{d}$，外排 $0.8 \times 10^4 \mathrm{m}^3/\mathrm{d}$，回用锅炉 0.4×10^4 m^3/d。

表 9 - 9　河南油田集油站污水处理量

站名	双联	下联	魏联	安棚	江联	王集	稠联	宝联	合计
设计处理能力/ ($\times 10^4 \mathrm{m}^3 \cdot \mathrm{d}^{-1}$)	3.00	1.00	0.25	0.50	2.00	0.30	1.20	0.05	8.30
实际处理量/ ($\times 10^4 \mathrm{m}^3 \cdot \mathrm{d}^{-1}$)	2.90	1.20	0.33	0.25	1.55	0.21	1.00	0.05	7.49

9.4.1　稠油污水特点

污水温度高，为 $60 \sim 65 ℃$；油水密度差小，在 $0.04 \sim 0.07$ 之间；矿化度较低，在 $2800 \sim 3200 \mathrm{mg/L}$ 之间；污水偏碱性，pH 值为 $7 \sim 7.5$；H_2S 含量为 $15 \mathrm{mg/L}$。

稠油联合站污水处理总设计规模为 $10000 \mathrm{m}^3/\mathrm{d}$；回用锅炉设计规模为 $4000 \mathrm{m}^3/\mathrm{d}$，处理后的污水全部用于热采锅炉给水；生化系统设计规模为 $3000 \mathrm{m}^3/\mathrm{d}$；注水系统设计规模为 $3000 \mathrm{m}^3/\mathrm{d}$。

9.4.2　稠油污水处理相关技术

9.4.2.1　污水深度处理配制聚合物母液技术

河南油田已进入特高含水开发后期，开展提高采收率新技术的推广应用成为迫切需要。为节约聚合物驱过程中聚合物用量，提高目前污水配制和稀释聚合物溶液的黏度保留率，提高油田最终采收率，同时降低地下清水资源开采量，减少油田污水排放量，河南油田设计院开展了污水深度处理配制聚合物母液技术的研究。

9.4.2.2　含油污水精细处理技术

河南油田部分区块为中低渗透油层，地层吸水性差，大部分油田的做法是注清水，由于地层水敏比较严重，因此注清水对地层伤害较严重；不仅浪费了大量清水，而且造成地面含油污水外排，污染了环境，需要采用污水精细处理技术，将含油污水处理后回注到中低渗透油层。采用"两级沉降+金刚砂、双膨胀滤芯两级过滤"技术，处理后污水达到注水水质 A3 级标准，含油污水处理后回注到中低渗透油层。

9.4.2.3　含油污泥无害化处理与应用技术

污水系统的污泥经过收集、浓缩、脱水后，含水率降低到 60% 以下，再通过固化或与煤混烧,实现污泥无害化,另外河南油田还开发出了"撬装式含油污泥处理装置",可以用一套装置对多个系统的污泥进行处理。最终脱出干化污泥平均含水率不超过30%。该项目2005年初通过中国石油化工集团有限公司成果鉴定,总体达到国内先进水平,其中撬装式污泥处理装置达到国内领先水平。

9.4.2.4 稠油污水深度处理回用锅炉技术

稠油联合站原采用二段掺稀油 + 大罐沉降缓冲脱水流程,使用四相分离器后,流程缩短,更改为一段 + 大罐沉降缓冲脱水流程。

预处理采用重力除油 + DAF 气浮工艺,因矿化度低,气浮采用空气气浮,对于腐蚀速率不会造成明显影响。

在进站水油含量不超过2000mg/L、悬浮物(Suspended Solids,SS)含量不超过800mg/L的条件下,除油罐出水达到油含量不超过50mg/L,SS 含量不超过100mg/L;气浮出水达到油含量不超过10mg/L,SS 含量不超过30mg/L。

深度处理采用"双滤料过滤 + 多介质过滤"两级过滤,滤后水进入两级"大孔弱酸树脂离子交换器"进行除 Ca^{2+}、Mg^{2+} 软化。软化后水质,除溶解氧外,其余主要指标均达到了SY/T 0027—2014《稠油注汽系统设计规范》的要求。表 9 - 10 为稠油联合站污水深度处理回用锅炉出水水质。

表 9 - 10　稠油联合站污水深度处理回用锅炉出水水质

序号	项目	单位	出水水质	规范要求水质
1	溶解氧含量	mg/L	0.01 ~ 0.02	<0.05
2	总硬度(以 $CaCO_3$ 计)	mg/L	<0.1	<0.1
3	总铁	mg/L	<0.05	<0.05
4	二氧化硅含量	mg/L	<120	<150
5	悬浮物含量	mg/L	<2	<2
6	总碱度(以 $CaCO_3$ 计)	mg/L	<1000	<2000
7	油和脂(不计溶解油)含量	mg/L	<2	<2
8	可溶解性固体含量	mg/L	≤3220	≤7000
9	pH 值	—	7.5 ~ 9	7.5 ~ 11

9.5　胜利油田稠油污水处理技术

胜利油田目前进入高含水开采期,综合含水率达90%以上,年产采油污水超过 $2 \times 10^8 m^3$,除一部分处理后回注用于采油外,仍有大量污水富余。此外,油田的生产过程如低渗透油田注清水、三次采油配制聚合物溶液、稠油注蒸汽热采锅炉等又耗用大量清水,

年耗清水量约 $3 \times 10^7 \text{m}^3$。

胜利油田稠油采出水主要有以下两个特点。

1）胜利油田污水水性复杂，具有"六高"（矿化度高、含油乳化程度高、小粒径悬浮物含量高、细菌含量高、聚合物含量高、腐蚀速率高）、"两低"（pH 值低、油水密度差低）的特点。

2）与国内其他油田对比，胜利油田稠油油藏所占比例大，采出液难处理，特别是近年来随着采油工艺的进步，聚合物驱、二元复合驱大规模应用，采出液的性质发生了很大变化，污水见聚浓度逐渐增大，原油乳化程度加剧，油水分离、污水处理越来越困难。胜利油田污水进站水质见表 9 - 11。

表 9 - 11　胜利油田污水进站水特质表

项目	单位	最高值（最低值）
矿化度	mg/L	70000
含油量	mg/L	10000
悬浮物含量	mg/L	600
聚合物含量	mg/L	147
硫化盐还原菌（SRB）含量	个/mL	60000
腐蚀速率	mm/a	4.7
pH 值	—	6.0
油水密度差	g/cm³	0.03

采用合适的技术手段将这部分富余污水处理后，回用于油田生产，不仅可以解决富余污水的处置问题，而且节约淡水资源，对于油田的绿色可持续发展意义重大。"十五"以来，胜利油田相关工作者从采出水水性入手，针对不同水质需求，开展了多种工艺的攻关、研究、优化，形成适应不同水型、不同油藏的回注水处理技术，较好地满足了高含水期油田开发的需求。

为缓解污水外排压力，胜利油田相关工作者开展了"机械压缩蒸发""多效闪蒸""多级蒸馏"以及"双膜"等污水脱盐技术的研究，水质满足回用于注汽锅炉和聚合物配母液用水要求，为提高油田污水回用率、减少使用清水资源奠定了技术基础。为满足日益严格的环保要求，胜利油田不断提升环保技术水平，形成了"高温厌氧 + 中温好氧""气浮 + 氧化塘"的生化处理工艺，满足了新的排污标准；开发了钻井作业废液一体化预处理工艺；开发了"污泥脱油 + 生物降解 + 制砖"以及"污泥焚烧"的污泥无害化技术；开发了"钻井泥浆堆放 + 固化"技术。

下面介绍胜利油田目前应用的相关稠油污水处理技术。

9.5.1　多功能一体化极化水处理技术

针对含硫、高腐蚀、高含油泥砂采出水，采用多功能一体化极化水处理技术可促进水质稳定。

9.5.1.1　技术原理

多功能一体化极化水处理技术集涡旋向心气浮除油、溶气增氧脱硫除铁、微涡旋除污降浊、多介质滤层过滤净化、电极化除防垢缓蚀杀菌、加电除氧、滤料体外循环体内涡流搓洗再生和机泵充装滤料等多种功能于一体，以物理法处理为主的多功能密闭装置，不投加任何三防药剂，运行过程将缓冲组件、提升组件、反洗组件和精细过滤组件统一整合，系统联动，整体布置（见图9-16），具有体积小、工艺简单、耗能少、运行费用低等优点。

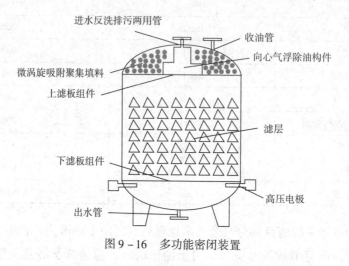

图9-16　多功能密闭装置

多功能一体化处理流程如图9-17所示，采出水在进液管上溶气后进入罐涡流器，涡流旋转产生的离心力将油气向内圆运移聚集，浮油和分散油上浮至罐顶，完成收油；水进微涡旋器后，微涡旋可将90%以上的直径在2μm以下的颗粒聚结成大颗粒和大油珠，通过粗、细两级核桃壳滤料介质去除；滤后水在电场极化作用下，水中电子进入菌类的细菌膜，改变细菌膜内的电子结构，抑制和杀灭SRB；极化的强阴极向水体释放电子，电子与阳离子（主要是H^+）结合，消除阳离子极性；强阴极与罐体及管网连接，消除钢体阳极铁离子并使其脱落，使钢体不会腐蚀；极化形成的静电场去除水中金属阳离子的阳极性，不再与氢氧根和酸根结合生成碱和盐，可有效防止钢体结垢。

该技术优势如下：

1）不加任何化学药剂，杜绝化学药剂对水、油和环境造成的污染；

2）装置集气浮、过滤、极化等于一体，简化了污水处理流程，降低了工程投资；

3）运行费用低廉，正常过滤运行中只有电极棒和空压机耗电；

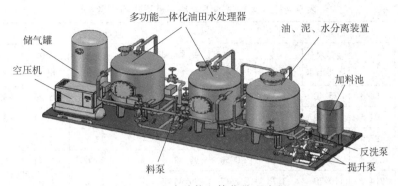

图 9 - 17 多功能一体化处理流程

4）采用体外循环、体内涡流旋转冲洗方式，反冲洗不留死角，反冲洗强度低，用水量少，效果好，滤料无需更换，只需磨损后进行补充（年补充量不超过 10%）；

5）极化除防垢、缓蚀、抑杀菌效果好，方便管理，工人劳动强度低，对人体无伤害，对环境无污染；

6）运行周期一般大于 24h，反冲洗一钮化操作，减轻了工人的体力劳动，现场好管理；

7）充装滤料机械化，充装滤料省力。

9.5.1.2 现场试验

2019 年 8 月开始对此装置进行 2 个月不间断的试验。为验证其在异常生产情况的抗冲击性，分常规、流程变更、水量异常、水质异常、系统恢复 5 种情况进行试验。每种情况下都分别对含油量、悬浮物、硫化物、总铁、亚铁、溶解氧、SRB、粒径中值等取样化验，验证溶气增氧脱硫除铁、极化杀菌脱硫效果。由联合站、集输大队、中石化节能环保公司（第三方）同时取样化验，对数据进行分析，最终结果取平均值。站内分离器分离出的污水直接进处理器，不设缓冲设备。试验工艺流程如图 9 - 18 所示。

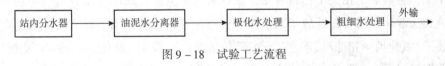

图 9 - 18 试验工艺流程

常规试验下采出水经过全部设备，部分试验结果见表 9 - 12。三方检测数据表明，常规试验来水平均含油量为 207.21mg/L，二级出水平均含油量为 0.73mg/L，平均去除率为 99.65%；来水平均含悬浮物量为 49.29mg/L，极化装置出水平均含悬浮物量为 2.51mg/L，平均去除率为 94.90%。在来水多变情况下，一级出水水质稳定，平均粒径中值由 4.555μm 下降为二级出水的 0.673μm，满足现场水质处理要求。因此常规条件下，装置对高温、稠油等多变水质的含油及悬浮物处理相对稳定高效。

表9-12　常规试验下含油、悬浮物检测数据

检测日期	油含量/(mg·L⁻¹)				油去除率/%	悬浮物含量/(mg·L⁻¹)				悬浮物去除率/%
	来水	油泥水分离器出水	一级出水	二级出水		来水	油泥水分离器出水	一级出水	二级出水	
2019-8-16	268.3	75.40	2.31	0.59	99.78	55.0	34.07	5.26	3.92	92.87
2019-8-17	194.5	139.90	2.48	0.94	99.52	41.1	23.64	4.44	3.81	90.73
2019-8-18	187.6	75.20	1.69	0.77	99.59	45.2	33.75	5.71	3.07	93.22
2019-8-19	258.3	64.90	1.14	0.56	99.78	36.9	20.00	3.44	2.35	93.65
2019-8-20	214.2	110.70	3.28	1.17	99.45	58.7	19.25	6.04	2.55	95.66
2019-8-21	268.2	150.60	3.12	0.69	99.74	50.0	28.97	4.00	2.07	95.86
2019-8-22	147.1	100.70	6.68	0.83	99.44	40.0	20.83	4.58	2.46	93.85
2019-8-23	199.5	154.30	2.53	1.38	99.31	36.1	29.00	3.69	2.22	93.87
平均值	207.2	108.82	2.90	0.73	99.65	49.3	26.19	4.65	2.51	94.90

9.5.2　微生物水处理技术

9.5.2.1　生化+超滤/反渗透资源化处理技术

油田开采过程中，注采不平衡、三采配聚及稠油开采引入清水等因素导致大量污水富余；此外，稠油注蒸汽热采、三采配制聚合物等耗用大量清水。目前，胜利油田产水量为 $7.61 \times 10^5 m^3/d$，产出污水中，用于注水开发的回注污水量为 $6.1 \times 10^5 m^3/d$，富余污水量为 $1.51 \times 10^5 m^3/d$。而稠油注蒸汽热采锅炉耗水量为 $1.97 \times 10^4 m^3/d$，三采配制聚合物用水量为 $2.14 \times 10^4 m^3/d$。大量清水消耗和富余污水处置之间的矛盾在一定程度上影响了油田的开发和可持续发展，采用有效的技术手段将这部分富余污水处理后回用，替代清水，是油田绿色可持续发展的保障。

近年来，胜利油田相关工作者开始探索富余污水资源化利用技术，将微生物处理技术与反渗透脱盐淡化相结合，开展了富余污水资源化利用处理技术的研究与试验。在孤东采油场开展了"氧化塘+超滤/反渗透"、在孤岛采油厂开展了"生化+超滤/反渗透"的试验研究，并在河口采油厂陈庄油田建成了产水规模为140m³/d的示范工程。

生化+超滤/反渗透资源化处理技术主要包括气浮、生物接触氧化、粗过滤、超滤、反渗透脱盐等，已经应用于陈庄油田，如图9-19所示。

陈庄油田稠油污水首先经换热、冷却降温处理，通过反渗透产水与来水的换热，在回收部分热量的同时，降低进入生化处理的污水温度，保证微生物的处理效果。生物接触氧化系统主要依靠选育并构建高效的降解菌(群)实现对石油类及其有机污染物的降解、分解与转化等。生物接触氧化处理后，污水含油量小于1.5mg/L，COD小于100mg/L。再经粗过滤、中空纤维超滤膜过滤，去除胶体、细菌等，出水污染指数(SDI)小于3，满足反渗

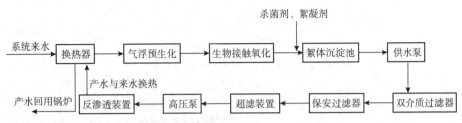

图 9-19　陈庄油田稠油污水生化 + 超滤/反渗透资源化处理工艺流程

透淡化进水要求。反渗透系统将污水中的离子脱除，各单元处理效果见表 9-13。从表中数据看出，反渗透出水各项指标达到试验区块稠油热采注气锅炉进水要求。

表 9-13　各处理单元处理效果

项目	油含量/ ($mg \cdot L^{-1}$)	悬浮物含量/ ($mg \cdot L^{-1}$)	总碱度/ ($mg \cdot L^{-1}$)	总铁/ ($mg \cdot L^{-1}$)	总硬度/ ($mg \cdot L^{-1}$)	TDS/ ($mg \cdot L^{-1}$)
原水	18.2	32.7	1357	4.5	990.5	12440
生化出水	0.7	12.8	1209	0.5	906.8	10900
超滤出水	0.4	0.2	1198	0	899.6	10354
反渗透出水	0.3	0.07	101	0	14.32	376
锅炉进水水质要求	<1.0	<2.0	<2000	<0.05	<300	<2500

稠油热采污水生化 + 超滤/反渗透资源化处理，运行费用为 4.25 元/m^3，综合制水成本为 9.96 元/m^3。稠油污水处理后替代清水，节约淡水费用 5.5 元/m^3，节约富余污水处置费用 7 元/m^3，节约注汽锅炉燃料费用 4.5 元/m^3，经济、社会、环境效益显著。

9.5.2.2　生物复合脱硫保黏技术

作为三次采油技术的聚合物采油已得到广泛应用，目前油田生产中普遍采用清水配制聚合物母液、污水稀释的方法。水中硫化物的存在会导致聚合溶液黏度大幅降低，如埕东油田西区二元复合驱配注污水含 4~8mg/L 硫化物，导致配制的聚合物溶液井口黏度仅 1~5mPa·s，严重制约了聚合物驱油效果的发挥。

针对该问题，胜利油田相关工作者开展了污水脱硫保黏技术攻关，形成了生物复合脱硫保黏技术，有效去除了污水中硫化氢，使处理后污水中硫化氢含量为 0。利用该水配制的聚合物溶液(浓度为 1800mg/L)黏度在油层温度 70℃ 下，达到 30mPa·s 以上，解决了因污水中硫化氢导致的配聚污水黏度损失严重的问题。

生物复合脱硫保黏技术主要通过功能菌进行营养底物的竞争及有害产物硫化氢的氧化来共同防治硫酸盐还原菌，从而提高污水配制聚合物溶液的黏度，并延长黏度保持率，使聚合物溶液在地层中长时间保持稳定。技术原理如图 9-20 所示。

利用该技术在埕一注和滨南利 21 块分别开展了处理规模为 2400m^3/d 和 300m^3/d 的现场应用。以埕一注为例，该工程于 2012 年 11 月调试成功后稳定运行，经生物复合脱硫技术处

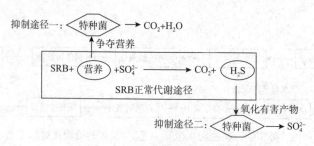

图 9 – 20　生物复和脱硫保黏技术原理

理后，污水的硫化氢含量由处理前的 4~8mg/L，降低为 0，井口平均黏度由 24.8mPa·s 升高至 40.3mPa·s，而井口聚合物浓度由 2750mg/L 降低至 2434mg/L，目前运行效果平稳。跟踪分析配聚站污水中硫化氢含量、聚合物溶液井口平均黏度及平均浓度，结果如图 9 – 21 所示。

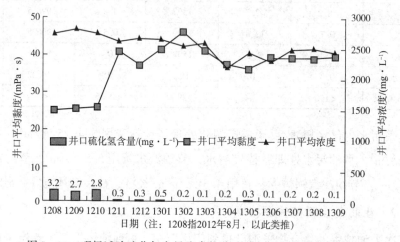

图 9 – 21　现场试验硫化氢含量聚合物溶液井口平均黏度及平均浓度

　　该技术运行成本为 0.18 元/m³，节约杀菌剂费用 0.33 元/m³（以 30mg 计），节约聚合物 300mg/L（约 6 元/m³），年直接经济效益五百多万。该项技术能够有效抑制 SRB 产生硫化氢，安全、环保，成本低，投加工艺简单，制剂经生物代谢后无残留，不会对注水系统有副作用，完全可以替代杀菌剂的使用，并且不产生抗药性，对生物膜内的 SRB 也能有效抑制，污水经处理后到注入井口、井底直至地层全程均可以抑制硫化氢生成，有效减小了污水中硫化氢存在对油田注水开发的不良影响，提高了区块油田的采收率，经济效益和社会效益显著。

9.5.3　分类渗透处理技术

　　针对高含油量（$<1\times10^5$ mg/L）常规采出水，丝网 + 滤管 + 纤维床三级聚结过滤，应用超亲水和亲油新材料，实现物理法"截留污油、渗滤清水"。

分类渗透技术是一种纯物理油水分离技术按 GB/T 12917—2009《油污水分离装置》执行，适用于处理含油量为 0～20% 的含油污水，出水含油量不超过 ≤10mg/L。

9.5.3.1 技术原理

分类渗透技术采用三级分油装置。工艺流程如图 9-22 所示。第一、二级为聚结材料，由两种成分构成：①亲油物质；②斥油物质。含油污水进入该处理单元后，油水液滴的物理分离(分层)就发生在这个聚结介质层面上，随着液滴直径的急剧变化而迅速地发生破乳和聚集。依据斯托克斯(stocks)定律，油滴上升的速度与其直径的平方成正比(其他参数不变)，使油水混合物中油滴直径迅速增加而达到油水分离的目的。第三级为分类渗透材料，由聚卤代烃、有机硅等成分构成，当污水进入该处理单元时，水被迅速疏导通过，而油在分类渗透材料表面的斥力下，难以通过。这级处理是高效油水分离器的有力保证，当前段聚结单元因污染、中毒、老化而处理效率下降时，本级处理可保障最终的出水指标。

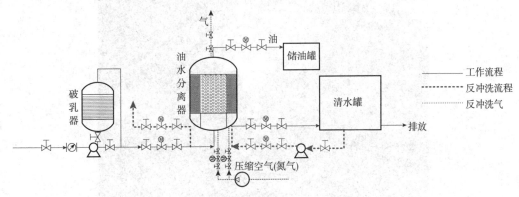

图 9-22 三级分油装置工艺流程

9.5.3.2 技术优势

分类渗透处理技术具有以下优势：

1) 占地面积小，效率高；

2) 纯物理处理，无需加药，无二次污染；

3) 可实现无人值守，人工成本降低，自动化程度很高；

4) 污水中的原油可回收利用；

5) 出水指标稳定(含油量不超过 10mg/L)；

6) 设备压降小(0.01～0.05MPa)，能耗低。

9.5.3.3 现场试验应用情况

(1) 高青接转站试验情况

装置接到三相分离器出口，进试验装置水中含油量大于 2000mg/L，出水经检测部门检测，出水含油量均在 10mg/L 以下，处理效果稳定。高青接转站的污水量为 1200m³/d，目前采用悬浮污泥过滤(Suspended Sludge Filtration，SSF)处理技术。经过对分类渗透处理装置二十多天地应用运行，得到试验数据，两者的运行费用对比见表9－14。分类渗透处理技术在高青接转站应用如图9－23所示。

表9－14　两种处理技术运行费用对比

处理技术	药剂费/(元·m⁻³)	电费/(元·m⁻³)	运维及材料/元	产生的污泥量/(t·d⁻¹)	污油是否能回收利用
悬浮污泥过滤	1.5 (破乳、絮凝、杀菌、阻垢、缓蚀)	0.5	50	0.5	不能回收利用
分类渗透处理装置	0.5 (杀菌、阻垢、缓蚀)	≤0.1	30	≤0.5	可回收利用

图9－23　分类渗透处理技术在高青接转站应用

(2)纯梁高青站试验情况

在纯梁高青站二次现场进行试验，原油密度为$946kg/m^3$，处理量为$5m^3/h$，水源来自三相分离器，平均悬浮物含量为$62mg/L$，来水含油量在$185\sim6572mg/L$异常波动下，出水含油量平稳控制在$3mg/L$以下，去除率达99%。对比原技术，采用分类渗透处理技术药剂费、运维费降低，产泥量少，占地面积减少70%。

9.5.4　气浮磁分离污水处理技术

气浮磁分离污水处理(OPS + CoMag)是胜利油田刚开始应用的污水处理技术，气浮处理(OPS)在不加药的前提下，采用加压溶气气浮除油和聚结除油原理实现除油，改变了除油系统对药剂严重依赖的现状；磁分离(CoMag)通过投加磁粉与絮凝剂，产生高密度絮体携带污油加速沉降，实现污水除油。在胜利油田开展 OPS + CoMag 污水处理现场试验，取得了较好的效果。

9.5.4.1　工作原理和工艺流程

污水处理主要采用 OPS 装置 + CoMag 技术工艺，工艺流程如图 9 – 24 所示。

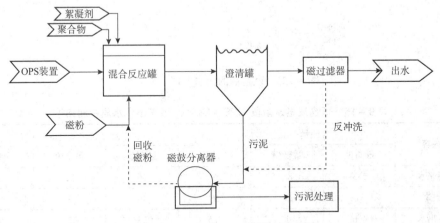

图 9 – 24　OPS + CoMag 技术工艺流程

OPS 装置的工作原理：含油污水进入 OPS 装置，在装置旋流的作用下实现初步的油水分离；分离之后的部分油滴、悬浮物与微小气泡在旋流气浮下发生黏附形成聚团，由于密度差，聚团上浮到水面，实现与水的分离；剩余的油滴与悬浮物进入集聚除油系统进行进一步处理，其中一部分直径为 1 ~ 30μm 的小油滴在运动过程中，相互之间不断碰撞、摩擦，进而使其表面层被破坏，循环往复之后，油滴不断聚集生长，当直径大于 25μm 后被小气泡携带上浮到水面，从而实现分离；悬浮物沉积在装置底部，随后进入集污池。

CoMag 技术原理：由 OPS 装置处理过后的水首先进入混合反应罐，此时向罐中加入絮凝剂、聚合物及超细磁粉，与来水混合后经充分搅拌产生高密度的磁嵌合絮状体，之后流入澄清罐中；澄清罐为锥形体，这些絮状体在密度差的作用下会迅速沉降，沉降到底部的磁性絮状物被抽出，同时夹带在其中的所有固体颗粒也一并排出，至此得到经过初步处理的上清液。将上清液输送至磁过滤器中进行冲洗，进一步去除细小絮体及悬浮颗粒物后排出，若出水达标，则进行回注；污泥中的磁粉经磁鼓分离器回收并循环至反应池，污泥则进入处理系统做进一步处理。

9.5.4.2　应用及试验情况

为验证 OPS + CoMag 技术工艺的污水处理效果，在胜利油田坨一污水站进行了流程改造，改造后的现场污水处理工艺流程如图 9 – 25 所示。

根据系统进水含油情况进行了 2 个阶段的水质检测，低含油量进水阶段和高含油量进水阶段。低含油量进水阶段：此阶段系统进水为 2 座 3000m³ 污水罐的出水，进水含油量平均为 166mg/L，悬浮物含量为 34mg/L，检测数据见表 9 – 15。

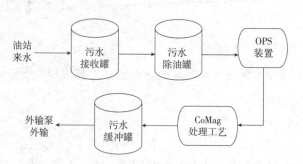

图 9 - 25　改造后的污水处理工艺流程

表 9 - 15　低含油进水阶段 OPS + CoMag 系统出水水质检测结果

检测内容	含油量/(mg·L^{-1})			悬浮物含量/(mg·L^{-1})		
	最高值	最低值	平均值	最高值	最低值	平均值
污水罐来水	253	86	166	56	32	34
OPS 出水	51	3	16	46	8	17
CoMag 出水	4.6	1	2.5	23	2	7.8

高含油量进水阶段：此阶段停运 1 座 3000m^{3}污水罐，进水含油量平均为 557mg/L，悬浮物含量为 35mg/L，检测数据见表 9 - 16。

表 9 - 16　高含油进水阶段 OPS + CoMag 系统出水水质检测结果

检测内容	含油量/(mg·L^{-1})			悬浮物含量/(mg·L^{-1})		
	最高值	最低值	平均值	最高值	最低值	平均值
污水罐来水	1000	300	557	44	23	35
OPS 出水	32	10	21	24	10	16
CoMag 出水	7	1	4	8	3	6

运行阶段 OPS + CoMag 系统对污油和悬浮物的处理效果总体较好，在污油和悬浮物含量较高时过滤效果更为明显。在低含油进水阶段，污油去除率为 98.5%，悬浮物去除率为 77%；在高含油进水阶段，污油去除率高达 99.3%，悬浮物去除效率高达 82.9%。可见，该工艺的污油去除率及悬浮物去除率都很高，污水处理效果十分明显。

9.6　稠油污水处理新技术

9.6.1　超声波协同超滤技术

超声波处理污水是近几年发展起来的新型水处理技术。采用超声波处理污水利用了空化作用、自由基作用以及超临界水氧化作用。当超声波强度大于液体本身空化阈值时，会发生空化作用，液相中的微小气泡被激活，并由于声流作用凝聚成团，同时产生瞬时的高温、高压等一系列物理化学现象。

水分子在高温、高压下，裂解产生·OH、HO₂·、H·等氧化自由基，可促进有机物的降解和断链。空化作用发生时，水分子属于超临界状态，超临界水具有良好的流动性和溶剂性，可以加速化学反应，促进有机物降解。超声波技术具有除油效果好、无需投加药剂、运行费用低、基建投资少、不存在二次污染等众多显著的优越性，具有进一步工业化的前景。超声波协同超滤装置工艺流程如图 9 – 26 所示。

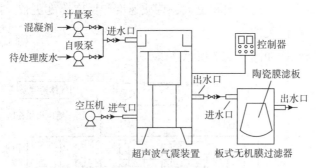

图 9 – 26　超声波协同超滤装置工艺流程

该体系包括进气装置、进水装置、超声波气震装置和板式无机膜过滤器。反应体系的核心部分为超声波气震装置，其整体结构为圆柱体，内有超声波除油室和沉淀室，除油室内置超声波发生器。含油污水及混凝剂经水泵进入超声波气震装置，超声波发生器采用压缩空气作动力。超声波装置出水进入板式无机膜过滤器进行下一步处理。

超声波气震装置的工作原理：原水经提升泵进入超声波气震装置，足够强度的超声波通过液体，当声波负压半周期的声压幅值超过液体内部静压强时，存在于液体中的微小气泡（空气核）就会迅速增大；在相继而来的声波正压相中气泡又绝热压缩而破灭，在破灭瞬间产生极短暂的强压力脉冲，使气泡周围微小空间形成局部热点，其温度高达 4726℃，压力达 50.5MPa；在此过程中，发生了空化作用，液相中的微小气泡被激活，由于声流作用凝聚成团，并且此时水分子属于超临界状态，在高温、高压下，裂解产生·OH、HO₂·、H·等氧化自由基，促进油类有机物的降解；之后，该热点随之冷却，其中的油粒开始与介质一起振动，但大小不同的油粒具有不同的振动速度，使油粒相互碰撞、黏合，体积和质量均增大。油粒变大后不能随超声振动，只能做无规则的运动，继续碰撞、黏合、变大，最后上浮，形成浮油，加以去除。

9.6.2　含聚油田污水的三维电极处理技术

聚驱污水是一种高乳化的微相油水乳液的复杂体系，是稠油污水中常见的类型，具有乳化程度高、黏度大、组成复杂和油滴粒径小等特点。经地面除油分离处理后，聚驱污水中有残余的油水分离化学药剂、少量的聚合物及乳化油等，经现场进一步除油分离、双滤料过滤和生化系统处理外排，要实现污水达标处理仍有困难，尤其是关键控制指标 COD。污水 COD 主要受水中微量乳化油和残余药剂的影响，常规处理方法难以达标，技术系统亟待升级。

电化学法去除 COD 因具有适用范围广、可控性强、操作简单和绿色环保等优点而备受国内外研究者的重视。三维电极是在二维电极间装填粒状或其他碎屑状工作电极材料，使填充的工作材料表面带微电荷，形成新的一级（第 3 极），在工作电极材料表面发生电化学高级氧化反应，具有电极比表面积更大，传质速度和反应速度更快，电流效率和时空效率更高等优点，受到广泛关注。

三维电极反应器结构如图 9-27 所示。

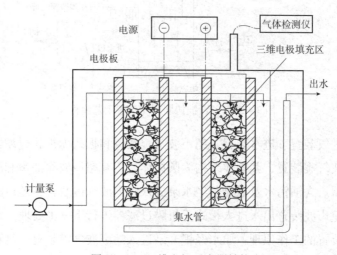

图 9-27 三维电极反应器结构

三维电极反应器为透明有机玻璃制成的密闭容器，规格为 260mm×250mm×256mm，电极板材料为网状惰性钛，表面经 IrRu 氧化物处理，水流状态呈平推流反应器（PFR）流动状态，试验处理电流为 6~8A。三维电极的组成是在正-负电极板之间填充经饱和吸附预处理的棒状活性炭，辅以一定量的石英砂和玻璃珠绝缘性粒子，其作用是改善粒子彼此之间的接触状态，使更多的粒子彼此孤立，有效地减少粒子之间的短路电流，相应地增大法拉第电流，提高反应效率。

9.6.3 蒸汽喷射压缩多效蒸发系统处理技术

蒸发是最传统的脱盐方法之一。稠油污水具有水量大、温度高、含盐种类多且盐度高等特征。以蒸汽辅助重力泄油、蒸汽驱为代表的开采新方法新技术的应用使油田污水温度越来越高，如蒸汽辅助重力泄油采出液温度为 140~180℃，换热利用后温度仍高达 90℃，因此余热量非常大。如何根据油田污水水质、水量充分利用余热能量是各大油田未来发展的关键。传统的离子交换技术和膜技术无法利用油田污水余热，而且不适用于高盐度污水，而蒸发法可以解决以上问题，是处理油田污水并实现资源化利用的最佳途径。蒸发法主要有多级闪蒸、多效蒸发和压汽蒸馏。

常见的多效蒸发系统主要有水平式和塔式结构。塔式结构有较突出的优势：结构紧凑且占地面积小、料液靠自身重力和效间压差依次流经各效而降低能耗等。本试验系统为六效蒸发系统，受建筑高度限制而采用三层两塔式连接，三四效间用泵连接。试验装置如图 9－28 所示，该装置中主要设备包括：横管降膜蒸发器、蒸汽发生器、预热器、淡水储罐、浓缩液储罐、效间预热器、末效冷凝器、各型工艺泵和测量控制系统。

图 9－28　六效蒸发系统试验装置

图 9－29 是顺流多效蒸发工艺流程，由蒸汽发生器提供动力蒸汽作为首效热源并与原料液在首效蒸发器内换热，产生二次蒸汽作为下一效蒸发器的加热蒸汽；原料液依次流经各效间预热器并与各效蒸发器管程内热源蒸汽的冷凝液换热，逐渐升温，最后流经进料储罐后进入首效；各进料液蒸发后的浓缩液进入后一效继续蒸发，由于后效蒸发器的压力总比前一效低，故出自前效的浓缩液进入后一效时发生少量闪蒸；动力蒸汽冷凝后作为蒸汽发生器给水；进料液在从末效流向首效过程中被加热，同时电加热预热器作为辅助的进料预热方式。

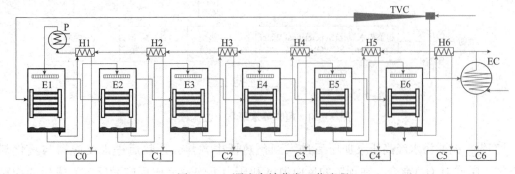

图 9－29　顺流多效蒸发工艺流程

E1 ~ E6—第 1 ~ 6 效蒸发器；C1 ~ C6—第 1 ~ 6 效产品水储罐；H1 ~ H6—第 1 ~ 6 效间预热器；
C0—热源蒸汽冷凝液储罐；P—电加热预热器；EC—末效冷凝器；TVC—热蒸汽压缩器

9.6.4 超临界水氧化处理技术

水在温度超过 375℃、压力超过 22MPa 时处于临界状态。相比普通态的水，超临界水的一些物性和化性具有明显的不同，其与液体不同，与蒸汽也不同。超临界水的密度接近于液态水，是水蒸气的 100 倍；而黏度却只有水的 1/100；其介电常数只有 2 左右，是水的 1/40。

在一般条件下，氧气、氮气、空气及某些非极性物质仅微溶于水，但是它们在相同的条件下可与超临界水按任意比例互溶。另外，由于超临界水具有很小的传质阻力，所以可以做很好的传质介质。超临界水因为具有上述诸多特点，在处理废弃物及有害物质方面被广泛应用。

超临界水氧化反应的基本机理：超临界水具有低黏度、高传递性的特点，有利于氧化剂与还原物质发生反应，氧化降解溶解于其中的有机化合物；由于超临界水能溶解大量的氧气，并且氧气在超临界水中传递几乎不受传质阻力的影响，因此，在这种富氧均相环境中，有机物与氧气发生氧化反应，相间传质阻力几乎不会对反应速率产生影响。其反应原理如下：

$$有机物 + O_2 \longrightarrow CO + H_2$$
$$有机物中的杂原子 + [O] \cdot \longrightarrow 酸、盐、氧化物有机物中的杂原子$$
$$酸 + NaOH \longrightarrow 无机盐$$

当反应结束时，其中有机物中的 C 和 H 完全反应生成 CO_2 和 H_2O，有机物中的其他原子(如 Cl、N、S、P)也完全氧化还原形成相应的离子或酸根进入溶液中。此外，超临界水氧化反应还是个自热过程，其在反应过程中释放大量的热，因此如果反应一旦开始即可由自身放热提供能量，而无需外界提供。

超临界水氧化工艺流程如图 9–30 所示。

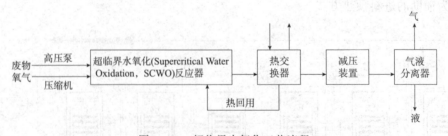

图 9–30 超临界水氧化工艺流程

首先，稠油污水经高压泵加压后进入到预热器中预热，预热后进入反应器与氧化剂(空气、O_2 或 H_2O_2)混合，在预定的反应温度和压力下快速完成反应。反应完成后的物料进入废热回收系统，与反应物进行热交换，此步的目的：一是对反应生成的物料进行冷却；二是将反应余热回收，为原料进行预热。经过冷却的反应物料通过减压后通入气液分离器中进行气液分离，分离出的气体经由气液分离器上部放空，底部收集的液相进行流量及成分分析。具备如下几个步骤：①进原料加压预处理；②原料预热；③超临界反应；④盐类的析出回收；⑤热量回收；⑥减压气液分离；⑦残液无害化处理。

9.7　稠油污水回用于热采锅炉实例

稠油蒸汽开采起始于 20 世纪 50 年代后期，已成为稠油开采的主要方法，目前蒸汽吞吐方式产油量占热采总产油量的 70% 以上；中国的蒸汽开采商业化应用始于 20 世纪 80 年代中后期。继辽河高升油田建成年产 1×10^6t 的蒸汽吞吐项目之后，商业化开采项目迅速拓展到不同类型和深度的稠油油藏中，20 世纪 80 年代末蒸汽吞吐的年产油量超过 5×10^6t，20 世纪 90 年代中期年产油量超过 1×10^7t，目前年产油量仍然维持在 1×10^7t 以上。

稠油热采所需蒸汽通常由蒸汽发生器提供，这些蒸汽发生器为平行加热炉，炉管为单向流布置，只能产生干度为 70% ~ 80% 的蒸汽，这些蒸汽以及液相中残留的 20% ~ 30% 的水全部注入油层，不产生浓缩液，因此需要大量的补给水。由于环境保护方面的原因，地下清水被限制使用，如加拿大 Alberta 地区就限制了地下水的开采，因此有必要回用高含盐稠油污水。

显然，解决油田蒸汽驱锅炉供水和稠油污水处理双重矛盾最直接的方法就是将稠油污水经过适当的处理后回用于高压蒸汽锅炉。一方面，可将稠油污水进行深度处理，不污染周围环境；另一方面，可为锅炉提供水温较高的补给水，具有较大的经济效益。绝大多数的油田蒸汽发生器需要的是不含油、零硬度、低二氧化硅含量和低盐度的补给水，但是，许多稠油污水都具有高含油量、高硬度、高二氧化硅含量和高盐度。稠油污水和锅炉补给水的典型水质对比见表 9 – 17。

表 9 – 17　油田蒸汽发生器水质要求和稠油污水典型水质对比　　　　单位：$mg \cdot L^{-1}$

参数	蒸汽发生器补给水	稠油污水典型水质
油含量	1	200 ~ 2000
悬浮物含量	1	60 ~ 1500
硬度	0.5	100 ~ 1500
二氧化硅含量	50	30 ~ 300
TDS 含量	7000 ~ 8000	3000 ~ 30000
总铁	0.05	0.1 ~ 2.0
溶解氧含量	0.01 ~ 0.04	—

为此，需要对稠油污水进行一系列处理后才可以回用于高压蒸汽锅炉，下面简单介绍几个典型的稠油污水回用于热采锅炉的工艺流程和现场应用情况。

9.7.1 加拿大冷湖油田

冷湖（Cold Lake）油田属于 ESSO 公司，1964 年开始采用蒸汽驱开采稠油，1978 年将稠油污水回用于热采锅炉，产生干度为 80%、压力为 14MPa 的蒸汽注入地层。冷湖油田进热采锅炉所需水量大约为 52000m³/d，冷湖油田稠油污水处理工艺流程如图 9-31 所示。

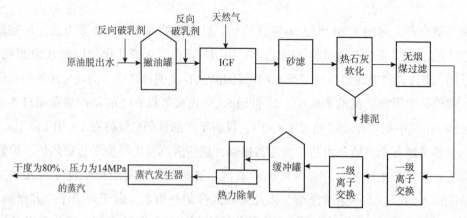

图 9-31　冷湖油田稠油污水处理工艺流程

原油脱出水经过油水分离后直接进入撇油罐，在撇油罐的进口投加反向破乳剂。撇油罐出水进入诱导式气浮选（Induced Gas Flotation，IGF）。IGF 由美国 Filter 公司生产，进口也投加反向破乳剂，主要去除非溶解性油和悬浮固体。IGF 出水进入砂滤，主要去除悬浮油和悬浮物，保护后段设备正常运转。砂滤出水进入热石灰软化系统，主要去除硬度和二氧化硅，同时也可除氧。热石灰软化的温度控制在 100～110℃，采用污泥循环、pH 调节和镁剂除硅。热石灰软化出水进入无烟煤过滤器，进一步去除悬浮物。采用两级弱酸离子交换器串联将剩余硬度降到 1mg/L 以下。离子交换器的再生采用酸碱两步法。处理后的典型水质见表 9-18，满足蒸汽发生器的给水要求。

表 9-18　冷湖油田稠油污水处理后的典型水质

参数	值
TDS 含量/(mg·L⁻¹)	7000
二氧化硅含量/(mg·L⁻¹)	50
总硬度（以 CaCO₃ 计）/(mg·L⁻¹)	1
非溶解性油含量/(mg·L⁻¹)	0
pH 值	10.0

9.7.2　美国圣阿多油田

圣阿多(San Ardo)油田采用蒸汽驱开采稠油，注入的蒸汽压力为 4.8MPa，所用的蒸汽发生器是由 CE-Natco 和 Struthers 公司生产的直通型蒸汽发生器。稠油污水处理后作为蒸汽发生器的补给水，该系统已运行多年。圣阿多油田稠油污水处理工艺流程如图 9−32 所示。

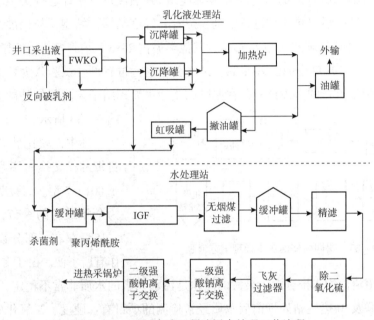

图 9−32　圣阿多油田稠油污水处理工艺流程

稠油破乳脱水主要采用游离水脱除器去除(Free Water Knock−Out，FWKO)、加热炉和撇油罐等设备完成。原油脱出水通过一个体积为 480m³ 的缓冲罐进入水处理站。原油脱出水中的油含量通常低于 70mg/L，缓冲罐出水进入 IGF，其出水油含量低于 5mg/L，然后通过无烟煤过滤进一步去除水中的油和悬浮物。由于水中 SO_2 气体含量较高，因此为了避免蒸汽发生器发生腐蚀，采用了 SO_2 气体脱除系统。其出水进入飞灰过滤器，然后进入一个体积为 160m³ 的缓冲罐。其出水依次进入 IR−120 和 IR−200 两级离子交换器除硬度，两级离子交换器均采用盐再生工艺，每星期再生盐耗量为 160t。离子交换器最终出水水质见表 9−19。

表 9−19　圣阿多油田稠油污水处理后的典型水质

参数	值
TDS 含量/($mg \cdot L^{-1}$)	6000
二氧化硅含量/($mg \cdot L^{-1}$)	120
总硬度(以 $CaCO_3$ 计)/($mg \cdot L^{-1}$)	0.5
非溶解性油含量/($mg \cdot L^{-1}$)	0
pH 值	8.5

9.7.3 辽河油田曙四联

经过几年的探索，辽河油田稠油污水回用于热采锅炉的试验取得了很大的进展，1996年12月25日对曙四联稠油污水进热采锅炉进行了中试，处理规模为30m³/h。1997年1月6日—4月10日将处理后的水进曙采9#热注站19#热注炉。累计运行93d，19#热注炉运行无异常反应。试验后对热注炉进行解剖，炉管有轻度结垢，垢型比较松散，易去除。厚的地方有1mm，经分析碳酸盐垢占73%，其他类垢占27%。炉管弯头处有微量的点腐蚀。但需说明的是，该19#热注炉已运行8a，试验前未进行过解剖。试验认为稠油污水经处理后进入热采锅炉是可行的。该试验是在原曙四联污水处理站工艺流程的基础上进行的，如图9-33所示。

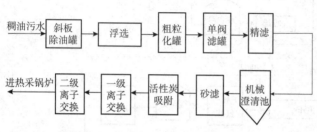

图9-33 曙四联稠油污水处理工艺流程

其中，软化装置是热采锅炉自带的，交换树脂为强酸型阳离子001×7型。试验期间气候恶劣，为全年最冷的季节，平均气温在-15℃左右，部分设备在室外操作有所不便。由于冬季温度很低，因此除油罐和澄清池均未排过泥。最大的问题是污水来水的水质非常不稳定，波动相当大。该试验对曙四联及9#热注站处理前后水质经常检测的项目有：硬度、二氧化硅含量、含油量、悬浮物含量、铁含量、pH值。定期检测的项目有：碱度、氯根含量、矿化度、硫化物含量、COD、溶解氧含量等。在试验期间采样62次，化验项目12种，共取得化验数据1120组，经综合分析证明处理后进炉水质符合热注锅炉的要求，详见表9-20。

表9-20 曙四联稠油污水中试处理前后水质情况　　单位：mg·L⁻¹（pH值除外）

项目	运行情况			
	进水	处理后水（生水）	生水运行波动范围	进炉水
含油量（不计溶解油）	130~5660	3.05	0~9	1.66
悬浮物含量	75~556	3.52	1.0~34	2.51
硬度	70.0	70.9	30~115	未检出
二氧化硅含量	50.9	32~63	50.9	
总铁	0.15	未检出	0~0.1	<0.2
总碱度	<1400	<1400	<1400	<1400
TDS含量	<3000	<3000	<3000	<3000
溶解氧含量	—	0.2		
pH值	6.93	6.93	6.8~7.8	6.93
硫化物含量	9.9	4.46		1.92
COD含量	—	260	240~287	—

第10章 稠油集输系统腐蚀与防护

腐蚀是指金属与周围环境发生化学、电化学反应引起的变质和破坏现象。根据不完全统计，国内每年由于金属腐蚀所造成的经济损失占国民经济总产值的 2%~4%。有统计资料表明：东部 9 个油田各类管道腐蚀穿孔达 20000 次/a，更换管道长度达 400km/a，油田容器腐蚀平均穿孔率为 0.14 次/（台·a），因腐蚀造成的经济损失约为 2 亿元/a。所以，在油田集输系统中，提高管线及设备的耐腐蚀性非常重要。

稠油常常以掺水方法实现降黏输送，以减小输送阻力，但是由于所掺水常常是油田采出水，采出水中通常含有一定矿物离子，具有较强的腐蚀性，因此研究稠油集输系统的腐蚀问题，对保证管道及设备的安全运行尤为重要。本章主要介绍集输管网、储罐、三相分离器、加热炉、集输与处理系统、注水管线和污水处理系统的腐蚀问题以及相关防护措施。

10.1 集输管线腐蚀与防护

管道是油田集输工艺流程中不可缺少的设施，油田联合站中的物料大多以管道作为载体来输送。近年来，管道的腐蚀问题十分严重，联合站发生的管道泄漏事故也非常多，对环境和安全生产都带来了很大的危害，由此造成的事故和经济损失也是非常巨大的。

10.1.1 腐蚀形态

按腐蚀机理可将腐蚀分为：化学腐蚀、电化学腐蚀、物理腐蚀 3 种。按照腐蚀位置可将腐蚀分为：顶部腐蚀和底部腐蚀。按腐蚀形态可将腐蚀分为：全面腐蚀、局部腐蚀（点蚀、缝隙腐蚀、电偶腐蚀、晶间腐蚀）、应力作用下的腐蚀（应力腐蚀断裂、氢脆和氢致开裂、腐蚀疲劳、磨损腐蚀）等。

下面介绍几种常见的腐蚀形态。

10.1.1.1 均匀腐蚀

均匀腐蚀是指在金属表面上发生比较均匀的大面积腐蚀，又称全面腐蚀。其特征是在全部或大部分暴露的金属表面上腐蚀速度均匀。管道的金属表面与腐蚀介质接触产生的腐蚀，属于此种类型。

10.1.1.2 点蚀

(1)点蚀机理

在含有 F^-、Cl^-、Br^-、I^- 等卤素离子和 SCN^- 离子的中性溶液、碱性溶液或在含有 Fe^{3+}、Cu^{2+} 等具有氧化性离子的酸性溶液中，金属表面钝化膜被破坏的一种孔状腐蚀，称之为点蚀。点蚀是局部腐蚀的一种类型，外观形状隐蔽但破坏性较大。点蚀发生时，若同时伴有应力作用，则会进一步发展为腐蚀开裂。溶液中的活性阴离子 I^-、Cl^-、Br^- 等在金属表面产生不均匀的局部腐蚀，腐蚀强度依次是 $Cl^- > Br^- > I^-$，这些具有腐蚀性的阴离子吸附在管道金属表面钝化膜上，当金属表面钝化膜遭到不均匀破坏后，腐蚀性阴离子则穿透钝化膜导致点蚀。一般情况下，空气中的氧具有氧化作用，对金属表面钝化膜的自我修复具有一定的促进作用。但是，Cl^- 与其他离子或元素具有竞争吸附，Cl^- 能优先吸附在金属表面的钝化膜上，与溶液中阳离子结合生成氯化物，氯化物经过进一步的化学反应生成溶解性较强的络合物，络合物经过化学反应生成金属离子进入溶液中，导致钝化膜破坏，暴露出新的基体金属。由此看出，溶液中活性阴离子的存在是点蚀发生的必要条件，溶液中若有 Cl^- 等侵蚀性离子存在，由于 Cl^- 具有解胶作用，很难使钝化膜再生，因而导致点蚀进一步成为坑蚀或孔蚀，其形成机制模型如图 10-1 所示。

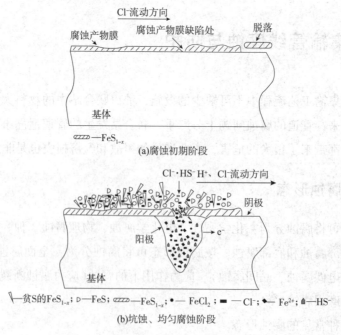

图 10-1 管道金属表面腐蚀形成机制模型

（2）点蚀敏感部位

点蚀的外在形状比较隐蔽，在金属表面的覆盖面积不大，因此点蚀较容易发生在敏感部位，如晶间或非金属夹杂物周围等。点蚀发生处的 pH 值下降，继而发生一系列的电化学反应，加剧点蚀的发展，随着点蚀孔的形成与扩大，呈带状的点蚀核围绕点蚀孔尼群出现，膜内在化学反应过程中产生的氢气会导致钝化膜表面产生的凸包状点蚀核破裂，如图 10 - 2 所示。

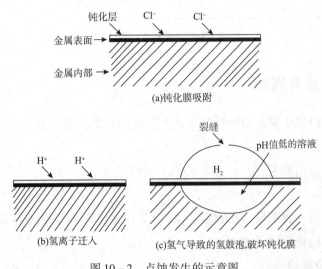

图 10 - 2　点蚀发生的示意图

10.1.1.3　电偶腐蚀

电偶腐蚀也称为异种金属接触腐蚀，是指在实际金属结构中，两种不同电化学性质的材料在与周围环境介质构成回路，形成电偶腐蚀原电池时，其中腐蚀电位低的金属和腐蚀电位高的金属接触，会发生阳极极化，从而导致其溶解速度增加，而电位高的金属发生阴极极化，溶解速度减慢，受到阴极保护。在该腐蚀电池中，阳极金属溶解速度增加的效应称为电偶腐蚀效应，阴极溶解速度减少的效应称为阴极保护效应，两种效应同时存在。电偶腐蚀还可以诱发应力腐蚀、点蚀、缝隙腐蚀、氢脆等更严重的破坏，直接影响到金属结构的连接性能。因此，电偶腐蚀一直是多金属材料系统中重大的安全隐患，得到了相关科研人员的重视。

从图 10 - 3 可以看出，发生电偶腐蚀需要具备 3 个基本条件：两金属形成的电位差、电子导通支路和离子导通支路。电位差是指偶对材料之间的腐蚀电位差异，这是电偶腐蚀反应的过程驱动力，决定着电偶腐蚀发生的倾向；电子导通支路是指两种或多种金属直接接触或通过其他导体电性连接，从而形成阴阳极之间的电子流；离子导通支路即环境介质，须为电解质溶液。

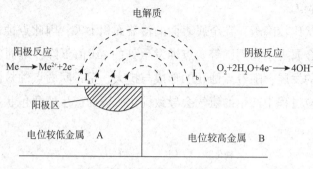

图 10 – 3　电偶腐蚀过程示意图

10.1.2　管线外腐蚀

埋地管线由于沿线土壤的腐蚀性及管线防腐保温结构的施工质量差、老化破损等会导致管线外腐蚀。

管线外腐蚀的原因如下。

(1)土壤腐蚀性

由于土壤含盐量、含水量、孔隙度、pH 值等因素的不同引起土壤腐蚀性的不同，是造成管道外壁腐蚀的重要原因之一。

(2)土壤的宏电池腐蚀

土壤是一种多相态复杂混合物，各种相态包括空气、水和无机盐类，具有电解质的性质和特征。因此，油气管道裸露的金属表面在土壤作用下逐渐发生腐蚀反应。因土壤性质(透气性、含盐量、pH 值等)差异形成土壤宏腐蚀电池(如管线穿过不同性质土壤交界处形成的宏腐蚀电池，新旧埋地管线连接处形成的宏腐蚀电池等)，对于处于土壤湿度不同的管线，其管线电位差可达 0.3V 左右；对于处于土壤透气性不同的管线，可形成较大的电位差，其宏腐蚀电池两极间的距离可达几千米。

对土壤腐蚀性强度的判定，一般以含氧量、pH 值和土壤电阻率为依据。专家指出土壤电阻率是衡量土壤腐蚀特性的重要指标，土壤电阻率与腐蚀性的关系见表 10 – 1。

表 10 – 1　土壤电阻率与腐蚀性的关系

电阻率/(Ω·m)	腐蚀特性	管线平均腐蚀速度/(mm·a^{-1})
<5	很强	
5 ~ 20	强	0.2 ~ 1
20 ~ 80	中等	0.05 ~ 0.2
>80	弱	<0.05

(3)保温层破损

在管线保温层破损处，泡沫夹层进水。水进入泡沫会向内侧延伸一定距离(距离的大小由地下水位的变化情况及泡沫的闭孔率决定），很难自行排除。由于季节和天气变化，地下水水位不断变化，使得泡沫层内的含水量也在不断变化，管线经常处于半干半湿的状态。因此，管线发生氧浓差电池腐蚀的危险性增加，这种腐蚀主要发生在管道的中下部，一般为局部坑蚀，对管线的威胁较大。

(4)防腐层质量较差，阴极保护不足

当因施工质量或管线老化等因素导致防腐层质量较差时，常常会降低阴极保护的效果（即阴极保护半径减少，耗电量增加），从而使管道得不到完全保护。如果阴极保护系统不能正常运行，那么埋地管线就不能得到有效保护。因此，在阴极保护不足部位的腐蚀时有发生。

(5)杂散电流干扰腐蚀

由电气化铁路、两相一地输电线路、直流电焊机等引起的杂散电流腐蚀对埋地管线的影响也很大。例如，东北抚顺地区受直流干扰的管道长度约50km，占该输油管理局管道总长的2%；二十多年来，直流干扰腐蚀穿孔次数占管道腐蚀穿孔总次数的60%以上。在该地区流进、流出管道处杂散电流高达500mA，管道敷设仅半年就出现多起腐蚀穿孔的事故。

(6)电气接地系统选用材质不当，造成管线产生电偶腐蚀

前面已经详细介绍了电偶腐蚀的机理，所以当普通碳钢（或高强度钢）与铜相接触（用导线或螺栓等连接在一起，一同处于土壤这个电解质溶液中）时，由于钢的腐蚀电位较铜低（负），就容易发生电偶腐蚀，使得钢的腐蚀速率比其单独存在时快得多。

在设计阶段，由于专业之间缺乏交流、沟通，电气、仪表等专业电气接地系统大量采用低电阻接地模块及铜包钢材料，这些材料的电位均较碳钢材质管线的电位正，因此，管线埋地安装后就处于电偶腐蚀环境中，造成管线投运仅2~3a就出现腐蚀穿孔。

(7)硫酸盐还原菌对腐蚀的促进作用

土壤中SO_4^{2-}的存在为SRB的生长提供了条件，60℃左右的输油温度也适合SRB的生存。从埋地管线现场土壤一些采样点腐蚀产物的分析发现，其中FeS含量高达76%，说明SRB等微生物腐蚀的危害也不容忽视。

(8)温度影响

温度对腐蚀速率有很大影响。通常，温度每升高20℃，腐蚀速度加快一倍。对油田生产实际情况分析发现，埋地高温单井管线、稠油管线及伴热管线的腐蚀发生率高于集油管线，而集油管线的腐蚀率高于常温输送管线。

10.1.3 管线内腐蚀

管线内腐蚀受到管材质量、输送介质以及管道防腐水平的影响，稠油集输管道内壁腐蚀主要如下。

1）H_2S 腐蚀：H_2S 离解出 HS^-、S^{2-} 吸附在金属表面，形成复合物离子 $Fe(HS^-)$ 并加速 HS^- 和 S^{2-} 的吸附。吸附的 HS^-、S^{2-} 使金属的电位移向负值，促进阴极放氢的加速，而氢原子为强去极化剂，易在阴极获得电子，同时使铁原子间金属键的强度大大削弱，进一步促进阳极溶解反应而使钢铁腐蚀。

2）CO_2 腐蚀：CO_2 与水接触形成碳酸，碳酸电离出氢离子，电离的氢离子直接还原析出氢，同时金属表面的 HCO_3^- 离子浓度极低时，H_2O 被还原析出氢。

3）多相流腐蚀：按其腐蚀环境可分为清洁环境的腐蚀、冲刷环境的腐蚀、腐蚀性环境的腐蚀，以及冲蚀和腐蚀同时存在的环境腐蚀。

按腐蚀发生类型，管道内发生的腐蚀主要如下。

1）均匀腐蚀：由于输送介质中含有采出水/水汽，在一定条件下与 CO_2、H_2S 等酸性气体结合对管道造成腐蚀。

2）坑蚀：管壁涂层或保护膜不均匀、硫及硫化物的沉淀、腐蚀产物膜出现结晶剥裂等产生坑蚀。

3）硫化物应力腐蚀开裂：硫化氢水解后，吸附在钢表面的 HS^- 会加速阴极放氢，从而导致材料韧性下降，脆性增加。

4）冲刷腐蚀：管道表面腐蚀产物直接被输送介质带走，新的金属不断裸露，从而加速腐蚀。通常包括无碳酸盐覆盖膜情况下的均匀腐蚀、有碳酸盐覆盖膜情况下的均匀腐蚀、流动引起的台面状腐蚀、无膜区局部腐蚀。

10.1.3.1　H_2S 腐蚀

在油田集输系统的介质中往往含有 H_2S，H_2S 一方面来自含硫油田伴生气在水中的溶解，另一方面来自硫酸盐还原菌的分解。干燥的 H_2S 对金属无腐蚀破坏作用，只有 H_2S 溶解在水中才具有腐蚀性。在油田开采过程中，与 O_2 和 CO_2 相比，H_2S 在水中的溶解度最高，一旦 H_2S 溶于水能立即电离呈酸性，释放出的氢离子是强去极化剂，易在阴极夺取电子，促进阳极溶解反应使管材遭受腐蚀。

（1）阳极反应机理

Iofa 等认为 H_2S 在铁表面形成了离子或偶极子化合物，而且它的负极指向溶液，因此，H_2S 溶液中的腐蚀阳极反应为：

$$Fe + H_2S + H_2O \longrightarrow FeHS^- + H_3O^+$$

$$FeHS^- \longrightarrow FeHS^+ + 2e^-$$

Shoesmith 等认为，继 $FeHS^-$ 转化为 $FeHS^+$ 后，在少部分酸性溶液中，$FeHS^+$ 可直接转化为 FeS；而在大多数酸性溶液中，将转化为 Fe^{2+} 和 H_2S，即：

$$FeHS^+ \longrightarrow FeS + H^+$$

$$FeHS^+ + H_2O \longrightarrow Fe^{2+} + H_2S + OH^-$$

而 Schmitt 认为，H_2S 浓度大于 200ppm，并且温度大于 40℃时，$FeHS^+$ 可形成富铁硫化物 FeS_{1-x}；当 H_2S 浓度小于 200ppm，温度小于 40℃，并且 CO_2 浓度不高时，$FeHS^+$ 可形成富硫硫化物 FeS_{1+x}。

(2) 阴极反应机理

H_2S 溶于水后发生二级水解：

$$H_2S + H_2O \longrightarrow H_3O^+ + HS^-$$

$$HS^- + H_2O \longrightarrow H_3O^+ + S^{2-}$$

溶液中存在 H_2S、HS^- 和 H^+，无氧环境中的阴极还原反应来源于 H^+ 的还原反应。Bolmer 认为在 H_2S 环境中，阴极反应机理为：

$$2H_2S + 2e^- \longrightarrow H_2 + 2HS^-$$

该反应由 H_2S 扩散和 H_2 析出过电位控制，其腐蚀速率比仅由 H_2S 引起的阴极反应高，因为 H_2S、HS^- 和 H^+ 都参与了阴极反应：

$$2H_2S + 2e^- \longrightarrow H_2 + 2HS^-$$

$$2HS^- + 2e^- \longrightarrow 2S^{2-} + H_2$$

$$2H^+ + 2e^- \longrightarrow H_2$$

(3) 湿 H_2S 环境中的腐蚀形式

湿 H_2S 环境中的腐蚀形式主要有氢鼓泡(HB)、氢致开裂(HIC)、硫化物应力腐蚀开裂(SSCC)、应力导向氢致开裂(SOHIC)。

1) 氢鼓泡：腐蚀过程中析出的氢原子向钢中扩散，在钢材的非金属夹杂物、分层和其他不连续处易聚集形成氢分子，由于氢分子较难以从钢组织内部逸出，从而形成巨大内压导致其周围组织屈服，形成表面层下的平面空穴结构成为氢鼓泡，其分布平行于钢板表面。氢鼓泡的产生无需外加应力，与材料中的夹杂物等缺陷密切相关。

2) 氢致开裂：在氢气压力的作用下，不同层面上相邻的氢鼓泡裂纹相互连接，形成阶梯状特征的内部裂纹称为氢致开裂，裂纹有时也可扩展到金属表面。氢致开裂的产生无须外加应力，一般与钢中高密度的大平面夹杂物或合金元素在钢中偏析产生的不规则外观组织有关。

3) 硫化物应力腐蚀开裂：湿 H_2S 环境中腐蚀产生的氢原子渗入钢内部固溶于晶格中，使钢的脆性增加，在外加拉应力或残余应力作用下形成开裂。工程上有时也把受拉应力的钢及合金在湿 H_2S 及其他硫化物腐蚀环境中产生的脆性开裂统称为硫化物应力腐蚀开裂。

H_2S 应力腐蚀和氢致开裂是一种低应力破坏,甚至在很低的拉应力下都可能发生开裂,且具有延迟破坏的特点,开裂可能在钢材接触 H_2S 后很短时间内(几小时、几天)发生,也可能在数周、数月或几年后发生,但无论破坏发生迟早,往往事先没有明显预兆。

4)应力导向氢致开裂:应力导向氢致开裂通常发生在中高强度钢中或焊缝及其热影响区等硬度较高的区域。在应力引导下,夹杂物或缺陷处因氢聚集而形成的小裂纹叠加,沿着垂直于应力方向发展导致的开裂称为应力导向氢致开裂。其典型特征是裂纹沿"之"字形扩展。

(4) H_2S 腐蚀的影响因素

1) H_2S 浓度: H_2S 浓度越大,破坏至一定程度时所需时间越短。

2)pH 值:当 pH≤6 时,硫化物应力腐蚀严重;当 6<pH≤9 时,硫化物应力腐蚀敏感性开始显著下降,但达到断裂所需的时间仍很短;当 pH>9 时,很少发生硫化物应力腐蚀破坏。

3)温度:在一定范围内,温度升高,硫化物应力腐蚀倾向下降。

4)流速:流速较高或处于湍流状态时,钢铁表面的腐蚀产物膜受到冲刷破坏,钢材将一直以初始高速腐蚀,从而使设备、管线等受到腐蚀破坏,因此需要控制流速上限。当气体流速太低时,反而造成局部腐蚀破坏,所以需要规定气体流速下限(3m/s)。

5) Cl^-: Cl^- 的存在往往会阻碍保护性 FeS 膜在钢铁表面的形成。Cl^- 可以通过钢铁表面 FeS 膜的细孔和缺陷渗入其膜内,使膜发生纤维开裂,形成孔蚀核。Cl^- 的不断移入,在闭塞电池的作用下,加速了孔蚀破坏。

10.1.3.2　CO_2 腐蚀

油田集输系统中的 CO_2 主要有两种来源:一是来自自然界,丰富的 CO_2 气体蕴藏在地质结构中,当石油、天然气开采时,CO_2 作为伴生气产出;二是采用 CO_2 混相驱油技术时,把 CO_2 加压注入地层:

$$Ca(HCO_3)_2 \longrightarrow CaCO_3 + H_2O + CO_2$$

$$2NaHCO_3 \longrightarrow 2Na^+ + CO_3^{2-} + H_2O + CO_2$$

CO_2 气体本身不具有腐蚀性,但它溶解于水时,与水互相作用,使水的 pH 值降低,从而使水呈现出腐蚀性。其溶于水的化学反应式如下。

反应产物碳酸是二元弱酸,可以发生二级离解:

$$H_2CO_3 \longrightarrow HCO_3^- + H^+$$

$$HCO_3^- \longrightarrow CO_3^{2-} + H^+$$

其电化学腐蚀机理如下。

在阳极上：$Fe - 2e^- \longrightarrow Fe^{2+}$

在阴极上：$2H^+ + 2e^- \longrightarrow H_2 \uparrow$

腐蚀产物：$Fe^{2+} + CO_3^{2-} \longrightarrow FeCO_3$

关于腐蚀的阴极反应，主要有两种观点。

1）非催化的氢离子阴极还原反应。

①当 pH < 4 时（以下反应式中下标 a 和 s 分别代表钢铁表面吸附的和溶液中的粒子）：

$$H_3O^+ + e^- \longrightarrow H_a + H_2O$$

$$H_2CO_3 \longrightarrow HCO_3^- + H^+$$

$$HCO_3^- \longrightarrow CO_3^{2-} + H^+$$

②当 4 < pH < 6 时：$H_2CO_3 + e^- \longrightarrow H_a + HCO_3^-$

③当 pH > 6 时：$2HCO_3^- + 2e^- \longrightarrow H_2 + CO_3^{2-}$

2）表面吸附 CO_2 的氢离子催化还原反应：

$$CO_{2a} \longrightarrow CO_{2s}$$

$$CO_{2a} + H_2O \longrightarrow H_2CO_{3a}$$

$$H_2CO_{3a} \longrightarrow H_a^+ + HCO_{3a}^-$$

$$H_3O_a^+ + e^- \longrightarrow H_a + H_2O$$

$$HCO_{3a}^- + H_3O_a^+ \longrightarrow H_2CO_{3a} + H_2O$$

两种阴极反应的实质都是由于 CO_2 溶解后形成的 HCO_3^- 电离出的 H^+ 的还原过程。

总的腐蚀反应为：$CO_2 + H_2O + Fe \longrightarrow FeCO_3 + H_2$

影响 CO_2 腐蚀的因素主要有 CO_2 分压、温度、pH 值、流速、原油含水率等。

10.1.3.3　多相流腐蚀

三相和三相以上的流动称多相流。油井产物中常含有水，有时还存在砂子。石油沿管道流动，尽管主要属于气液两相流动，但实际上还包括液液（油水）甚至液固（油水砂）的流动，应该说是最复杂的多相流动。流动形态对腐蚀有很大的影响，而流态与许多因素有关，如流速、流体黏度、介质组成及含量、管道倾角等。

多相流的腐蚀情况十分复杂，是一种腐蚀加冲蚀联合交互作用的过程，多相流对管道材料的失效加剧有两种作用：质量传递效应和表面切应力效应。

低流速阶段：失效过程全部或部分由传质过程控制。

高流速阶段：腐蚀是由于介质对材料表面产生切应力作用，导致表面层破坏引起的。

多相流腐蚀的影响因素主要有流型、相转变、多相流压力降、温度、流速等。

10.1.4　集输管线防护措施

10.1.4.1　尽量减少工艺管线的埋地敷设

站场内由于场地空间有限，管线布设一般较为紧凑，各类管线交叉重叠较多。埋地敷设虽然可以有效利用地下空间，使地面以上空间较为简洁，不需支撑，但地下环境腐蚀性较强，管线检查、维修困难，低点排液不便，易凝油品凝固在管内时难以处理，保温隔热层很难保持其良好的隔热功能等。石化、化工行业等工业装置区，一般只有在管线不能架空敷设时，才采用埋地敷设方式。适宜在站场内埋地的管线主要有：输送无腐蚀性、无毒、无爆炸危险的气、液管线（由于特殊原因无法地面敷设时），消防水或泡沫消防管线等。鉴于管线埋地后容易引发较多安全隐患，建议站场应尽量减少埋地管线敷设的数量。

管线地面敷设通常指架空敷设，是工业生产装置管线布设的主要方式，具有施工、操作、检查、维修方便及经济等优点。地面敷设管线不仅可以减少管线的腐蚀穿孔，还可及时发现问题，维护抢修十分方便。尤其对于保温管线，还可保持保温材料良好的隔热功能，减少热量损耗。管线采取地面敷设方式，虽然使站场地面情况更加复杂，但同时也杜绝了大量安全隐患，保证了生产运行安全。

此外，站内管线还可采用管沟敷设的方式，尤其对于有隔热保温的高温管线、输送易凝介质或腐蚀性介质的管线等，既可充分利用地下空间，又可及时发现问题，还可为维修、检查提供便利条件。但管沟敷设具有费用高、占地面积大、需设排水点，且易积聚污物和清理困难等缺点。因此，只有在必要时才会予以采用。

10.1.4.2　合理选材

在具有较强腐蚀性的环境中，选择耐腐蚀管材。例如，扶余油田地面改造结合冷输及环状掺输流程采用耐腐蚀玻璃钢管线，实施环氧树脂外缠绕、玻璃衬里及聚乙烯复合材料防腐，取得了很好的效果。

10.1.4.3　表面保护技术

金属镀层：金属镀层可分为阳极性镀层和阴极性镀层。

非金属镀层：非金属镀层分为无机覆盖层和有机覆盖层。

1）无机覆盖层：包括化学转化覆盖层，以及在溶液、熔盐、热气流中形成的氧化膜，如搪瓷、陶瓷、玻璃覆盖层。

2）有机覆盖层：主要包括橡胶、塑料、石油沥青、环氧煤沥青等覆盖层。

外防腐层选用应遵循"安全第一、环保优先、经济适用"的设计原则，综合考虑站场内埋地管道的特点、环境条件和防腐材料的性能特点等影响因素，合理选用。

对于管径规格集中、累计长度相对较长的站场内管线，最好选用可在工厂预制的外防腐层类型，这样既易于保证防腐层质量，又便于现场施工安装；在高含水地区或强腐蚀区域，最好采用无溶剂液态环氧外缠绕聚乙烯黏胶带的防腐复合结构，以提高防腐层抗水汽渗透能力，保证防腐层的完整性；站场内立管出入土部位处于大气和土壤两种不同腐蚀环境的交界处，是腐蚀的多发部位，应采取特殊的防腐措施，如在采用上面介绍的无溶剂液体环氧外缠聚乙烯胶黏带的复合结构进行防腐外，还应在管道出入地面上下各 200mm 管段防腐层表面再缠绕铝箔等材料，避免紫外线对防腐层的损伤。在选用合理防腐层的同时，还应加强防腐层施工质量控制。由于站场内防腐层施工多采用现场人工涂敷方式，防腐层施工质量很大程度取决于操作人员和现场监督人员的技术水平和责任心，因此为保证防腐层施工质量，应加强施工操作人员的岗前培训和现场质量监督，尤其注意金属表面处理是否达到规定要求；由于各厂商材料质量、施工性能存在差异，因此现场施工时，还应注意对防腐材料和防腐承包商资质的严格把关，杜绝不合格防腐材料和没有资质的承包商进入敷设现场。

10.1.4.4　环境介质的处理

除去环境中的有害成分，如脱水、脱氧、脱盐处理。国内各油田普遍采用密闭流程，可以降低损耗，大大减缓腐蚀。例如，将开式流程改为密闭流程，这将减少氧侵入管输介质中，从而减轻内腐蚀。

10.1.4.5　缓蚀剂

缓蚀剂是一种能够对金属腐蚀起到抑制作用的化学药剂，在油田开发过程中的应用比较多。缓蚀剂的作用机理还没有形成统一理论，目前主要理论有成膜理论和电化学理论等。缓蚀剂并非直接作用于腐蚀介质，它是基于金属表面状态的一个慢化过程，具有一定催化作用。在防腐过程中，缓蚀剂发挥的作用是显著的，缓蚀效率比较高，能够在节约材料的基础上极大程度提高管道的使用寿命。使用缓蚀剂可以满足大部分管道的防腐要求。缓蚀剂由有机和无机两大类组成，根据电化学原理的差别，又可以将其划分为阳极缓蚀剂、阴极缓蚀剂和混合性缓蚀剂 3 种，三者应用范围有所区别。

10.1.4.6　电化学保护技术

电化学保护分为阴极保护和阳极保护。稠油集输管道主要腐蚀介质是土壤，适用于阴极保护。阴极保护的原理是降低腐蚀电位而达到电化学保护。阴极保护有两种方法：外加电流的阴极保护法和牺牲阳极保护法。

外加电流阴极保护法是通过施加外部直流电源，借助外加阴极电流对阴极进行极化，在这种情况下，电流从土壤流向被保护金属，从而使得被保护金属的电位低于周围环境，如图 10-4(a) 所示。外加电流阴极保护法输出的电流及电压较大，且保护距离长，施工操作较简单，在各种土壤电阻率环境中都可适用，但人工维护费用相对较高。

牺牲阳极保护法是选取一种比被保护金属电极电位更低的金属材料与被保护金属相连，所选择的金属材料作为腐蚀电池的阳极，被保护金属成为腐蚀电池的阴极，达到被保护金属防腐的目的，如图10-4(b)所示。牺牲阳极保护法是以活泼金属材料的强烈腐蚀来保护别的金属，牺牲阳极金属材料与被保护金属的电位差不大，发出的电流一般也只有毫安级，所以保护范围相对较小；另外，牺牲阳极保护法受土壤电阻率的影响很大，所以并不适用于所有土壤环境。但牺牲阳极保护法不需要外加电源，也不需要高昂的人工维护费，输出电流不大，不会对周围物体或其他金属造成太多的杂散电流干扰。

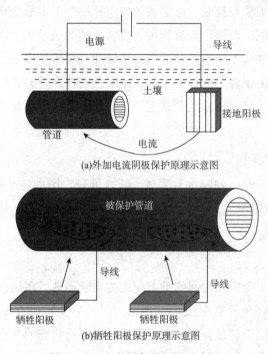

(a)外加电流阴极保护原理示意图

(b)牺牲阳极保护原理示意图

图10-4　电化学保护原理示意图

10.1.4.7　推广防腐层与区域性阴极保护联合保护，加大区域性阴极保护力度

站场管线的特点决定了埋地管线外防腐层保护性能的先天不足，随着时间的迁移，管线外防腐层出现老化、破损等，缺陷点逐渐增多，破损处金属将遭受腐蚀介质的侵蚀，电化学腐蚀的威胁逐渐增大，腐蚀速率加快。站场内若采用防腐层保护与区域性阴极保护联合保护的方式，将区域性阴极保护作为埋地管线防腐的补充手段，能大大减缓或抑制腐蚀介质对管线的侵蚀，有效防止腐蚀危害的发生。

10.1.4.8　加强设计各专业间的沟通协调，合理选用接地材料

设计阶段应重视各单位、各专业间的沟通协调。在编制各专业设计统一规定阶段，防腐专业应与电气、仪表等相关专业及时沟通，严格控制接地材料选型。电气、仪表等应尽量选用镀锌扁钢、镀锌角钢等电位较低(负)且具有牺牲阳极功能的接地材料，避免使用铜等电位比钢高(正)的接地材料，尤其避免选用存在电偶腐蚀作用且造成阴极保护电流大量流失的低电阻接地模块。

此外，在满足接地电阻要求的条件下，还应尽可能减小与被保护结构电连接的接地网的规模，避免由接地网漏失大量的保护电流。

10.2　储罐腐蚀与防护

储罐是联合站重要的设施之一，对物料的储存和中转起重要作用。由于储罐储存的是腐蚀性介质，因此容易遭受腐蚀，可能泄漏、开裂，对安全生产造成很大威胁，甚至造成停产和环境灾难，是一个不容忽视的安全隐患。

储罐的腐蚀主要包括以下两个方面：内腐蚀和外腐蚀。外腐蚀与内腐蚀相比一般较轻，主要为大气腐蚀、保温层浸水后的腐蚀等。内腐蚀主要有两个腐蚀环境，即气相和液相。储罐破坏形式及部位如图 10 – 5 所示。

10.2.1　储罐内腐蚀

随着油田开发进入中后期，原油含水率上升，联合站储罐的内腐蚀问题日益严重。原油储罐内腐蚀部位可分为储罐上部的气相部位、储罐中部的油相部位、储罐底部的水相部位 3 部分，如图 10 – 6 所示。

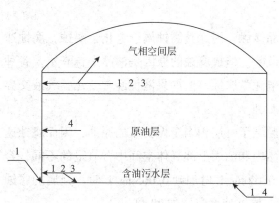

图 10 – 5　储罐破坏形式及部位
1—大面积麻坑；2—局部点蚀；3—点蚀穿孔；4—轻微腐蚀

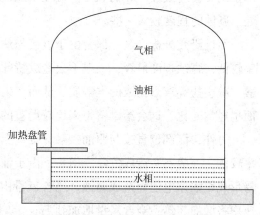

图 10 – 6　原油储罐示意图

10.2.1.1　储罐上部的气相部位

通过对现场储罐上部的检查发现，在罐顶壁部位有大量的腐蚀，腐蚀形态主要表现为坑点腐蚀和片状腐蚀。通过分析研究，造成这种腐蚀形态的腐蚀介质主要是 H_2S 和 CO_2。

储罐的气相部位以均匀腐蚀为主。这是因为除油料中挥发出的酸性气体 H_2S、HCl 外，还有通过呼吸阀进入罐内的水分、O_2、CO_2、SO_2 等腐蚀性气体会在油罐上凝结成酸性溶液，导致腐蚀的发生。由于罐顶的凝结水膜很薄，易形成酸性气体饱和溶液，故腐蚀性较强，其中 H_2S 的腐蚀性最强。

罐外水分和罐内油料中挥发的 H_2S 气体结合，以及罐外的 SO_2 气体进入罐内与水蒸气结合，这两种情况都会在罐内形成酸液，导致罐内电化学腐蚀。化学反应式为：

$$O_2 + 2Fe + 2H_2S \longrightarrow 2FeS + 2H_2O$$

同时，油气中也存在 CO_2。一般认为干燥的 CO_2 对钢铁没有腐蚀，但在潮湿的环境下会溶于水形成酸性溶液，在相同的 pH 值条件下它对钢铁的腐蚀比盐酸还严重。CO_2 引起钢铁迅速地全面腐蚀和严重的局部腐蚀，使得设备发生早期腐蚀失效，并造成严重后果。CO_2 腐蚀是由于 CO_2 溶于水生成碳酸后引起的电化学腐蚀。当水中有游离的 CO_2 时，水呈弱酸性，产生的酸性反应为：

$$CO_2 + H_2O \longrightarrow H_2CO_3$$
$$H_2CO_3 \longrightarrow H^+ + HCO_3^-$$

水中 H^+ 的量增多，就会产生氢去极化腐蚀。从腐蚀电化学的观点来看，就是酸性物质引起的氢去极化腐蚀。

10.2.1.2 储罐中部的油相部位

通过对储罐内中部的检查发现，这一部位受腐蚀影响较小，腐蚀的速率较低，较其他部位腐蚀程度最轻。只有很少一部分内壁表面出现星点状的蚀斑，特别是在油、气交接处，腐蚀的程度较大一些。

经过研究分析，这一部位由于直接与油品接触，因此其腐蚀属于电化学腐蚀，腐蚀速率较低，腐蚀程度最轻，一般不会造成特殊危险。造成腐蚀的原因是油品中含有水及各种酸、碱、盐等离子构成的电解质，从而产生电化学腐蚀。但如果液位经常变化，气液交界面也经常变化，这会给罐壁带来比较严重的腐蚀。

另外，该部位直接与原油接触，罐壁上黏结了一层相当于保护膜的原油，因而腐蚀速率较低，一般不会造成危险。但是，由于油品内和油面上部气体空间中含氧量的不同，容易形成氧浓差电池而造成腐蚀。当含氧量由 0.02mg/L 增加到 0.065mg/L 时，金属的腐蚀速率将增加 5 倍；当含氧量增加到 1mg/L 时，腐蚀速率将增加 20 倍。

10.2.1.3 底部的水相部位

经过对罐底内表面检查，发现罐底的主要腐蚀形式为点蚀。主要原因是罐底积聚了酸性沉淀物，酸性水中含有大量的富氯离子，成为较强的电解质溶液，产生电化学腐蚀；稠油中固体杂质和储罐腐蚀产物大量沉积于罐底，它们与储罐罐底有不同的电极电位，构成腐蚀电池，产生电化学腐蚀。罐底水相的腐蚀形式一般有：罐底积水引起的电化学腐蚀、SRB 引起的腐蚀、冲刷腐蚀等。

（1）罐底积水引起的电化学腐蚀

罐底积水引起了电化学腐蚀，阳极反应的电化学反应式为：

$$Fe \longrightarrow Fe^{2+} + 2e^-$$

阴极反应的电化学反应式为：

$$2H^+ + 2e^- \longrightarrow 2H_2 \uparrow$$

罐底积水是原油储罐腐蚀的根源。沉积水主要来源于冷凝水、雨水和采出水，随原油开采时间、原油品种和地层水情况不同，其成分差别很大。影响沉积水腐蚀性的因素较多，主要有 pH 值、矿化度、氯离子及硫化物含量等。pH 值反映了沉积水中氢离子的浓度，当 pH 值在 7 左右时，氢离子浓度的变化对腐蚀速率的影响不大。矿化度高时，一方面增强了沉积水的电导率，有利于电子迁移和腐蚀反应的进行；另一方面，又利于沉积结垢，抑制氧扩散，容易发生氧浓差电池腐蚀。氯离子去极化程度高，是强烈的腐蚀催化剂，会促进腐蚀过程的发生。

（2）冲刷腐蚀

对于含砂原油来说，收发作业频繁，储罐进液管垂直下方如果没有设置缓冲装置，进液冲力大，液体则会直接冲刷储罐底部，造成底部防腐层破损严重，进而磨损钢板，使钢板产生点蚀。

（3）SRB 引起的腐蚀

罐底的无氧条件很适合 SRB 的生长，在罐底可引起严重的针状或线状的细菌腐蚀。SRB 的作用是将氢原子从金属表面除去，从而使腐蚀过程进行下去。另外，SRB 消耗水中的氢原子，致使罐底的防腐层脱落，同时又使电化学反应不断进行，加快腐蚀速率。实践表明，H_2S 的含量是衡量储罐使用寿命的一个重要指标。稠油中不含 H_2S 的储罐比原油中含有 H_2S 的储罐的使用寿命要长 2 ~ 3 倍。

10.2.2　储罐外腐蚀

稠油储罐外壁的腐蚀主要有大气腐蚀、土壤腐蚀、保温层浸水后的腐蚀及微生物腐蚀 4 种。

10.2.2.1　大气腐蚀

大气腐蚀是指金属储罐与所处的自然大气环境间因环境因素而引起材料变质或破坏的现象。不带保温层的金属储罐直接暴露在大气中，遭受着大气腐蚀。大气中的 SO_2、NO_2、H_2S、NH_3 等都会增加大气的腐蚀作用，加快金属储罐的腐蚀速率。

10.2.2.2　土壤腐蚀

稠油储罐的土壤腐蚀实际上是电化学腐蚀，其阴极过程为还原反应。在氧气充分的情况下，氢氧化亚铁将进一步氧化成氢氧化铁，氢氧化铁脱水后生成铁锈。

10.2.2.3 保温层水浸后的腐蚀

一般情况下，稠油或重质油储罐都有外保温层，保温层外面有防护铁皮保护，通过保温钉固定。这种结构遭受日晒雨淋之后可能造成保温钉处的电偶腐蚀，穿孔进水。一旦保温层中有了水，就会对储罐罐壁造成长期腐蚀。

10.2.2.4 微生物腐蚀

微生物腐蚀是指在微生物生命活动参与下所发生的腐蚀过程。凡同水、土壤或湿润空气相接触的金属设施，都有可能遭受微生物腐蚀。与腐蚀有关的主要微生物有 SRB、硫氧化菌和铁细菌。

10.2.3 储罐底板腐蚀

通过现场调研以及查阅文献和资料发现，储罐的腐蚀与防护的重点在于储罐的外部底板，其腐蚀速率约为 0.8mm/a。造成储罐底板外腐蚀的原因主要有以下几种。

10.2.3.1 氧浓差引起的腐蚀

引起罐底氧浓差的原因主要有以下两个。

1)"大阴极、小阳极"的形成。储罐坐落在砂基上，罐周围和罐中心部位的氧浓度存在差异。罐周围由于直接与大气接触，因此氧气比较充足；罐中心部位透气性比较差，造成罐中心缺氧。时间一长，罐周围氧气的聚集越来越多，形成富氧区。相反，罐中心氧气会越来越少，成为贫氧区。氧气多的地方就会成为阴极，发生还原反应。氧气少的地方就会成为阳极，发生氧化反应。因此，在罐中心部位就会发生腐蚀，开始时腐蚀可能比较小，但是随着时间的延续，在罐周围的阴极需要大量的电子，而罐中心的阳极就会丢失大量的电子，慢慢地在罐周围与罐中心就会形成大阴极与小阳极。这样就会加快罐中心部位的腐蚀速率。

2)满载与空载造成的氧浓差。稠油储罐由于比较频繁地装卸油品，使得储罐底部经常会和砂基接触不良，产生孔隙。例如，当储罐进油时，由于罐底受到重力作用会和砂基紧紧贴在一起，没有缝隙，这时罐底氧气就会不足，形成贫氧区。当储罐发油时，由于所受质量减轻，罐底会慢慢翘起，这时罐底就和砂基之间有了一定的缝隙，土壤中的氧气就迅速集中到那里，形成富氧区。所以，频繁地收发油，会加剧罐底的氧浓差腐蚀。

10.2.3.2 应力引起的腐蚀

储罐频繁地进行收发作业，导致罐底持续受到应力的作用。同时，与罐中和土壤中的腐蚀性介质接触就会使罐底发生应力腐蚀。应力腐蚀过程一般可分为 3 个阶段：第一阶段为孕育期，因腐蚀过程的局部化和拉应力的结果，使裂纹生成；第二阶段为腐蚀裂纹发展期，裂纹扩展；在第三阶段中，由于拉应力局部集中，裂纹急剧生长，导致材料破坏。所以，应力腐蚀是所有腐蚀类型中破坏性和危害性最大的一种。

10.2.3.3　杂散电流引起的腐蚀

杂散电流是土壤介质中导电体因绝缘不良而漏失出来的电流，或者说是正常电路以外流入的一种大小、方向都不固定的电流。杂散电流的主要来源是直流电、大功率电气装置，如电气化铁路、有轨电车、电解及电镀车间、电焊机、电化学保护设施和地下电缆等。对于由电焊机、电机车引起的杂散电流，其瞬变的电位可以很容易判断；而由于阴极保护稳定干扰源产生的杂散电流往往不易被发现，需要进行专门的检测。

10.2.3.4　接地极引起的电偶腐蚀

按规范要求，由于雷电和静电的存在，因此油罐必须接地。但是，当接地所用材料和罐底板的材质不同时会形成电偶，对罐底板造成电偶腐蚀。例如，当采用铜材接地时产生的腐蚀电流可用下式计算：

$$I = \frac{E_c - E_t}{R_c + R_t} \qquad (10-1)$$

式中　I——腐蚀电流，A；

E_c——罐底电位，V；

E_t——铜的接地电位，V；

R_c——罐的接地电阻，Ω；

R_t——铜的接地电阻，Ω。

10.2.4　储罐防护措施

针对稠油储罐可能发生的各种腐蚀，需要有针对性地进行相应的防护。通常，主要采用防腐涂料、阴极保护等技术来延缓储罐腐蚀，确保储罐安全运行，延长储罐使用寿命。

10.2.4.1　储罐内壁腐蚀防护

涂料防腐蚀是储罐防腐的主要手段之一，下面对几个主要防腐技术进行分析。

（1）储罐内防腐系统

不同的储罐应采用不同的防腐系统，同一储罐的不同部位应采用不同的防腐系统。就原油储罐而言，一般在罐顶、罐壁采用防腐涂料，罐底及油水分界线以下的壁板采用防腐涂料 + 阴极保护。其中，罐顶部位采用导静电涂料，油水分界线以下的壁板和储罐底板采用可与阴极保护相匹配的绝缘性防腐涂料，涂层厚度一般不低于 $350\mu m$。

与阴极保护配套使用的防腐涂层体系主要有：

1）无机富锌底漆 + 环氧云母中间漆 + 环氧面漆。

2）环氧富锌底漆 + 环氧云母中间漆 + 环氧面漆。

3）环氧玻璃鳞片厚浆涂料底漆＋环氧面漆。

对于防腐涂料的选择，底漆主要考虑附着力、防锈性、与面漆的结合性，中间漆主要考虑耐渗透性、与底漆面漆的黏结性，面漆主要考虑涂层的耐油性、耐水性、耐化学物质性等。一般在施加阴极保护的储罐罐底使用以上防腐涂层体系，目前国内外新建原油储罐的罐底板基本上都采用涂层与阴极保护联合的防腐措施。

（2）储罐内壁阴极保护

原油储罐油水分界线以下的壁板和罐底板由于长期浸泡在沉降水中，受到很强的电化学腐蚀，因此通常采用防腐涂料＋牺牲阳极阴极保护的联合防护措施。

储罐内壁阴极保护通常选用铝合金牺牲阳极。该阳极材料使用寿命长，发生电流较大，单位输出成本低，有自动调节输出电流的作用，且容易获得，制造工艺简单，冶炼及安装条件好。目前，牺牲阳极在储罐内部主要有焊接型和螺栓固定型。焊接型连接牢固，可以充分发挥阳极效能；螺栓固定型在检修时可以不动火更换，安装方便。两种安装型式均有优点，可根据储罐具体情况灵活选择。

10.2.4.2　储罐外壁腐蚀防护

（1）无保温层储罐的外壁

无保温层的储罐主要受到大气腐蚀，所以涂层选择以耐候型为主，储罐外壁防腐涂料应满足以下要求：底漆防锈能力强，与罐壁附着力好，且面漆、底漆配套系统中各层结合性好；涂层体系能防止各种工业的大气腐蚀，对大气腐蚀环境具有良好的稳定性；面漆的耐久性、防紫外线照射及对日晒雨淋的抵抗能力都比较强。

对于防腐涂料的选择，国内外情况大致相同，大量使用以富锌涂料为底漆，以环氧云铁涂料为中间漆，丙烯酸聚氨酯或氟碳为面漆的防腐体系。这种体系经过实验室紫外光连续照射、冷凝、循环以及烟雾实验，并通过大量的实际工程检验，有着良好的耐候性。

GB/T 50393—2017《钢质石油储罐防腐蚀工程技术标准》规定了在大气腐蚀环境下，防腐涂层应按照涂料的性能、使用温度范围的不同，采用醇酸、丙烯酸聚氨酯、氟碳、聚硅氧烷、环氧、环氧富锌等涂料；并且大气环境防腐蚀方案的设计应该符合下列规定：

1）直接受日光照射的储罐表面涂层应采用耐候型涂料。

2）储存轻质油品或易挥发有机溶剂介质储罐的防腐宜采用热反射隔热涂料，总干膜厚度不宜小于 $250\mu m$。

3）洞穴等封闭空间内储罐的腐蚀等级应比相应的大气环境提高一级。

4）在碱性环境中，不宜采用酚醛漆和醇酸漆涂料。

（2）有保温层储罐的外壁

涂料有保温层的储罐，保温层中含有大量的可溶性盐，在保温层损坏处露水和雨水容易进入，发生聚集。保温层中的氯化物溶解于水，变成很强的腐蚀性介质，非常容易通过涂层的针孔渗入底漆和金属基体之间，发生电化学腐蚀。因此，有保温层储罐比无保温层储罐的腐蚀更为严重。

为减缓有保温层储罐的腐蚀，首先应选择并做好保温防护层，其次要选好防腐蚀涂料体系的保温材料，应在满足基本防腐环境要求的前提下，尽量选择含水量小、导热系数低、易于施工的保温材料。GB/T 50393—2017《钢质石油储罐防腐蚀工程技术标准》规定在防腐蚀涂料体系的选择上，有保温层的地上原油储罐外壁应可不采用耐候型涂料，一般采用耐水性防腐蚀涂层，底漆宜采用富锌类防腐蚀涂料，面漆应采用耐水性防腐蚀涂料（环氧类、聚氨酯类），涂层干膜厚度不宜低于 150μm。另外，储罐底板外表面的防腐蚀涂层方案应符合表 10-2 中的规定。

表 10-2　储罐底板外表面防腐蚀方案

涂料种类	使用温度/℃	腐蚀等级 Ⅱ	腐蚀等级 Ⅲ	腐蚀等级 Ⅳ
		（干膜厚度/μm）/道数	（干膜厚度/μm）/道数	（干膜厚度/μm）/道数
环氧涂料	≤80	≥200/(2~3)	≥250/(2~4)	≥300/(2~5)
酚醛环氧涂料	≤200	≥200/(2~3)	≥250/(2~4)	≥300/(2~5)

GB/T 50393—2017《钢质石油储罐防腐蚀工程技术标准》也对储罐外壁采用阴极保护做了相应的规定，部分规定如下：

1）储罐罐底外壁宜采用外加电流的阴极保护。

2）要根据被保护储罐的规格及数目、土壤电阻率、化学成分、含氧量、pH 值，以及对临近金属构筑物的干扰等因素来合理设计储罐外壁的阴极保护系统。

3）储罐罐底外表面阴极保护电流密度裸钢部分宜取 $10~20mA/m^2$，有防腐涂层部分可适当降低。

4）当多座储罐联合阴极保护或储罐与埋地管道联合阴极保护时，辅助阳极可采用深井阳极地床、浅埋阳极地床或其相结合的方式。

10.2.4.3　罐边缘板腐蚀防护

近年来，稠油储罐边缘板的腐蚀防护越来越受到重视，以往这个方面被行业所忽视，导致稠油储罐由于边缘板的腐蚀破坏而缩减使用寿命。

储罐边缘板与储罐底板作为一个整体，并与储罐基础连接。储罐油品进出会造成储罐底板的位移变形，进而造成边缘板与基础之间形成裂纹和大的缝隙。如果防腐密封效果不好，雨水等腐蚀介质会进入储罐底板，造成严重的电化学腐蚀，降低储罐的使用寿命。储罐边缘板几何结构特殊，使得防腐施工较为困难，施工质量难以控制；并且，边缘板受到大气和土壤的双重腐蚀作用，腐蚀环境恶劣；因此，对储罐罐底边缘板防腐技术要求较高，施工难度较大，需要专门的防腐材料和防腐技术。

GB/T 50393—2017《钢质石油储罐防腐蚀工程技术标准》规定储罐底板的防护区域包括以下部位：壁板底部向上 150mm、边缘板罐外伸出部分、储罐基础上表面外露部分 200mm 或储罐基础上表面全部外露部分和储罐基础侧壁顶部 100mm；并对边缘底板的防护材料做了下列规定：

1）在高温和低温环境时应保持良好的防水、防紫外线、高黏接性、防腐蚀性能、耐候性、弹性和密封性能。

2）使用温度范围内应能有效地阻止水、氧、微生物及腐蚀介质进入储罐底部边缘板与混凝土基础之间的缝隙，不渗透、不泄漏，并能长期保持密封性能。

3）使用温度范围内应避免老化、固化产生的开裂、泄漏等造成的防水失效。

10.3 三相分离器腐蚀与防护

目前，我国东部油田原油综合含水率平均在 90% 以上，并采用矿化度高的污水回注采油，三相分离器的腐蚀日趋加重，严重影响了生产的正常进行。在生产中，发现三相分离器的腐蚀主要集中在分离器的底部、聚结板周向板材及焊缝处、内构件的支撑、进油管线、出油管线及出水管线等部位。

10.3.1 腐蚀机理

10.3.1.1 污水介质引起的腐蚀

污水介质具有矿化度高、腐蚀性强的特点，其中 Cl^-、HCO_3^-、SO_4^{2-}、S^{2-}、SRB 及 CO_2 对三相分离器的腐蚀产生严重的影响。由污水介质引起的腐蚀主要有以下两种形式。

（1）缝隙腐蚀

在三相分离器内，有些金属构件与容器本体内壁焊接接头缺陷处可能出现很窄的缝隙。Cl^- 具有极强的活性和穿透性，进入缝隙内与 Fe^{2+} 结合，会使缝内金属与缝外金属形成短路原电池，结果是缝内富集 Cl^-，且 $FeCl_2$ 等金属盐浓度增加。由于氯化物的水解作用，缝隙内 pH 值降低，其中的金属始终处于活化状态，溶解腐蚀速度增大。此过程为自催化腐蚀溶解过程，沿缝隙方向腐蚀迅速深化，甚至使容器壁腐蚀穿孔，导致设备泄漏，影响生产。

此外，容器底部积聚的泥砂等物质沉积在容器内，与钢板形成了缝隙；容器内的防腐层起泡脆裂时，防腐层与钢板表面间也形成了缝隙，容器发生缝隙腐蚀，在三相分离器内金属表面形成深浅不一的蚀坑。另外，当使用焊条的耐蚀性比容器本体差时，焊缝区域成为阳极，容器本体成为阴极，构成了大阴极小阳极的腐蚀电池，形成缝隙腐蚀，其腐蚀速率相比与其他腐蚀电池可增加几十倍甚至上百倍，焊缝很快溶解穿孔。

（2）细菌腐蚀

从水质分析可知，污水中 SRB 含量高。SRB 为厌氧菌，密闭的三相分离器底部积聚的污泥为其生长繁殖提供了良好的环境。SRB 参加电极反应，将可溶硫酸盐转化硫化氢，并和铁作用生成硫化亚铁。由于生成硫化氢，三相分离器内污泥中 H^+ 浓度增大，阴极反应中氢的去极化作用加强，腐蚀速率加快。

电极反应：

$$阳极：Fe - 2e^- \longrightarrow Fe^{2+}$$
$$阴极：H^+ + e^- \longrightarrow H$$

细菌参加的阴极反应：

$$8H + CaSO_4 \xrightarrow{\substack{细菌\\反应}} H_2S + 2H_2O + Ca(OH)_2$$
$$H_2S \longrightarrow H^+ + HS^-$$
$$Fe^{2+} + HS^- \longrightarrow FeS \downarrow + H^+$$
$$Fe^{2+} + 2OH^- \longrightarrow Fe(OH)_2 \downarrow$$

SRB 的作用促进了阳极反应的进行，加快了对三相分离器的腐蚀。

10.3.1.2　由介质冲刷形成腐蚀

从各地三相分离器本体腐蚀穿孔部位来看，腐蚀主要集中在容器内放置聚结板的周向器壁及焊缝处，这是由于介质冲刷形成的。由于聚结板的存在，缩小了此处的流道，因此流经聚结板的流体流速高于容器其他部位，不断对此处器壁和焊缝产生冲刷。介质中含有大量的泥沙及沥青质，在流经聚结板时吸附积聚在其表面上，使流经孔道逐渐减小甚至堵塞，造成介质流速更大，进而加快冲刷腐蚀速率，致使三相分离器内放置聚结板的周向器壁及焊缝处产生腐蚀穿孔。

10.3.2　影响腐蚀的因素

10.3.2.1　污水水质

聚结板和水室浮球直接泡在污水里，当其外部的防腐层遭到破坏时，金属便裸露在污水里，就会发生电化学腐蚀。污水的矿化度越高，污水引起的金属电化学腐蚀就越厉害。胜利油田的污水矿化度高、游离 CO_2 含量高，所以分离器的腐蚀速率较快。污水里又含有较多的 Cl^-，而 Cl^- 具有较强的穿透能力，能穿透金属保护膜，从而加快腐蚀速率。污水里含有较多的 SRB，造成金属的细菌腐蚀，SRB 的含量越高，金属的腐蚀速率越快。所以，污水水质是影响三相分离器腐蚀的主要因素。

10.3.2.2　分离器的操作温度

分离器的操作温度一般为 50~60℃，该温度较高，有利于腐蚀介质的运动，从而加快腐蚀速率。

10.3.2.3　分离器的内部结构

由于施工质量差，容器内壁与金属构件接触处防腐措施不到位，直接暴露在腐蚀介质中，从而加快分离器本体的腐蚀速率。

三相分离器采用聚结板对油水混合物整流、聚结，但液体通过时的速度较大，必然对聚结板与分离器接触部分的器壁和焊缝产生冲刷，对此处防腐层造成破坏，使金属裸露出来而形成冲刷腐蚀。油水中大量的泥砂及沥青质吸附在聚结板，使流经的孔道逐渐减小甚至堵塞，油水流速加大，加快冲刷腐蚀的速率。同时，施工质量差导致聚结板固定不牢多处脱落，在液流的冲击下，脱落的聚结板不断摩擦分离器筒体内壁，造成分离器筒体内壁多处防腐层破损，导致破损处直接暴露在污水中，从而加快腐蚀速率。

10.3.2.4　分离器的焊缝

生产中发现分离器底部的焊缝处容易发生腐蚀，即焊缝腐蚀。形成焊缝腐蚀的主要原因有：一是焊接热影响区，在焊接时温度升高到约 1200℃，焊缝和本体局部受热，产生热应力，造成应力腐蚀；二是焊缝材料与本体材料不同，产生电极电位的差异，形成电偶腐蚀。

10.3.2.5　分离器的内部积砂

分离器底部积砂时，与钢板形成了缝隙，底部防腐层起泡脆裂时，防腐层与钢板表面也形成了缝隙，容易发生缝隙腐蚀。

10.3.3　防护措施

1) 施工制造时，注意容器本体材料与焊条的配伍性，选择使用比本体更耐腐蚀的材料做焊条，对容器内金属构件与本体的焊缝要全面防腐。在安装、拆卸分离器内部构件时，尽量避免对内部防腐层的破坏。

2) 对容器采用牺牲阳极和防腐涂料的联合保护。在集输管线端点投加杀菌剂和缓蚀剂，能够缓解水质对三相分离器的腐蚀。

3) 及时排出分离器内部的积砂等，减轻容器底部的焊缝腐蚀和细菌腐蚀。

4) 定期对三相分离器进行全面检查，及时发现腐蚀问题并加以解决。

5) 尽量选择较低的分离温度，以降低金属的电化学腐蚀速率，从而减轻分离器的腐蚀程度。

6) 对现场的三相分离器进行技术改造，加固聚结板，防止聚结板脱落在容器内造成摩擦冲撞，并在放置聚结板处增加挡水板，以解决油水对容器本体的冲刷腐蚀问题。

7）在分离器的使用过程中，要能够定时进行清理与排污，可有效预防容器内部的细菌腐蚀与焊缝腐蚀。另外，在清理管盘之间的积砂时，一定要清理干净，同时注意不能二次破坏内部防腐层。

8）要保证液体中投放的杀菌剂充足，能充分杀死其中的 SRB，从而减少分离器内部的细菌腐蚀。

10.4　加热炉腐蚀与防护

加热炉是稠油集输过程中广泛使用的加热设备。在联合站内，稠油经过加热炉可提高其温度及破乳能力。在稠油进行外输时，提高油品温度，确保中后端稠油处理工艺的顺利进行。

在联合站现场的使用过程中，加热炉特殊的运行环境使加热炉的腐蚀日趋严重，严重影响了加热炉的使用寿命和可靠性。

加热炉以水为载热体（水浴）对稠油进行加热。在加热炉中稠油走管程、水浴于炉壳，其结构如图 10 - 7 所示。

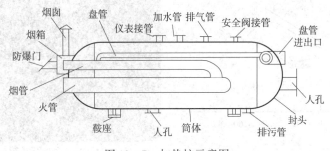

图 10 - 7　加热炉示意图

10.4.1　腐蚀机理

10.4.1.1　氧腐蚀

氧腐蚀是加热炉最主要也是最严重的腐蚀因素。氧在腐蚀过程中起去极化剂作用，属于吸氧腐蚀。氧腐蚀与温度、流速、pH 值、含盐量等诸多因素有关。对于水源确定的密闭系统而言，氧腐蚀的腐蚀速率随温度升高一直呈直线上升趋势；对于开路系统而言，氧腐蚀速率随温度升高先增大后减小。温度、流速、盐含量等对氧腐蚀速率的影响主要是通过影响氧在水中的溶解度来实现的。

加热炉水源在采取及输送过程中，一直暴露于空气中，水中溶解氧基本达到饱和状态；而加热炉在运行过程中只有很小的一根管（补水口）与大气接通，因此基本可以认为加热炉属于密闭系统；另外，炉水处于停滞状态，使水中的溶解氧很难释放出来，随着炉水温度的升高，氧腐蚀速率呈正比例增加。炉水温度对不同系统氧腐蚀速率的影响如图10 - 8所示。

　　氧腐蚀在加热炉中的任何部位均有发生，在加热盘管上部和烟气管上最为严重，这是因为氧在水中的溶解度随温度升高而变小，溶解氧逐渐释放出来向上涌动，但不能流向炉外，使炉水上部溶解氧达到饱和，氧还以气泡的形态吸附于盘管上；此外，在整个炉水的微循环体系中，加热管盘上部及烟气管周围的水温要明显高于其他部位，所以在加热管盘上部和烟气管上氧腐蚀最为严重。

　　氧腐蚀的形态主要为溃疡型和斑点状的局部腐蚀及均匀腐蚀，如图10 - 9所示。随着炉水温度升高，水中的离子发生变化而使 pH 值逐渐升高，使腐蚀产物极易发生二次沉积，再加上未对炉水进行阻垢处理而结垢，锈和垢的附着使碳钢产生氧浓差电池而发生垢下腐蚀；在微碱性条件下，其腐蚀产物愈积愈多，呈现出毛刺状及锈瘤，进而加剧氧浓差腐蚀。

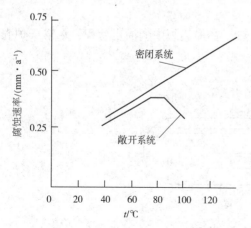

图10 - 8　炉水温度对不同系统氧腐蚀速率的影响

图10 - 9　氧引起的腐蚀形态

10.4.1.2　腐蚀性离子的腐蚀

　　炉水中 Cl^- 及 SO_4^{2-} 等能穿透保护膜对金属产生腐蚀，同时还会妨碍钝化膜的生成，使炉水在不流动的情况下极易产生点蚀。这种腐蚀在炉壳水侧任何部位均有发生，特别是热负荷较高的烟气管及炉膛水侧外壁等处，在壁温较高时，极易使 Cl^- 及 SO_4^{2-} 发生局部浓缩而增大发生点蚀的可能性。

10.4.1.3　酸腐蚀

　　酸腐蚀主要为析氢腐蚀。在加热炉中，酸腐蚀主要发生在烟气管水侧外壁及炉壳上部，这是因为：

1)加热炉使用的水为地下水,而地下水中一般都含有一定量的溶解性 CO_2,在炉水受热后会很快释放出来而吸附于金属表面产生 CO_2 腐蚀。

2)水中的碳酸盐在受热后发生分解,引起局部区域的 pH 值下降而产生腐蚀:

$$2HCO_3^- \longrightarrow CO_2 + CO_3^{2-} + H_2O$$

酸腐蚀主要是均匀腐蚀,对金属腐蚀程度及构件强度的影响不大,但是腐蚀产物(Fe^{2+} 和 Fe^{3+})容易在炉内产生铁垢继而产生垢下腐蚀。

10.4.1.4　铁垢腐蚀

氧化铁垢不仅影响传热(其导热系数远远小于一般污垢),更为严重的是使金属材质变薄、凹陷甚至穿孔。这类腐蚀主要发生在炉膛水侧壁及烟气管水侧壁表面。

加热炉水中铁离子及其他腐蚀离子的存在,使碳钢金属表面产生一层氧化铁垢。高热负荷部位的氧化铁极易引发氧化铁垢下腐蚀。氧化铁垢下腐蚀是由下列原因引起的:

1)氧化铁作为电化学腐蚀的阴极,在加热条件下,垢下面的氧化铁膜遭到破坏,使裸露的金属碳钢变为阳极而在水中产生腐蚀。

阳极反应:$Fe \longrightarrow Fe^{2+} + 2e^-$

阴极反应:$Fe(OH)_3 + e^- \longrightarrow Fe(OH)_2 + OH^-$

$$Fe_3O_4 + H_2O + 2e^- \longrightarrow 3FeO + 2OH^-$$

腐蚀产生氧化铁垢,氧化铁垢的存在会促进此类腐蚀的发展,互为因果、相互促进,使金属产生严重的垢下腐蚀。

2)在热负荷较高的部位,垢下的水急剧浓缩而产生碱性等环境下的腐蚀。

3)在垢下因金属过热而产生汽水腐蚀:

$$3Fe + H_2O \longrightarrow Fe_3O_4 + H_2$$

氧化铁垢的腐蚀形态主要表现为:较大面积的结垢腐蚀,垢呈黑褐色鱼鳞状,垢下金属大部分遭到腐蚀,呈现凹凸不平的麻坑。这种垢较硬,一般很难除去。

10.4.1.5　干湿线腐蚀

干湿线腐蚀属局部腐蚀的范畴,发生在空气与水的界面处,由于界面上下干湿交替而产生氧浓差电池发生腐蚀。这种腐蚀发生较普遍,其腐蚀形态为干湿线处出现一条腐蚀沟槽。

10.4.1.6　碱腐蚀

碱腐蚀在加热炉中出现的概率较少,主要由于碱度在热负荷较高的部位发生浓缩使氧化物保护膜溶解而失去保护作用,从而使金属产生腐蚀。

$$Fe_3O_4 + 4NaOH \longrightarrow 2NaFeO_2 + Na_2FeO_2 + 2H_2O$$

$$Fe + 2NaOH \longrightarrow Na_2FeO_2 + H_2$$

这类腐蚀主要发生在热负荷较高的炉膛水侧壁、烟气管水侧壁及弯管等应力集中处，腐蚀形态呈沟槽或凹陷等的局部溃疡状腐蚀。

10.4.2　加热炉防腐蚀措施

加热炉的腐蚀一般不会单独以一种形式出现，而是多种形式同时出现，有的互为因果、有的互相促进。为解决加热炉的腐蚀问题，提出以下措施。

1）加热炉进行清洗或煮炉，彻底去除锅炉内存在的污垢及铁锈，并对其进行预膜和钝化处理。

2）对加热炉进水水源进行彻底除氧。

3）控制锅炉水的 pH 值和碱度，防止腐蚀产物混入加热炉。

4）对加热炉给水进行缓蚀和阻垢处理，加入缓蚀剂和阻垢剂。

5）加热炉停炉时，防止空气进入停运的锅炉内，保持停运加热炉的金属表面充分干燥，使用缓蚀剂在金属表面生成保护膜，缓解金属腐蚀。

10.5　集输与处理系统腐蚀结垢与防护

10.5.1　腐蚀结垢机理分析

垢物一般都是低溶解度的难溶或微溶盐类，它们具有固定晶格，单质垢物致密且坚硬。垢物的生成主要取决于盐类是否过饱和以及盐类结晶的生长过程。目前，较为成熟的结垢理论主要有以下 3 种。

（1）不相溶理论

两种化学不相溶的液体相混，因为含有不同种类离子或不同质量浓度的离子，所以会产生不稳定且易于沉淀的物质。例如，水型为 $NaHCO_3$ 的油井与水型为 $CaCl_2$ 的油井采出物混输后容易在集输系统产生结垢现象。

（2）热力学条件变化理论

当集输系统热力学和动力学条件不变时，即使有不相溶的离子，并且为过饱和溶液也会处于稳定的状态。但在油水井生产的过程中，只要压力下降、温度上升或流速变化，高矿化度水就容易结垢，对钙盐而言恰好相反。

（3）吸附理论

结垢过程分为析出、长大和沉积 3 个阶段。垢是晶体结构，管道设备表面是凹凸不平的毛糙面，垢离子会吸附在壁面，以其为结晶中心，不断长大，成为致密坚实的垢物。在集输系统中，垢物的形成过程往往是一个混合结晶的过程，原油中含有大量的水，水中的悬浮粒子可以成为晶种，粗糙的表面或其他杂质粒子都能强烈地催化其结晶过程，使得溶液在较低的饱和度下就会结晶。

10.5.2 腐蚀结垢原因分析

近年来对集输系统垢的成分分析和沉积机理研究表明，含油污水高矿化度、高含砂量、富含成垢离子、异型水混输、输液介质及压力温度变化等是造成集输系统腐蚀结垢严重、使用寿命缩短的主要原因。

(1)污水矿化度高导致电化学腐蚀严重

采出液中含油污水不仅矿化度高(大于 $4 \times 10^4 mg/L$)，氯离子含量高(大于 $3 \times 10^4 mg/L$) 和 pH 值低，而且含有 CO_2 以及 SRB 等。这些因素使污水成为腐蚀性极强的介质、使得输液介质电导率高，造成电化学腐蚀严重。特别是在设备焊接部位，因材质不均匀形成原电池，造成阳极区金属溶解，导致设备焊接部位穿孔事故。

(2)采出液中的砂造成磨损和腐蚀严重

油藏地层胶结疏松，出砂量大，采出液综合含水率高，因而携砂能力降低。在集输过程中，采出液与管道容器内表面摩擦，使管道容器内表面磨损并产生热能，从而使管道容器表面铁分子活化。而采出液含有大量高矿化度的水，具有强腐蚀性，使磨损处优先被腐蚀。

(3)磨损、腐蚀、结垢三者协同作用

集输系统中的腐蚀产物导致管材表面粗糙度增大，易于沉淀物附着。因此，腐蚀也是影响结垢的重要原因。磨损使管道容器内表面变得更粗糙，从而加速腐蚀，而粗糙的表面结垢更为严重。磨损、腐蚀和结垢并非简单的叠加，而是相互作用、相互促进，三者结合具有更大的破坏性。

(4)采出液中富含成垢离子导致结垢

采出液含油污水中的钙、镁等离子的存在、高矿化度、高侵蚀性 CO_2 和高 HCO_3^- 含量，存在一定的电化学腐蚀和 CO_2 腐蚀，系统由于富含成垢离子导致结垢。

(5)异型水水质不配伍混输时结垢

集输系统中同时输送各个地层的采出液，含油污水水质差异较大，现有的污水处理药剂对系统水质的适应性差，特别是杀菌剂的效果不明显，加药方案存在缺陷和不足，存在水质不配伍的问题导致结垢现象严重。

(6)输送介质及条件变化促使结垢

输送介质中的 CO_2 引起的电化学腐蚀主要与温度和 CO_2 分压有关。随着温度升高，CO_2 的腐蚀速率先升高后降低，在 80℃ 左右时腐蚀速率最大。随着 CO_2 分压升高，腐蚀速率也增大。CO_2 分压较低时，基本表现为均匀腐蚀，没有出现较大的蚀坑；CO_2 分压较高时，腐蚀形貌趋向于局部腐蚀，促使结垢。

10.5.3 腐蚀结垢的防治

根据"防治结合"的原则，对腐蚀结垢的集输系统实施综合配套的防治措施，主要从以下几个方面着手进行工艺改进。

(1)大站分水与一站双线流程

将采出液在大站进行分水处理。先脱出游离水，再将脱出的游离水用沉降过滤、加药处理和回注等方式再利用。并对集输系统站线流程进行技术改造，降低单线流程压力，将单线流程增为双线流程，合理调度运行，定期对管道进行清洗除垢，能有效地防止和控制腐蚀结垢的产生。

(2)实行异水型水分开输送

将采出液经过滤分离处理，再分开输送异水型水。在集输过程中，避免异水型水混输，这样可以避免统一混输造成的不同水型水质配伍性差而结垢的问题。

(3)采用非金属管道替代普通钢管道

针对采出液中含油污水矿化度高、电导率高和电化学腐蚀严重的问题，将普通钢管道更换为非金属管道，防止电化学腐蚀结垢。

(4)集输系统设备的内腐蚀处理

通过相应的工艺处理，在集输系统内表面形成一层覆盖膜，可以将金属与腐蚀介质隔开，从而达到抑制腐蚀的目的。使用的涂层主要有金属涂层和非金属涂层，根据现场实际合理运用。

(5)酸洗清垢

对已经存在腐蚀结垢的集输系统进行酸洗，清洗液多选择多元酸和复合酸等弱酸，现场清洗剂进入集输系统后反应 $2 \sim 3h$，使垢物反应离解为疏松细粉状沉淀，再大水冲洗完成清垢。

(6)缓蚀阻垢剂的应用

阻垢剂通过反应加络合机理和吸附机理发挥其阻垢作用。反应加络合机理使缓蚀阻垢剂在水中离解后产生阴离子与成垢金属阳离子生成稳定的络合物，其实质是增大盐垢的溶解量。就目前状况而言，腐蚀和结垢在整个集输系统中普遍存在。对腐蚀和结垢的控制，要从加剂点、加剂质量浓度、缓蚀阻垢剂类型、加剂方式等各个方面进行研究和试验，最终确定比较符合实际的工艺。

10.6 注水管线腐蚀与防护

10.6.1 注水管线的腐蚀原因分析

(1)SRB 对注水管道的影响

在油田注水系统中,细菌对注水系统会产生严重的危害,使注水水质变差,造成注水管道的腐蚀穿孔。SRB 直接参与反应,在 SRB 菌落下面的管道直接造成点蚀,细菌活动产生 H_2S,进而引起 H_2S 腐蚀。在注水管道中,SRB 的腐蚀机理可由去极化理论来解释,即 SRB 加速阴极去极化作用,从而加速腐蚀过程。由 SRB 活动产生的细菌氢化酶保证阴极反应所需要的氢,也决定阴极去极化和金属腐蚀速率,由于在金属表面的沉积增加了阴极面积,因此有利于氢的还原,也加速了金属的局部腐蚀。

(2)CO_2 对注水管线的影响

CO_2 在注水管道中的腐蚀机理比较复杂,碳钢在 CO_2 水溶液中的腐蚀通常表现为全面腐蚀和典型沉积物下的局部腐蚀,其实质是 CO_2 溶于水形成 HCO_3^-,电离出 H^+ 的还原过程。

其腐蚀反应为:

$$CO_2 + H_2O + Fe \Longrightarrow FeCO_3 + H_2 \uparrow$$

其中,注水温度影响 CO_2 在注水水体中的溶解度,温度升高,溶解度降低;同时,注水温度还影响 CO_2 电化学反应的速度以及腐蚀产物膜的结构组成和稳定性。当注水温度小于 60℃时,腐蚀产物膜为 $FeCO_3$,此时 $FeCO_3$ 膜松软无附着力,易脱落不能形成保护膜,CO_2 对注水管道的腐蚀作用较大;当注水温度为 60~80℃时,生成致密具有保护作用的 $FeCO_3$ 膜,此时 CO_2 对注水管道的腐蚀作用较小。因此,选择合适的注水温度可以减缓 CO_2 对注水管道的腐蚀作用。

(3)Cl^- 对注水管道的影响

研究表明,介质中的 Cl^- 会促进碳钢、不锈钢等金属或合金的局部腐蚀。在氯化物中,铁及其合金均可产生点蚀,Cl^- 的存在可以加速金属的腐蚀作用。当 Cl^- 含量较高时,在阳极区产生坑蚀并不断扩展。此外,由于 Cl^- 半径较小,因此易穿透保护膜,使腐蚀加剧,产生局部腐蚀。随 Cl^- 浓度增加,点蚀电位负移,意味着随侵蚀性离子浓度的增加,钢铁表面钝化膜稳定性下降。因此,Cl^- 对金属管道腐蚀影响很大,需要引起重视。

10.6.2 注水管线腐蚀防护

(1)改换管线

对不满足强度要求的管线及时进行更换;对于新建管线,选择质量好的内防腐涂料,做好内防腐层检验，确保内防腐层的可靠、稳定，降低内防腐层在使用过程中的脱落。

（2）加强对回注污水的监控和监测

严格控制污水中溶解氧、SRB 等的浓度，使注水水体略呈碱性；对注水水体进行超声波或放射线照射杀死 SRB；阴极保护和有机涂层联合使用；在注水中交替使用几种经济、有效的杀菌剂，以降低污水对管线腐蚀的程度；对管线的运行进行动态监控，按规范要求定期对管线进行全面检测，防止由于局部的过度腐蚀，最终造成管线强度失效及系统安全失效，形成不可估量的后果，做到预防为主。

（3）涂层防腐

对于油田注水管线的防腐治理，涂层防腐是最常见的措施，同时能够得到最好的效果。一般而言，涂层防腐是利用表面处理技术来完成，按照物理方法、化学方法来操作，利用包裹层、金属镀层等方式，在防腐的开展过程中，有针对性地进行完善，这样不仅在综合解决腐蚀问题上取得较好的效果，同时降低了防腐成本。

10.7   污水处理系统腐蚀与防护

10.7.1   污水处理系统腐蚀原因

（1）SRB

细菌是引起管线腐蚀最重要的因素。SRB 是一种厌氧菌，油田回注水水质条件适合其生长，导致其大量繁殖，造成油套管和污水管线等设备的腐蚀穿孔。SRB 腐蚀的作用机理主要是阴极去极化理论。SRB 所含的氢化酶能使其利用在阴极区产生的氢将硫酸盐还原成硫化氢，从而在厌氧电化学腐蚀过程中，起到阴极去极化剂的作用，加速金属腐蚀。

（2）Cl^- 含量

Cl^- 主要使管道腐蚀成点孔状。凝析液、地层水、残酸中的 Cl^- 击穿油管壁上的液膜，导致点蚀的产生，在 Cl^- 击穿的地方就成为阳极，未被击穿的地方就成为阴极，这样一来就形成腐蚀电池。由于阳极面积比阴极面积小得多，阳极电流密度很大，因此，油管外壁很快腐蚀成小坑。同时，由于天然气中硫化氢溶解后解离使铁原子间键的强度减弱，铁更容易进入溶液，加速阳极腐蚀并防止点孔钝化使点孔腐蚀加剧。

（3）矿化度

矿化度对污水处理系统腐蚀的影响十分显著，腐蚀速率随矿化度的增加而增大。

（4）溶解氧

污水站中污水溶解氧含量越高，污水接收系统的腐蚀就越严重，管线会因产生严重的氧腐蚀而穿孔。

（5）pH 值影响

污水 pH 值的大小严重影响污水处理系统的腐蚀程度。在酸性条件下，钢铁材料的腐蚀会加剧。

（6）冲刷腐蚀

污水中含砂量相对较多，在弯管等处很容易产生冲刷腐蚀。

（7）药剂影响

药剂包括缓蚀剂、净水剂、絮凝剂等，会对水质 pH 值产生影响，从而造成腐蚀。

10.7.2 污水处理系统防护措施

对污水处理系统的防腐措施主要如下。

1）将污水站低压金属管线更换为非金属管线，玻璃钢管线连接、玻璃钢管线与阀门连接采用承插式连接。

2）将接收罐进口弯头（普通材质金属弯头）更换为抗冲刷的改型弯头（如掺陶瓷的金属弯头、方墩直角弯头）。

3）污水站增设除氧剂加注流程，减少污水站"暴氧"腐蚀。

4）对污水站加注的药剂进行改性处理，以减缓所加药剂对污水管线的腐蚀。

5）定期对沉降罐进行开罐检查、处理，将沉降罐中心筒更换为耐腐蚀材质或有涂层处理的中心筒等。

参考文献

[1] 孙丽艳. 海上稠油油田聚驱后提高采收率方法研究[D]. 大庆：东北石油大学，2014.

[2] 周林碧，秦冰，李伟，等. 国内外稠油降黏开采技术发展与应用[J]. 油田化学，2020，37(03)：557 – 563.

[3] 王玉江. 腐蚀控制技术在胜利油田地面工程的应用[J]. 腐蚀科学与防护技术，2012，24(5)：433 – 435.

[4] 张家烨，于兴河. 稠油开发技术进展及未来展望[J]. 内蒙古石油化工，2019，45(05)：77 – 82.

[5] 王启军，陈建渝. 油气地球化学[M]. 武汉：中国地质大学出版社，1998，327.

[6] 陈建渝，李水福，田波，等. 垦西 – 罗家油区稠油成因[J]. 石油与天然气地质，1998(03)：78 – 83.

[7] 迟亚奥. 吐哈盆地台南凹陷稠油地球化学特征及成因[D]. 大庆：东北石油大学，2016.

[8] 刘华，蒋有录，龚永杰，等. 东营凹陷新立村油田稠油成因[J]. 新疆石油地质，2008(02)：179 – 181.

[9] 高长海，张新征，王兴谋，等. 济阳坳陷三合村洼陷古近系原生型稠油成因机制[J]. 地球科学与环境学报，2018，40(02)：176 – 185.

[10] 吕文东. 稠油催化改质降黏催化剂的制备及其应用[D]. 抚顺：辽宁石油化工大学，2020.

[11] 袁伟杰，杨镒泽，吴变. 稠油的分类及流动性影响因素分析[J]. 中国石油和化工标准与质量，2014，34(05)：184.

[12] 马洪伟. 提高超稠油蒸汽吞吐效果综合对策研究[D]. 大庆：东北石油大学，2012.

[13] 安毅. 辽河稠油乳化降黏管输研究[D]. 大庆：东北石油大学，2018.

[14] Kou J., Jiang Z. M., Cong Y. Y. Separation characteristics of an axial hydrocyclone separator[J]. Processes，2021，9(12)：2288.

[15] Kou J., Li Z. Y. Numerical simulation of new axial flow gas – liquid separator[J]. Processes，2021，10(1)：64.

[16] Kou J., Chen Y., Wu J. Q. Numerical study and optimization of liquid – liquid flow in cyclone pipe[J]. Chemical Engineering and Processing Process Intensification，2020，147：107725.

[17] Kou, J., Yang, W. Application progress of oily sludge treatment technology[J]. 2011 International Conference on Electric Technology and Civil Engineering (ICETCE)，2011：1059 – 1062.

[18] Kou, J., Yang, W. Prospects of oil field wastewater treatment technology[J]. 2011 International Conference on Electric Technology and Civil Engineering (ICETCE)，2011：1399 – 1402.

[19] Kou, J., Yang, W. Study on energy consumption analysis and application of oil gathering station[J]. Advanced Materials Research，2012，524 – 527：1899 – 1904.

[20] Kou, J., Zhang, X., Cui, G, et al. Research progress on the cathodic protection current and potential distribution of the tank bottom plate[J]. Corrosion Reviews，2016，34(5 – 6)：277 – 293.

[21] Xiao R. G., Wei B. Q., Chen G, et al. The research on dehydrating of heavy oil by ultrasonic[J]. 2011 Second International Conference on Mechanic Automation and Control Engineering，2011：4598 – 4601.

[22]徐冰，齐超，吴玉国．稠油流变特性研究进展[J]．当代化工，2016，45(08)：1955 - 1958.

[23]周雄，陈雄，梁金禄，等．油田集输稠油的流变性及转相特性[J]．北部湾大学学报，2020，35(06)：28 - 32.

[24]严其柱，王凯，薛二丽，等．河南油田含水稠油粘温关系的研究[J]．油气储运，2005(12)：36 - 41 + 84 + 85 + 73.

[25]杨金辉．稠油流变性及其对渗流的影响研究[D]．北京：中国地质大学(北京)，2018.

[26]李美蓉，齐霖艳，王伟琳，等．胜利超稠油的乳化降黏机理研究[J]．燃料化学学报，2013，41(06)：679 - 684.

[27]盖平原．胜利油田稠油黏度与其组分性质的关系研究[J]．油田化学，2011，28(01)：54 - 57 + 27.

[28]曹学文，寇杰，林宗虎．在线多相流量计测试技术及选型分析[J]．计量技术，2002(03)：13 - 14.

[29]曹学文，林宗虎，耿艳峰，等．在线多相流量计测量技术研究[J]．中国海上油气工程，2002(02)：37 - 40.

[30]曹学文，林宗虎，黄庆宣，等．新型管柱式旋流气液分离器的设计与应用[J]．油气田地面工程，2001(06)：41 - 43.

[31]寇杰，王冰冰，张益华．原油超声降黏机制[J]．中国石油大学学报(自然科学版)，2019，43(05)：185 - 190.

[32]寇杰，王德华，王冰冰，等．20#钢在油田采出液中的腐蚀行为研究[J]．石油化工高等学校学报，2019，32(05)：76 - 82.

[33]寇杰，丛轶颖，王德华，等．轴流导叶式旋流分离器研究进展[J]．化工机械，2018，45(04)：406 - 410.

[34]寇杰，宫敬，曹学文．圆柱式气液旋流分离器的性能评价[J]．中国石油大学学报(自然科学版)，2008(04)：99 - 102 + 108.

[35]寇杰，宫敬，黄玉惠．稠油掺水集输水力热力耦合模型与现场试验研究[J]．油气田地面工程，2008(02)：18 - 20.

[36]寇杰，何利民．除油水力旋流器溢流口结构试验研究[J]．石油机械，2000(11)：22 - 25.

[37]王秋语，何胡军．国外热力采油技术进展及新方法[J]．中外能源，2013，18(08)：33 - 38.

[38]张韵洁．稠油蒸汽吞吐开采工艺技术措施[J]．化工设计通讯，2018，44(01)：59.

[39]张锋．稠油蒸汽吞吐开采技术的发展历程与应用[J]．中国新技术新产品，2015(06)：73.

[40]宫臣兴，李继红，史毅．稠油开采技术及展望[J]．辽宁化工，2018，47(04)：327 - 329.

[41]依沙克·司马义，阿依夏木·牙克甫．稠油开采技术现状及展望[J]．化工管理，2019(17)：217 - 218.

[42]周林碧，秦冰，李伟，等．国内外稠油降黏开采技术发展与应用[J]．油田化学，2020，37(03)：557 - 563.

[43]张方礼．火烧油层技术综述[J]．特种油气藏，2014，18(06)：1 - 5 + 65 + 123.

[44]Xiuluan Li, Lanxiang Shi, Haozhe Li, et al. Experimental study on viscosity reducers for SAGD in developing extra-heavy oil reservoirs[J]. Journal of Petroleum Science and Engineering, 2018: 166.

[45]Yanyong Wang, Shaoran Ren, Liang Zhang. Mechanistic simulation study of air injection assisted cyclic steam stimulation through horizontal wells for ultra heavy oil reservoirs[J]. Journal of Petroleum Science and Engineering, 2018: 172.

[46] 余洋，刘尚奇，刘洋. 蒸汽辅助重力泄油开发过程及机理研究综述[J]. 科学技术与工程，2021，21 (12)：4744－4751.

[47] 许华儒. 低渗透稠油油藏径向井压裂辅助蒸汽吞吐产能评价[D]. 青岛：中国石油大学（华东），2016.

[48] A. Rangriz Shokri, T. Babadagli. Field scale modeling of CHOPS and solvent/thermal based post CHOPS EOR applications considering non-equilibrium foamy oil behavior and realistic representation of wormholes [J]. Journal of Petroleum Science and Engineering, 2016, 137.

[49] 察兴辰. 新疆油田 CO_2 辅助蒸汽吞吐技术研究[J]. 石油化工高等学校学报，2017，30 (03)：39－43.

[50] 梁尚斌. 塔河油田深层稠油掺稀降黏技术研究与应用[D]. 成都：西南石油大学，2006.

[51] 王江，王恒贵，汪海龙. 振动采油机理及影响因素研究[J]. 钻采工艺，2007 (04)：49－50＋58.

[52] 王萍，蒲春生，孟德嘉，等. 国内外振动采油技术的研究及展望[J]. 石油矿场机械，2005 (05)：28－30.

[53] 魏小芳，许颖，罗一菁，等. 稠油微生物冷采技术研究进展[J]. 化学与生物工程，2019，36 (03)：1－6＋36.

[54] 徐绍轩. 稠油微生物开采在新疆油田的应用[J]. 化学工程与装备，2019 (05)：69－70.

[55] 桑林翔，杨兆中，杨果，等. 高粘稠油生物降黏驱替技术试验研究[J]. 特种油气藏，2017，24 (06)：148－151.

[56] 边紫薇. 我国稠油油田微生物采油进展综述[J]. 石油地质与工程，2021，35 (03)：73－79.

[57] 李晨，苏路，李秋叶，等. 稠油催化降黏技术开发研究进展[J]. 化学研究，2015，26 (03)：323－330.

[58] 李彦平，张辉，苏文礼，等. 金属纳米晶催化稠油原位裂解加氢降黏改质[J]. 石油化工，2019，48 (02)：136－142.

[59] Zhiguo Xia, Quanlin Liu. Progress in discovery and structural design of color conversion phosphors for LEDs [J]. Progress in Materials Science, 2016, 84.

[60] Wei Xie, Huixin Huang, Jiaxin Li, et al. Controlling the energy transfer via multi luminescent centers to achieve white/tunable light in a single-phased Sc_2O_3: Bi^{3+}, Eu^{3+} phosphor [J]. Ceramics International, 2018, 44 (8).

[61] 刘晓瑜，赵德喜，李元庆，等. 稠油开采技术及研究进展[J]. 精细石油化工进展，2018，19 (01)：10－13.

[62] Hascakir B, Noynaert S, Prentice J A. Heavy oil extraction on texas with a novel downhole steam generation method: a field-scale experiement [C]. SPE Annual Technical Conference and Exhibition, 2018: 1－10.

[63] 蒋琪，游红娟，潘竟军，等. 稠油开采技术现状与发展方向初步探讨[J]. 特种油气藏，2020，27 (06)：30－39.

[64] 安洁. 胜利稠油开发技术及未来发展[J]. 中国石油和化工标准与质量，2020，40 (17)：202－203.

[65] 潘峰. 基于不确定性分析的油气集输管网优化设计[D]. 大庆：东北石油大学，2018.

[66] 林加恩，李响，陆野. 对油气集输中集输流程的若干探讨[J]. 信息系统工程，2015 (07)：23.

[67] 李垒. 塔河油田二、三、四区集输系统能效分析及节能措施研究[D]. 成都：西南石油大学，2015.

[68] Thomas Vittori. Analyzing the use of history in mathematics education: issues and challenges around

Balacheff's cK? model[J]. Educational Studies in Mathematics, 2018, 99(2).

[69]冯叔初. 油气集输[M]. 东营：中国石油大学出版社. 2006：2.

[70]刘智军, 吴永焕. 稠油热采掺污水不加热集输技术研究应用[J]. 石油地质与工程, 2008, 22(6)：124 – 128.

[71]邹伟, 李亚云. 稠油集输处理工艺技术在塔河油田的应用[J]. 胜利油田职工大学学报, 2007, 21(4)：70 – 71.

[72]袁智君, 张伟杰, 廖冲春, 等. 稠油集输处理技术及优化工艺初探[J]. 石油规划设计, 2010, 21(1)：28 – 30 + 50.

[73]段全德. 稠油集输工艺流程设计[J]. 油气田地面工程, 2006, 25(2)：15 – 16.

[74]郝立军. 稠油热采污水回掺集输技术的研究与应用[J]. 石油天然气学报, 2008, 30(1)：335 – 337.

[75]李志杰, 陈景忠, 赵文学, 等. 超稠油集输技术在辽河油田的研究与应用[J]. 石油工程建设, 2006, 32(2)：75 – 78.

[76]齐建华, 张春光. 辽河油田稠油地面集输技术现状及攻关方向[J]. 石油规划设计, 2002, 13(6)：54 – 57.

[77]伍东林, 刘亚江. 辽河油田稠油集输技术现状及发展方向[J]. 油气储运, 2005, 24(6)：13 – 15.

[78]杨钦魁, 孙国成, 钱忠林. 新疆克拉玛依油田稠油集输及注蒸汽工艺技术[J]. 新疆石油科技, 2007, 17(4)：49 – 53.

[79]袁鹏, 王梓丞, 陶小平, 等. 新疆油田超稠油吞吐开发密闭集输组合工艺技术应用[J]. 油气田地面工程, 2020, 39(02)：37 – 40.

[80]于连东. 世界稠油资源的分布及其开采技术的现状与展望[J]. 特种油气藏, 2001(02)：98 – 103 + 110.

[81]王文秀. 稠油三管伴热集输系统生产运行方案优化[D]. 大庆：大庆石油学院, 2006.

[82]M. Bhaskar, G. Valavarasu, A. Meenakshisundaram, et al. Application of a three phase heterogeneous model to analyse the performance of a pilot plant trickle bed reactor[J]. Petroleum Science and Technology, 2002, 20(3 – 4)：251 – 268.

[83]陈家琅. 石油气液两相管流[M]. 北京：石油工业出版社, 2010, 62 – 87.

[84]周爱群, 孙爱莲, 刘胜, 等. 中原边际小断块油田油气集输工艺配套技术探索[J]. 江汉石油学院学报, 2003(03)：125 – 126.

[85]肖德仓, 李永达, 魏广敏, 等. 蒸汽凝结水两种回收方式的技术经济比较. 节能技术, 1998(5)：30 – 31.

[86]Sirisha Nerella, Debendra K. Das, Godwin A. Chukwu, et al. Heat transfer analysis for gas – to – liquids transportation through trans alaska pipeline[J]. Petroleum Science and Technology, 2003, 21 (7 – 8)：1275 – 1294.

[87]杨世铭, 陶文铨. 传热学[M]. 3 版. 北京：高等教育出版社, 1998, 130 – 178

[88]陈由旺, 余绩庆, 林冉, 等. 油气田节能技术发展现状与展望[J]. 中外能源, 2009, 14(9)：88 – 93.

[89]彭岗桂. 单井称重式自动计量装置设计与分析[D]. 成都：西南石油大学, 2015.

[90]邹凌川. 原油计量技术的研究[D]. 西安：西安石油大学, 2014.

[91]孙富伟, 李盛兴, 劳国瑞. 卧式气油 – 水三相分离器工程设计探讨[J]. 化学工程. 2015, 43(12)：

10 - 15.

[92]战征,王晓宁,刘勇,等.关于刮板流量计在塔河油田稠油计量中的应用[J].石油化工自动化,
2009,45(02):73 - 75.

[93]李杰训,贾贺坤,宋扬,等.油井产量计量技术现状与发展趋势[J].石油学报,2017,38(12):
1434 - 1440.

[94]刘江英,石成江.一种翻斗式原油计量装置的研究与设计[J].当代化工,2011,40(06):
589 - 592.

[95]李莉,郭宏亮,张海峰.稠油井口含水率可视化实时测量技术研究[J].工业计量,2020,30(05):
4 - 8.

[96]王国政.一种新型的多相流量计在稠油计量中的成功应用[J].中国石油和化工标准与质量,2012,
33(11):276 + 283.

[97]李建华.冀东油田油井计量方法应用研究[D].青岛:中国石油大学(华东),2008.

[98]马跃,郑举,唐晓旭,等.多相流量计在渤海稠油油田的应用研究[J].石油规划设计,2012,23
(1):36 - 38 + 41.

[99]李跃平.稠油油井产量密闭计量工艺研究[J].石油工业技术监督,2001,17(8):13 - 15.

[100]胡雪峰,梁政,李俊晖.发泡稠油计量工艺研究及应用[J].河南石油,2004,18(3):57 - 58.

[101]王贵生.胜利油田节能技术发展现状与展望[J].节能,2010,29(3):53 - 56.

[102]张瑞华.重质稠油分离计量技术研究[J].石油规划设计,2003,14(6):12 - 14.

[103]凌勇,戚亚明,王林阳,等.弱旋流稠油消泡连续计量装置:中国,CN208416514U[P].2019 -
01 - 22.

[104]杨杨,张超,苏明旭,等.一种双差压式稠油单井自动计量系统装置及方法:中国,CN111075429A[P].
2020 - 04 - 28.

[105]江海洋,刘菲.一种稠油油藏高温高压多相流流体计量装置:中国,CN110005397A[P].2019 -
07 - 12.

[106]汪溢,胡泽文,付美龙,等.稠油掺活性水降黏集输工艺研究[J].现代化工,2018,38(01):
217 - 219 + 221.

[107]罗立新.塔河油田超稠油掺轻油降黏可行性研究[J].石油地质与工程,2010,24(1):107 - 112.

[108]段林林,敬加强.稠油降黏集输方法综述[J].管道技术与设备,2009(5):15 - 18.

[109]陆钧,湛凤巍,董智勇,等.太阳能聚光热技术在稠油集输加热中的可行性研究[J].石油石化节
能,2016,6(11):59 - 62.

[110]寇杰,惠军福.流动腐蚀研究进展[J].油气田地面工程,2007(10):4 - 5.

[111]寇杰,刘松林.超声波稠油脱水研究[J].油气田地面工程,2009,28(08):1 - 3.

[112]寇杰,吕炜.旋流实验装置与除油水力旋流器特性研究[J].实验室研究与探索,2002(03):77 -
78 + 84.

[113]寇杰,莫际本,劳伟,等.树状油气集输管网井组划分建模及求解方法[J].油气储运,2017,36
(12):1380 - 1384.

[114]寇杰,戚彬彬,郭长伟.轴流式气液分离器研究现状[J].化工设备与管道,2017,54(04):31 -
34 + 53.

[115]寇杰,孙灵念,王伟东.除油水力旋流器特性研究[J].油气田地面工程,2002(02):104 - 106.

[116]寇杰, 王德华. 内置式静电聚结器分离性能影响因素及研究现状[J]. 石油化工设备, 2017, 46 (05): 45 – 50.

[117]寇杰, 肖荣鸽. 东辛稠油反相乳化降黏集输试验[J]. 中国石油大学学报(自然科学版), 2010, 34 (04): 162 – 166.

[118]寇杰, 杨文, 陈丽娜. 基于配液孔形状设计的重力沉降罐分离效果[J]. 油气田地面工程, 2013, 32(10): 37 – 38.

[119]刘露, 商辉, 张文慧. 微波稠油减粘研究进展[J]. 真空电子技术, 2018(05): 36 – 40.

[120]朱玉龙, 田义斌, 秦一鸣, 等. 微波技术在石油化工行业中的应用进展[J]. 当代化工, 2014, 43 (05): 870 – 872 + 886.

[121]汪双清, 沈斌, 林壬子. 微波作用下稠油黏度变化及其化学因素探讨[J]. 石油试验地质, 2010, 32(06): 615 – 620.

[122]孟科全, 唐晓东, 邹雯炆, 等. 稠油降黏技术研究进展[J]. 天然气与石油, 2009, 27(3): 30 – 34.

[123]吴明铂, 李清方, 赵守明, 等. 胜利含盐特超稠油水热改质降黏研究[J]. 石油炼制与化工, 2011, 42(9): 37 – 42.

[124]张晓博, 洪帅, 姜晗, 等. 微生物对稠油降解、降黏作用研究进展[J]. 当代化工, 2016, 45(03): 617 – 621.

[125]Harner N K, Richardson T L, Thompson K A, et al. Microbial processes in the athabasca oil sands and their potential applications in microbial enhanced oil recovery[J]. Journal of Industrial Microbiology and Biotechnology, 2011, 38(11): 1761.

[126]牛建杰, 刘琦, 吕静, 等. 微生物降黏技术及其研究进展[J]. 应用化工, 2021, 50(01): 144 – 151.

[127]张晓华, 姜岩, 岳希权, 等. 生物表面活性剂驱油研究进展[J]. 化工进展, 2016, 35(07): 2033 – 2040.

[128]Milad Safdel, Mohammad Amin Anbaz, Amin Daryasafar, et al. Microbial enhanced oil recovery, a critical review on worldwide implemented field trials in different countries[J]. Renewable and Sustainable Energy Reviews, 2017: 74.

[129]Jay Patel, Subrata Borgohain, Mayank Kumar, et al. Recent developments in microbial enhanced oil recovery[J]. Renewable and Sustainable Energy Reviews, 2015, 52.

[130]邓勇, 易绍金. 稠油微生物开采技术现状及进展[J]. 油田化学, 2006(03): 289 – 292.

[131]周佩佩. 特稠油 CO_2 超临界降黏技术研究[D]. 青岛: 中国石油大学(华东). 2010.

[132]杨筱蘅. 输油管道设计与管理[M]. 东营: 中国石油大学出版社, 2006: 120 – 191.

[133]陈凤祥, 白凤有, 王玉杰, 等. 原油脱水破乳技术研究进展[J]. 西部探矿工程, 2021, 33(04): 105 – 106 + 110.

[134]王顺华, 刘波, 周彩霞, 等. 原油集输脱水处理工艺的优化[J]. 油气田地面工程, 2007, 26(11): 19 – 20.

[135]牛彬. 油田高含水期油气集输与处理工艺技术研究[J]. 中国石油大学胜利学院学报, 2008, 22 (4): 8 – 12.

[136]周松. 稠油脱水工艺试验研究[D]. 青岛: 中国石油大学(华东), 2010.

[137]何同，王勇．水力旋流器在高含水期原油脱水中的应用[J]．天然气与石油，1995，13（3）：12-15.

[138]张军，钟兴福，林黎明，等．管道式分离技术及其在油气行业混合介质分离中的应用[J]．环境工程学报，2021，15（03）：782-790.

[139]周永，吴应湘，郑之初，等．油水分离技术研究之一：直管和螺旋管的数值模拟[J]．水动力学研究与进展（A辑），2004，19（4）：540-546.

[140]常英，许晶禹，吴应湘．水平分支管路中油水两相流动研究[J]．水动力学研究与进展（A辑），2008，23（6）：702-708.

[141]胡佳宁，金有海，孙治谦，等．电脱盐条件下水滴聚并过程影响因素初探[J]．化工进展，2009，28（S2）：121-124.

[142]宋菁．原油脱水技术研究进展[J]．化工技术与开发，2019，48（06）：33-37.

[143]付必伟，艾志久，胡坤，等．微波辐射稠油降黏脱水试验研究[J]．辐射研究与辐射工艺学报，2015，33（03）：49-54.

[144]艾志久，孟璋劼，艾雨，等．微波辐射对稠油脱水降黏的影响及其工艺研究[J]．微波学报，2016，32（01）：92-96.

[145]郝明．高温稠油超声波破乳脱水静态试验研究[D]．大庆：大庆石油学院，2010.

[146]李可彬．乳状液电磁场破乳法的研究[J]．膜科学与技术，1996，16（4）：50-57.

[147]张彬．膜分离处理工业废水及其回用的应用研究[D]．上海：华东理工大学，2015.

[148]严忠，李思芽，李明玉．液膜的电破乳[J]．膜科学与技术，1992，12（4）：5-12.

[149]寇杰，杨文，王秀珍．稠油热化学脱水工艺参数优化研究[J]．西南石油大学学报（自然科学版），2013，35（06）：153-158.

[150]寇杰，尹雪明．管道阴极保护数值计算方法的应用进展[J]．腐蚀与防护，2017，38（11）：823-828+847.

[151]寇杰，张新策，崔淦，等．储罐底板阴极保护电位分布研究进展[J]．中国腐蚀与防护学报，2017，37（04）：305-314.

[152]寇杰，张新策，刘建国．稠油乳化输送试验环道装置研制及应用[J]．实验室研究与探索，2015，34（11）：60-62+65.

[153]寇杰．除油旋流器室内与现场试验对比[J]．给水排水，2002（03）：82-84.

[154]李增材，杨志远，潘艳华．稠油处理工艺及其应用[J]．石油规划设计，2016，27（01）：47-49+53.

[155]程万军．稠油油水处理技术及其在新疆油田的应用[J]．石油规划设计，2020，31（06）：32-34+51.

[156]李岩，梁光川，王一程，等．塔河油田稠油集输处理工艺优化研究[J]．石油天然气学报，2009，31（4）：376-378.

[157]王顺华，周彩霞，刘波等．CO_2驱稠油开采集输脱水工艺优化[J]．油气田地面工程，2009，28（12）：4-6.

[158]武斌安．稠油高含水期高效低耗集输工艺技术研究[J]．中外能源，2006，11（4）：52-54.

[159]谢晓勤，徐文超，廖雍．油气分离设备在油气集输中的应用[J]．石油和化工设备，2012（1）：34-35.

[160]任相军，王振波，金有海．气液分离技术设备进展[J]．过滤与分离，2008(3)：43–47.

[161]刘承昭．橇装式集气装置用分离器的研制及现场测试[J]．天然气与石油，1994：36–40.

[162]梁政，王惠明，梁春平．斜板式气液重力分离技术研究[J]．西南石油大学学报(自然科学版)，2009(4)：154–158.

[163]徐磊．油田采出液气–液–固三相旋流分离流场特性研究[D]．大庆：大庆石油学院，2010.

[164]高志昌，贾贵仁，侯常仁．叶片式除雾器的性能试验[J]．油田地面工程，1994(5)：52–55.

[165]徐君岭，卢万成，施建伟．喷雾脱疏过程中拐形分离器内气雾间热交换及分离的研究[J]动力工程，2000(6)：916–918.

[166]尤大海．新型高效折板分离器原理与应用[J]．化肥设计，2003(2)：47–48.

[167]姚杰，仲兆平，周山明．湿法烟气脱硫带钩波纹板除雾器结构优化数值模拟[J]．中国电机工程学报，2010(14)：61–67

[168]张劲松，赵勇，冯叔初．气–液旋流分离技术综述[J]．过滤与分离，2002，12(1)：42–45.

[169]曹学文，林宗虎，黄庆宣，等．新型管柱式气液旋流分离器[J]．天然气工业，2002(2)：71–75.

[170]Movafaghian S, Jaua-Marturet J A, Mohan R S, et al. The effects of geometry, fluid properties and pressure on the hydrodynamics of gas-liquid cylindrical cyclone separators[J]. International Journal of Multi-pHase Flow, 2000, 26(6)：999–1018.

[171]Otani Y, Kanaoka C, Emi H. Experimental study of aerosol filtration by the granular bed over awide range of reaynolds numbers[J]. Aerosol Science and Technology, 1989(10)：463–474.

[172]Peukert W, Loffler F. The optimization of the separation of particles at high temperatures ingranular bed filters[C]. Proceedings of the Third International Aerosol Conference, Japan, 1990：724–728.

[173]金向红，金有海，王建军，等．气液旋流分离技术的研究[J]．新技术新工艺，2007(8)：85–88.

[174]徐晖．超声波液相脱气原理及研究进展[J]．安全与环境关系，2014，21(1)：62–68.

[175]鲍云波．榆树林油田原油集输工艺关键技术研究[D]．大庆：大庆石油学院，2010.

[176]胡雪滨，胡振国，陈龙花．油田污油处理技术研究与应用[J]．河南石油，2005，19(6)：78–80.

[177]杨勇，李晓冬，闫立宝．特超稠油净化处理工艺技术研究与设计[J]．油气田地面工程，2009，28(12)：6–7.

[178]陈文峰，李景方．油田污水锅炉回用处理技术现状和发展趋势[J]．油气田地面工程，2010，29(5)：71–72.

[179]于永辉，孙承林，杨旭，等．稠油污水低温多效蒸发深度处理回用热采锅炉中试研究[J]．水处理技术，2010，36(12)：98–102.

[180]杨元亮，王辉，宋文芳，等．高盐稠油污水热法脱盐资源化技术研究进展[J]．油气田环境保护，2016，26(03)：4–8+60.

[181]邹显育．牛居联合站污水处理工艺改造和管路研究[D]．大庆：大庆石油学院，2008.

[182]赵光可，李岩，崔巍．稠油联合站污水分段处理工艺技术及应用[J]．化工设计通讯，2017，43(04)：226.

[183]李晓峰，赵联峰，贾文放．河南油田稠油联合站污水分段处理工艺技术及应用效果[J]．石油地质与工程，2014，28(05)：150–152.

[184]罗辉辉，余龙，翟娟，等．超声波协同超滤技术处理油田污水的研究与应用[J]．工业水处理，2020，40(06)：51–55.

[185] 李薇，靖波，陈文娟，等. 三维电极处理含聚含油油田污水[J]. 水处理技术，2020，46(10)：89 - 92 + 97.

[186] 郭卫平. 蒸汽喷射压缩多效蒸发系统油田污水处理试验研究[D]. 大连：大连理工大学，2017.

[187] 徐雪松. 超临界水氧化处理油性污泥工艺参数优化的研究[D]. 石河子：石河子大学，2016.

[188] 李雪，朱庆杰，周宁，等. 油气管道腐蚀与防护研究进展[J]. 表面技术，2017，46(12)：206 - 217.

[189] 杨阳祎玮，施翔，许新华，等. 含氯离子硫酸铜溶液中铝表面的点蚀观察[J]. 广州化工，2015，43(08)：56 - 58.

[190] 黄海波，李庆敏. 长输油气管道腐蚀机理及防腐技术分析研究[J]. 粘接，2019，40(11)：33 - 37.

[191] 王亚鹏. 油气集输管道的腐蚀机理与防腐技术研究[J]. 全面腐蚀控制，2021，35(04)：85 - 86.

[192] 寇杰. 脱油型旋流分离器现场试验研究[J]. 油气田地面工程，2002(01)：89 - 90.

[193] 寇杰. 一种新型污水除油设备的实验研究[J]. 环境保护科学，2001(05)：9 - 11.

[194] 寇杰. 柱状气液旋流分离器的研究现状及应用前景[J]. 石油机械，2006(04)：71 - 73.

[195] 孙月文，寇杰，韩云蕊，等. 胜利油田陈南稠油的乳化降黏研究[J]. 油田化学，2016，33(02)：333 - 337.

[196] 王鸿膺，寇杰，张传农. 河口稠油掺水降粘输送试验研究[J]. 油气储运，2005(03)：35 - 38 + 60 - 62.

[197] 王玉荣，贾博. 新型耐磨蚀油管技术在油田中的应用[J]. 非常规油气，2015，2(02)：52 - 57.

[198] 赵国超. 合水庄一联合站防腐系统调整改造研究[D]. 西安：西安石油大学，2013.

[199] 武斌安. 稠油高含水期高效低耗集输工艺技术研究[J]. 中外能源，2006，11(4)：52 - 54.

[200] 孙大鹏. 油水储罐腐蚀机理及防腐蚀措施探讨[J]. 全面腐蚀控制，2019，33(04)：71 - 72.

[201] 严忠，李思芽，李明玉. 液膜的电破乳[J]. 膜科学与技术，1992，12(4)：5 - 12.

[202] 郝明. 高温稠油超声波破乳脱水静态试验研究[D]. 大庆：大庆石油学院，2010.

[203] 刘兴博. 储罐罐底边缘板腐蚀研究[D]. 大庆：东北石油大学，2018.

[204] 凌永海. 浅谈三相分离器的腐蚀及对策[J]. 石油化工腐蚀与防护，2011，28(01)：40 - 42.

[205] 孔磊，刘立红，耿佳明. 三相分离器的腐蚀分析及防护建议[J]. 内江科技，2012，33(10)：71 + 73.

[206] 陈旭，伍永亮. 高效三相分离器腐蚀原因分析与防护建议[J]. 化工管理，2014(21)：127.

[207] 刘禹伸. 油田注水管线的防腐技术[J]. 化学工程与装备，2021(06)：46 + 26.

[208] 徐君岭，卢万成，施建伟. 喷雾脱疏过程中拐形分离器内气雾间热交换及分离的研究[J]. 动力工程，2000(6)：916 - 918.

[209] 邓淇文. 稠油降黏开采技术研究进展[J]. 化工设计通讯，2018，44(09)：124.